"十二五"职业教育国家规划教材

经全国职业教育教材审定委员会审定

模具制造综合实训

主　编　张景黎　范乃连

参　编　吕春燕　冯为民　梁健强　杨　安

主　审　吴必尊

本书是“十二五”职业教育国家规划教材，是根据《教育部关于“十二五”职业教育教材建设的若干意见》及教育部新颁布的《高等职业学校专业教学标准（试行）》，同时参考模具工职业资格标准编写的。本书按企业模具制造流程介绍了典型模具的制造生产过程。其中，项目一至项目四为塑料模的制造，包括制造塑料直尺模具、制造塑料导光柱模具、制造塑料齿轮模具和制造塑料接线柱模具；项目五至项目九为冲压模具的制造，包括制造落料模、制造冲孔-落料连续模、制造U形弯曲模、制造倒装冲孔-落料复合模和制造落料-拉深复合模。本书由模具专业一线教师与企业一线工程师共同编写，具有很强的实用性。

为便于教学，本书配套有电子课件，选择本书作为教材的教师可来电（010-88379934）索取，或登录 www.cmpedu.com 网站，注册、免费下载。

本书可作为高等职业院校模具设计与制造专业的教材，也可作为模具制造企业员工的培训用书。

图书在版编目（CIP）数据

模具制造综合实训/张景黎，范乃连主编．—北京：机械工业出版社，2015.1（2024.2 重印）

“十二五”职业教育国家规划教材

ISBN 978-7-111-53157-9

Ⅰ.①模…　Ⅱ.①张…②范…　Ⅲ.①模具—制造—高等职业教育—教材　Ⅳ.①TG76

中国版本图书馆 CIP 数据核字（2016）第 041532 号

机械工业出版社（北京市百万庄大街 22 号　邮政编码 100037）
责任编辑：齐志刚　责任校对：樊钟英
封面设计：张　静　责任印制：邓　博
北京盛通数码印刷有限公司印刷
2024 年 2 月第 1 版第 4 次印刷
184mm×260mm · 11.5 印张 · 278 千字
标准书号：ISBN 978-7-111-53157-9
定价：39.80 元

电话服务　　网络服务
客服电话：010-88361066　　机　工　官　网：www.cmpbook.com
010-88379833　　机　工　官　博：weibo.com/cmp1952
010-68326294　　金　书　网：www.golden-book.com
封底无防伪标均为盗版　　机工教育服务网：www.cmpedu.com

前 言

本书是按照教育部《关于开展“十二五”职业教育国家规划教材选题立项工作的通知》，经过出版社初评、申报，由教育部专家组评审确定的“十二五”职业教育国家规划教材，是根据《教育部关于“十二五”职业教育教材建设的若干意见》及教育部新颁布的《高等职业学校专业教学标准（试行）》，同时参考模具工职业资格标准进行的编写的课外教材。

本书主要介绍典型塑料模具和冲压模具制造工艺流程，采用项目—任务的框架，以行动为导向，以工作任务为驱动，理实一体化的教学模式，突显了职业教育的情景性、职业性和实践性，同时从操作技能、专业知识和职业素养三个方面组织教材内容，拓宽了学生的职业能力。本书在内容处理上主要有以下几点说明。

1. 书中各个项目的工作任务均来自生产实际工作任务，每个项目通过真实的案例教学，以不同工艺完成每个案例，使学生在工作中学习，边学习边工作，从而掌握解决问题的方法，体现了项目教学中理实一体化的职业教育特点。

2. 每个项目都有明确的工作任务，围绕能力目标开展课堂教学；按企业的生产流程完成项目中各项任务，实现教学内容与岗位技能的有机对接。

3. 理论知识为完成工作任务服务，充分体现以能力为本位，提高了学生的学习积极性、创造性和成就感，适应本专业培养目标和高职学生的认知规律。

4. 书中使用的工具、软件、系统均与企业同步，既具有实用性又缩短了学与用的距离。

全书共九个项目，由北京电子科技职业学院张景黎和广州市交通运输高级职业技术学校范乃连任主编，吴必尊任主审。其中，项目一至项目三由北京电子科技职业学院张景黎编写，项目四由杭州职业技术学院杨安编写，并由北京莱比德精密模具制造有限公司吕春燕提供图样和加工工艺；项目五至项目九由广州市交通运输高级职业技术学校范乃连编写，并由中国唱片广州公司冯为民和广州市华清工业自动化设备有限公司梁健强提供图样和加工工艺。

本书经全国职业教育教材审定委员会刘彩琴、钱逸秋审定。教育部专家在评审过程中对本书提出了很多宝贵的建议，在此对他们表示衷心的感谢！

编写过程中，编者参阅了国内出版的有关教材和资料，得到了广州市教育研究院吴必尊的得力指导，在此一并表示衷心感谢！

由于编者水平有限，书中不妥之处在所难免，恳请读者批评指正。

编　者

目录

项目一　制造塑料直尺模具

任务描述

1. 识读塑料直尺的制品图样。
2. 识读塑料直尺模具装配图，初步掌握塑料注射模具的结构。
3. 拆画塑料直尺模具零件图，编写零件加工工艺卡。
4. 掌握塑料直尺所选用材料的性能，进而了解塑料材料的性能。
5. 完成塑料直尺注射模具的试模过程，掌握注射成型工艺。

学习目标

1. 掌握塑料直尺模具的制造工艺。
2. 了解模具设计与制造的基础步骤。
3. 掌握塑料注射模具的试模工艺。

任务一　识读塑料直尺制品及其模具结构图

一、识读塑料直尺制品图

1. 塑料直尺制品图

塑料直尺制品如图 1-1 所示，其零件图如图 1-2 所示。

2. 塑件直尺结构分析及材料的选择

（1）塑件制件表面质量分析　此产品为透明制件，要求外表面美观，无缩孔、熔接痕等缺陷，表面粗糙度值 $Ra18\mu m$。

产品外部壁厚为 2mm，且壁厚基本均匀。从上述分析可以看出，此产品在合理的注射工艺参数控制下具有较好的成型性。

（2）塑料直尺材料的选择　塑料直尺的材料应根据产品的类型、使用环境及成本等因素来确定。对于本项目中的直尺制品，选用聚苯乙烯（PS）和聚甲基丙烯酸甲酯（PMMA）均能够满足使用要求。

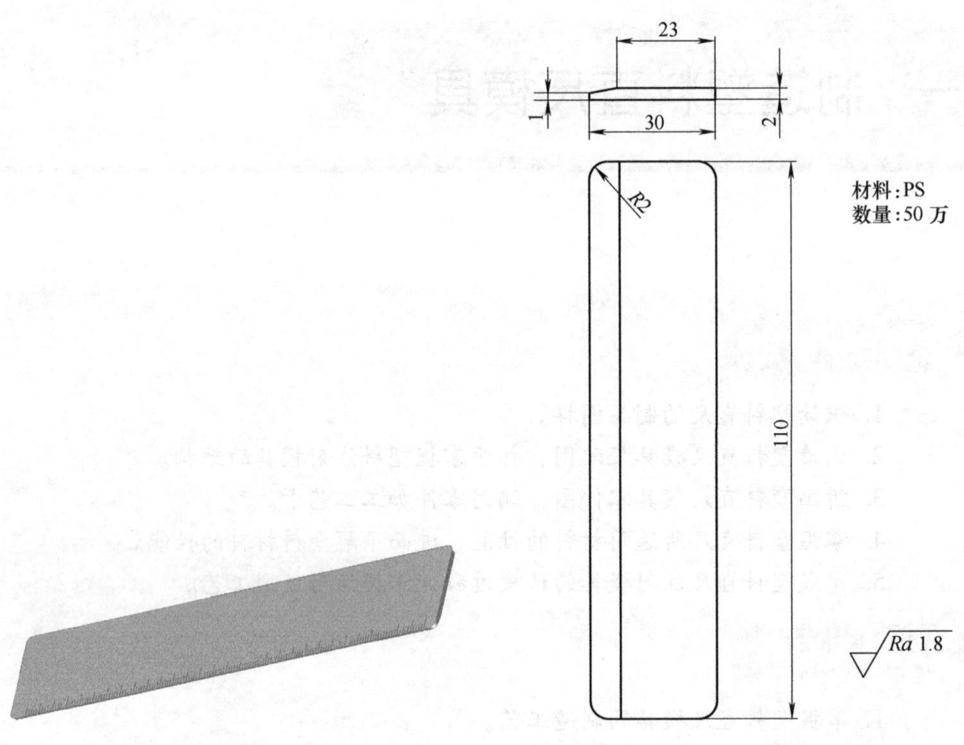

图 1-1　塑料直尺三维图

图 1-2　塑料直尺零件图

二、识读塑料直尺注射模具的结构

1. 塑料直尺注射模具结构图和装配图（图 1-3）

2. 塑料直尺模具结构方案的确定（表 1-1）

表 1-1　塑料直尺模具结构方案的确定

名　称	组　成
成型系统	整体式凸模、凹模成型（零件 5、6）
浇注系统	浇口套、侧浇口、一模成型两件（零件 1）
导向系统	导柱、导套（零件 17）
顶出系统	顶杆推出，复位杆复位（零件 8、9、14、15）
冷却系统	采用直通式冷却水道
排气系统	排气槽、配合间隙
侧向分型系统	无
支承零件	模具固定的模板（零件 4、11、12）

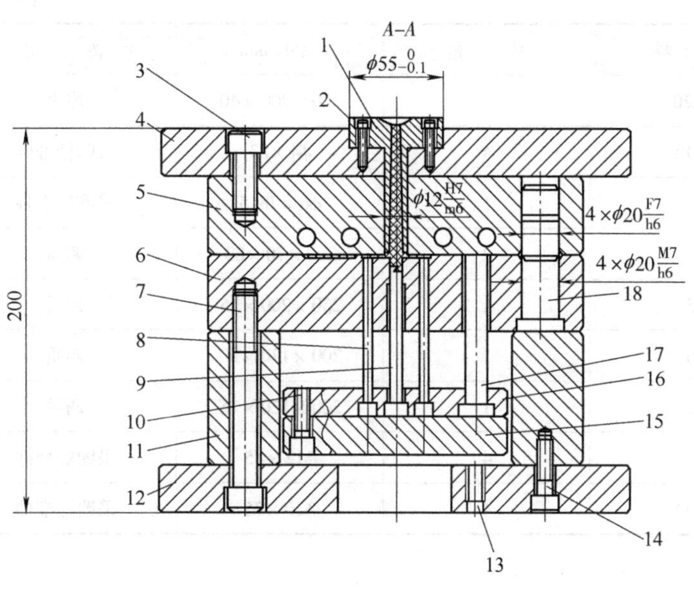

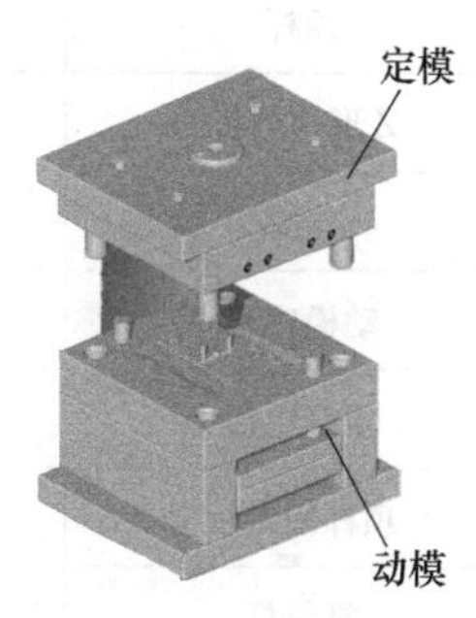

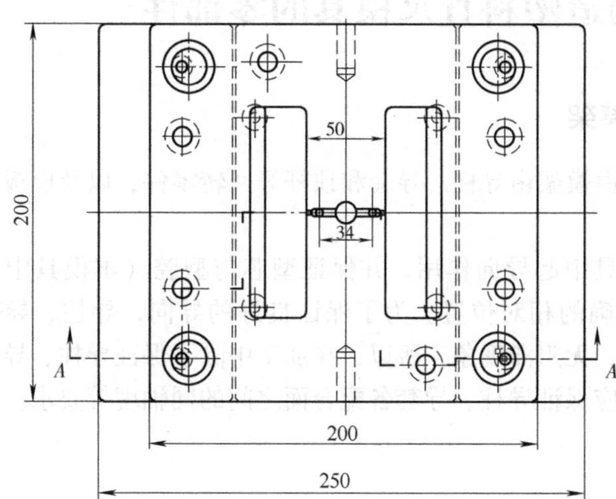

图 1-3　塑料直尺注射模具结构图和装配图

1—浇口套　2、3、7、10、14—螺钉　4—定模座板　5—定模　6—型腔板　8—顶杆　9—Z 形勾料杆　11—角铁　12—动模座板　13—限位钉　15—顶板　16—顶杆固定板　17—复位杆　18—导柱

3. 塑料直尺模具下料单（表 1-2）

表 1-2　塑料直尺模具下料单

零件名称	材　料	数　量	尺寸/mm	备　注
浇口套	45	1	$\phi55\times65$	采购标准件
定模座扳	45	1	250×200×25	调质
定模板	45	1	200×200×40	调质

（续）

零件名称	材　　料	数　　量	尺寸/mm	备　　注
型腔板	PA20	1	200×200×40	淬火
顶杆	T10A	4	ϕ4×83	采购标准件
Z形勾料杆	45	1	ϕ6×78.5	采购标准件
支脚	45	2	200×70×83	调质
动模座板	45	1	250×200×25	调质
顶杆垫板	45	1	200×120×20	调质
顶杆固定板	45	1	200×120×15	调质
复位杆	45	4	ϕ12×85	采购标准件
导柱	T10A	4	ϕ20×75	采购标准件

任务二　制造塑料直尺模具的零部件

一、制造塑料直尺注射模模架

如图1-4所示，塑料直尺注射模模架由导柱、导套和顶杆等回转零件，以及模板等平板类零件组成。

模架中的导柱、导套零件在模具中起导向作用，并保证型芯与型腔（本模具中的动模镶件和定模镶件）在工作时具有正确的相对位置。为了保证良好的导向，导柱、导套装配后应保证模架的活动部分运动平稳，无阻滞现象，所以，在加工中除了保证导柱、导套配合表面的尺寸精度和几何精度外，还应保证导柱、导套各配合面之间的同轴度等要求。

1. 加工导柱零件（图1-4）

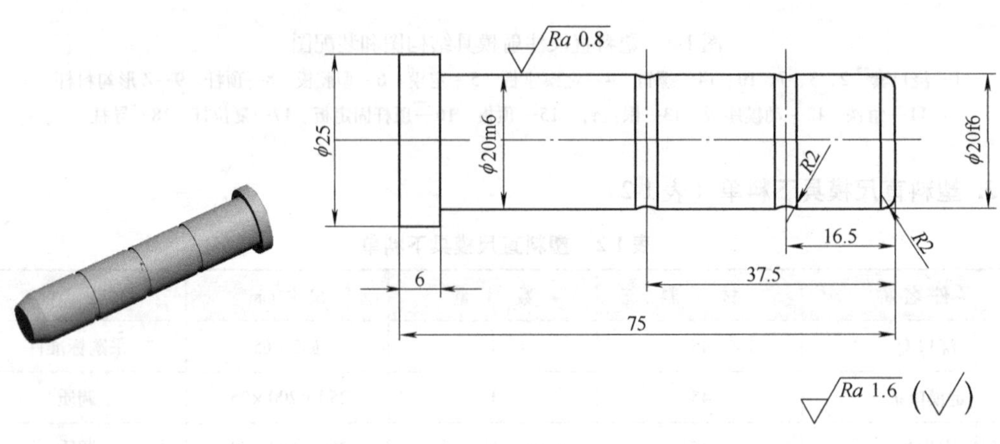

图1-4　导柱

（1）零件的工艺分析

1）零件材料。零件材料选用 T10A 钢，其退火状态时可加工性良好，在淬火前没有特殊加工问题，故加工中不需要采取特殊工艺措施。刀具材料的选择范围较大，高速钢或 YT 硬质合金均可达到要求。刀具几何参数可根据不同刀具类型通过相关手册查取。

2）主要技术要求分析。导柱零件图中，$\phi20m6^{+0.019}_{+0.017}$mm 和 $\phi20s6^{-0.016}_{-0.035}$mm 两外圆尺寸精度要求为 IT6，表面粗糙度要求 $Ra0.8\mu m$，它们是本零件中加工精度要求最高的部位。另外，图中 $\phi20^{+0.019}_{+0.017}$mm 和 $\phi20^{-0.016}_{-0.035}$mm 两外圆柱要保证同轴度，加工时需一次装夹完成加工。热处理（淬火+低温回火），硬度为 50～55HRC。

（2）零件的制造工艺

1）确定各表面加工路线。

$\phi20^{+0.019}_{+0.017}$mm、$\phi20^{-0.016}_{-0.035}$mm 外圆：粗车—半精车—热处理（淬火+低温回火）—磨削。

其余加工部位：粗车—半精车。

2）选择设备及工艺装备。

设备：车削采用普通卧式车床，磨削采用外圆磨床。

工艺装备：零件粗加工、半精加工采用一顶一夹安装，精加工采用两顶类安装。

夹具：自定心卡盘和顶尖等。

刀具：车刀、中心钻、硬质合金顶尖和砂轮等。

量具：外径千分尺和游标卡尺等。

3）导柱的加工工艺方案见表 1-3。

表 1-3　导柱的加工工艺方案

工序	工序名称	工序内容的要求	加工设备	工艺装备
1	备料	T10A，棒料 ϕ30mm×80mm，退火		
2	车削加工	1）车削端面，钻中心孔（基准），掉头车削另一端面，钻中心孔（基准），保证长度尺寸 75mm 2）以中心孔定位车削外圆各部位，车削 ϕ20mm 外圆柱面，留磨削余量 0.4～0.6mm，其余部位加工至尺寸	普通卧式车床	自定心卡盘、中心钻、外圆车刀等
3	检验	按工序尺寸要求进行检查		
4	热处理	淬火+低温回火，硬度 50～55HRC		
5	检验	检验硬度要求		
6	研中心孔	研两端中心孔（基准）	普通卧式车床	砂轮
7	外圆磨削	磨 $\phi20^{+0.019}_{+0.017}$mm 和 $\phi20^{-0.016}_{-0.035}$mm 外圆柱表面达设计要求（两端中心孔定位）	外圆磨床	砂轮
8	平面磨削	导柱与动模板装配后同时磨削	平面磨床	砂轮
9	检验	按照图样要求检验		千分尺、游标卡尺

2. 加工定模座板零件（图 1-5）

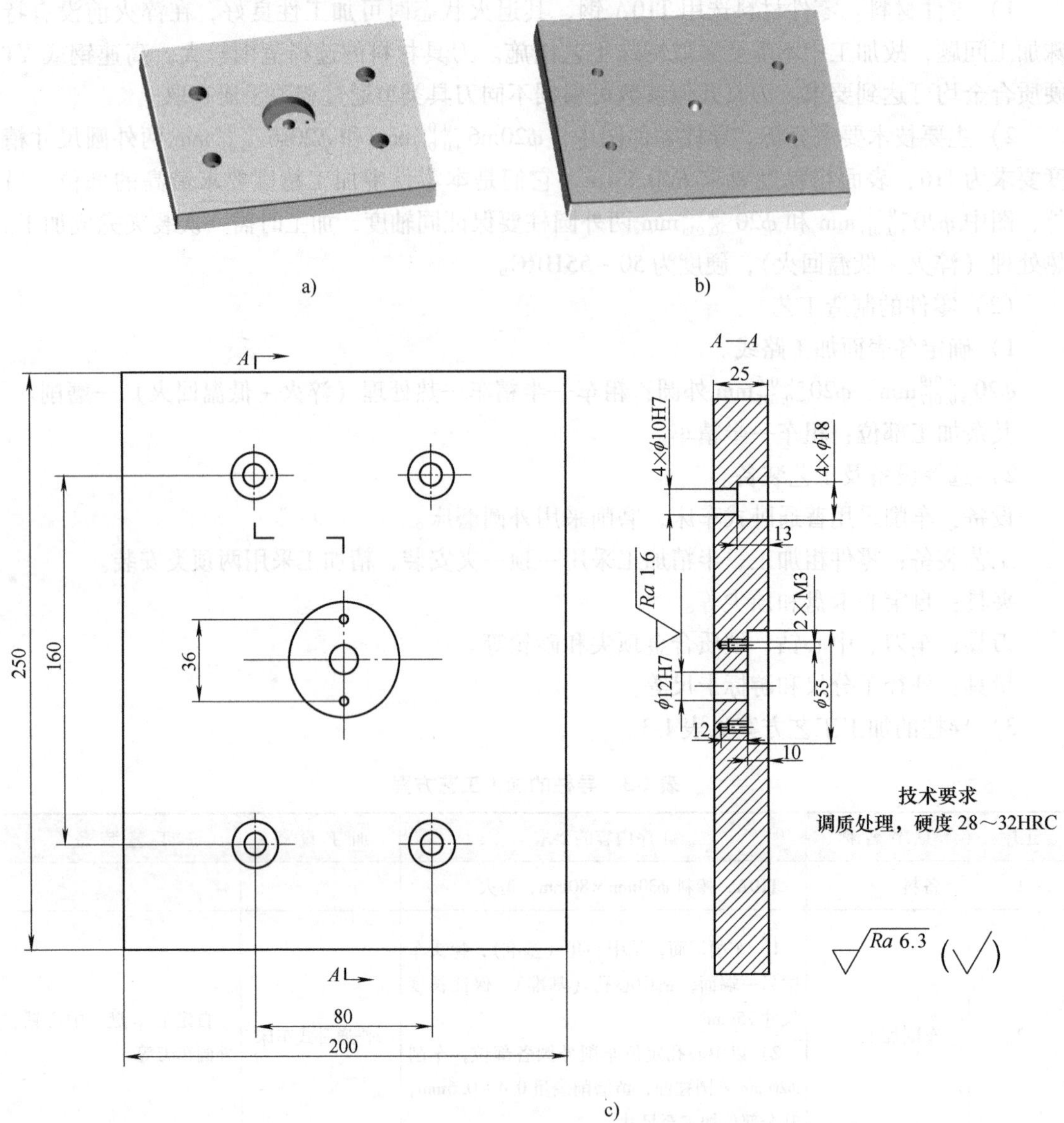

图 1-5　塑料直尺定模座板
a）正面　b）反面　c）零件图

（1）零件的工艺分析

1）零件材料。零件材料为 45 钢，调质后其可加工性能良好，没有特殊加工要求，加工中不需要采取特殊的加工工艺措施。

2）主要技术要求分析。ϕ12H7 孔尺寸精度要求 IT7、表面粗糙度要求 Ra1.6μm，它们是零件中加工精度较高的部位，也是配合要求较高的部位。对加工精度要求较高的部位需采用磨削加工来完成。本零件虽有调质处理要求 28～32HRC，但硬度较低对加工方法的选择没有影响。

(2) 零件的制造工艺分析

1) 零件加工工艺路线。

ϕ12H7 孔：钻—扩—精铰。

ϕ10mm 孔：钻—扩—铰（或铣削）。

上、下平面：铣削—磨削。

其余部位选择铣削加工来完成。

2) 选择设备和工艺装备。

设备：粗铣、半精铣铣平面采用普通立式铣床，通孔及阶梯孔的加工采用数控铣床，上下平面精加工采用平面磨床。

工艺装备：压板、垫块和机用平口钳等。

刀具：麻花钻、铰刀、面铣刀、立铣刀和砂轮等。

量具：内径千分尺和游标卡尺等。

3) 定模板的加工工艺方案见表 1-4。

表 1-4　定模座板的加工工艺方案

工序	工序名称	工序内容的要求	加工设备	工艺装备
1	备料	45 钢，255mm×205mm×30mm		
2	热处理	调质处理，硬度 28～32HRC		
3	铣削	粗铣、半精铣至尺寸 250.6mm×200.6mm×25.6mm（留 0.6mm 的加工余量）	普通铣床	面铣刀、机用平口钳等
4	磨削	磨六面至尺寸 250mm×200mm×25mm	平面磨床	砂轮
5	数控铣削	中心钻钻引导孔，按图样要求钻—扩—铰 ϕ12H7、4×ϕ10mm、4×ϕ18mm、2×ϕ3mm 底孔	数控铣床	机用平口钳、钻头、ϕ12H7 铰刀等
6	钳工	去除尖角毛刺		
7	检验	按图样要求检验		

3. 加工动模座板零件（图 1-6）

(1) 零件的工艺性分析

1) 零件材料。45 钢调质，调质后其可加工性能良好，且没有特殊加工要求，加工中不需要采取特殊的加工工艺措施。

2) 主要技术要求分析。4×ϕ10H7 和 4×ϕ12H7 孔尺寸精度要求 IT7，表面粗糙度值要求为 $Ra1.6\mu m$，是零件加工中尺寸精度、表面粗糙度及位置精度要求较高的部位。在加工中对于精度要求较高的部位需采用数控铣床（或加工中心）加工来完成。本零件虽有调质处理硬度 28～32HRC 的要求，但硬度较低，对加工方法的选择没有影响。

(2) 零件的制造工艺分析

1) 零件加工工艺路线。

上平面和下平面：铣削—磨削。

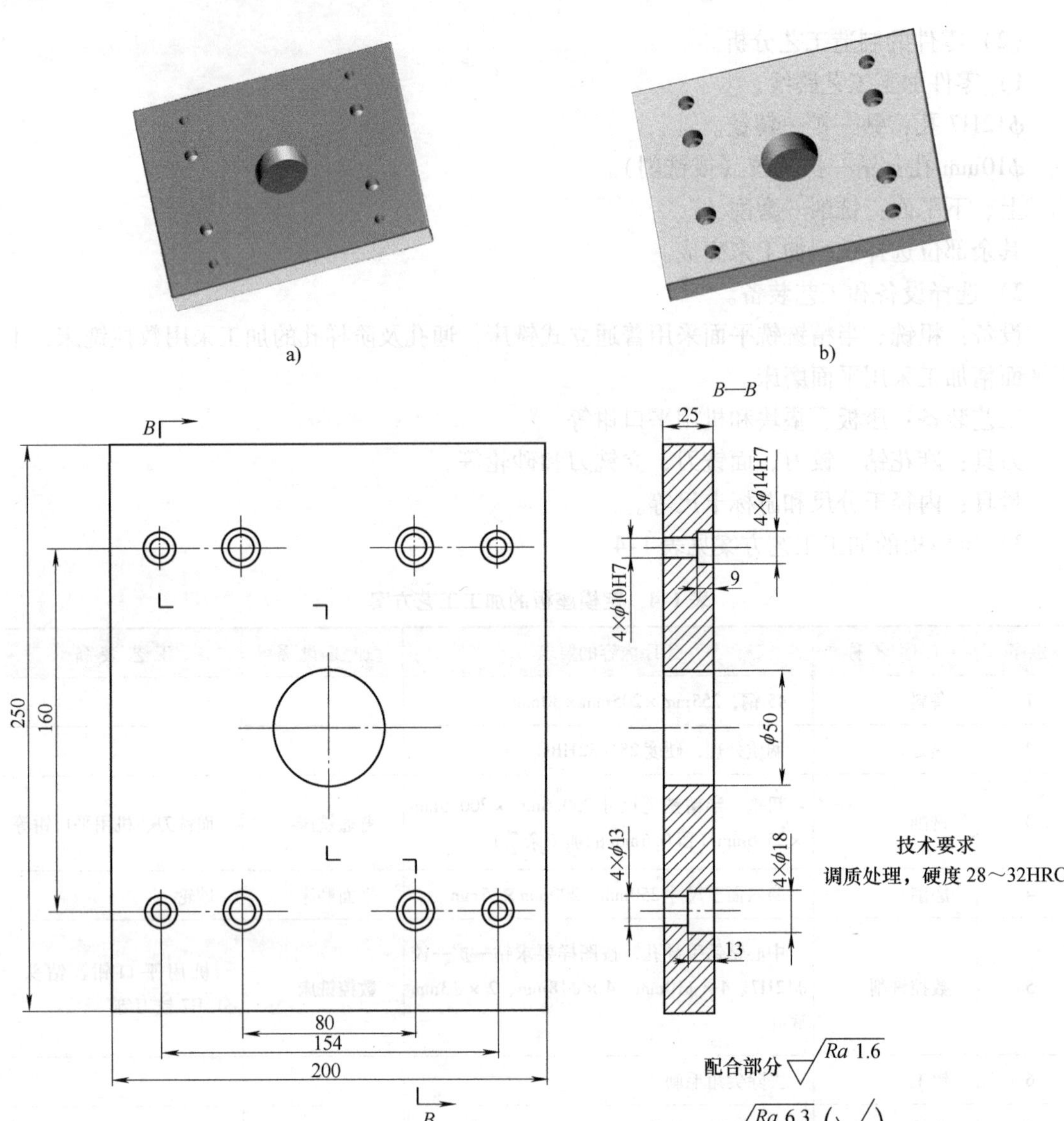

图 1-6　动模板

a）正面　b）反面　c）零件图

4×ϕ10H7 和 4×ϕ14H7：钻—扩—铰。

2）选择设备和工艺装备。

设备：粗铣、半精铣平面采用普通立式铣床，通孔及阶梯孔的加工采用数控铣床，上、下平面的精加工采用平面磨床。

工艺装备：压板、垫块和机用平口钳等。

刀具：麻花钻、铰刀、面铣刀、立铣刀和砂轮等。

量具：内径千分尺和游标卡尺等。

3）动模座板的加工工艺方案，见表 1-5。

表 1-5　动模座板的加工工艺方案

工序	工序名称	工序内容的要求	加工设备	工艺装备
1	备料	45 钢，255mm×205mm×30mm		
2	热处理	调质处理，硬度 28～32HRC		
3	铣削	粗铣、半精铣至尺寸 250.6mm×200.6mm×25.6mm（留 0.6mm 的加工余量）	普通铣床	面铣刀、机用平口钳等
4	磨削	磨六面至尺寸 250mm×200mm×25mm	平面磨床	砂轮
5	数控铣削	中心钻作为引导孔，按图样要求钻—扩—铰 4×ϕ10H7 和 4×ϕ14H7，镗 ϕ50mm 孔	数控铣床	机用平口钳、钻头、ϕ12H7 铰刀等
6	钳工	去除尖角毛刺		
7	检验	按图样要求检验		

二、制造塑料直尺成型零部件

注射模具闭合时，成型零件构成了成型塑料制品的型腔。成型零件主要包括凹模、凸模、型芯、镶拼件、各种成型杆和成型环。成型零件的结构通常根据制品的使用特点来确定，其尺寸精度要求通常并不是很高，而表面粗糙度（表面质量）要求相对来说都比较高，因此就决定了零件在加工时，其加工方法的选择主要是以提高表面质量为主要原则。位置精度只是对凸模（型芯）、凹模（型腔）之间的相对位置要求较高。当制品是一些典型的、简单的结构时，如圆形、方形和多边形等，其加工主要采用车削、数控铣削和磨削等即可满足加工精度要求。但是，当制品是一些非圆形且为复杂截面的结构时，其加工常采用电火花（不通孔）及线切割（通孔）的加工方法。下面以制造塑料直尺型腔板（图 1-7）进行分析。

1. 零件的工艺性分析

（1）零件材料　P20 塑料模具钢具有综合力学性能好、淬透性高等优点，可使较大的截面获得较均匀的硬度，有很好的抛光性能，表面粗糙度数值低。预先硬化处理，经机加工后可直接使用，必要时可表面渗氮处理。

（2）主要技术要求分析　型腔成型部位的表面粗糙度 $Ra0.8\mu m$；配合部位尺寸精度（110h7×30h7）尺寸精度 IT7 级、表面粗糙度 $Ra1.6\mu m$。

2. 零件的制造工艺分析

（1）零件主要表面可能采用的加工方法

型腔部位（尺寸精度 IT7 级、表面粗糙度值 $Ra0.8\mu m$）：数控铣—研磨（或高速铣）。

板上各孔：钻—扩—精铰。

外形尺寸（200h7×200h7×40±0.02mm）：粗铣—半精铣—磨。

其他表面终加工方法：结合表面加工及表面形状特点，其他各孔及曲面加工采用数控铣床加工完成。

（2）选择设备和工艺装备

设备：铣削采用立式铣床，磨削采用平面磨床，制件表面及孔系加工采用数控铣床。

工艺装备：零件粗加工、半精和精加工采用机用平口钳装夹。

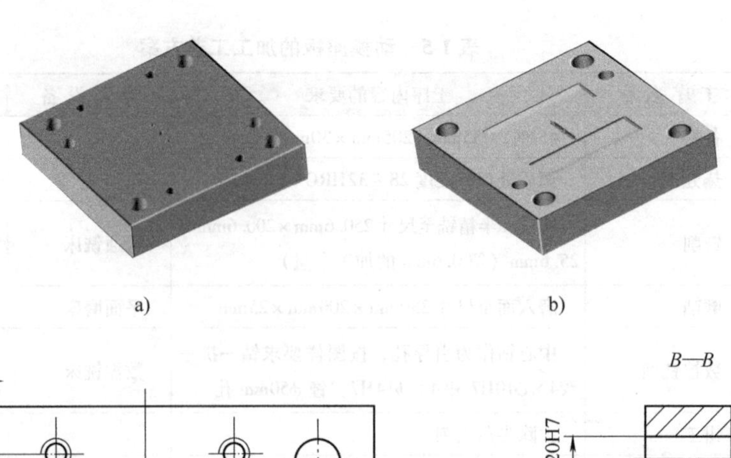

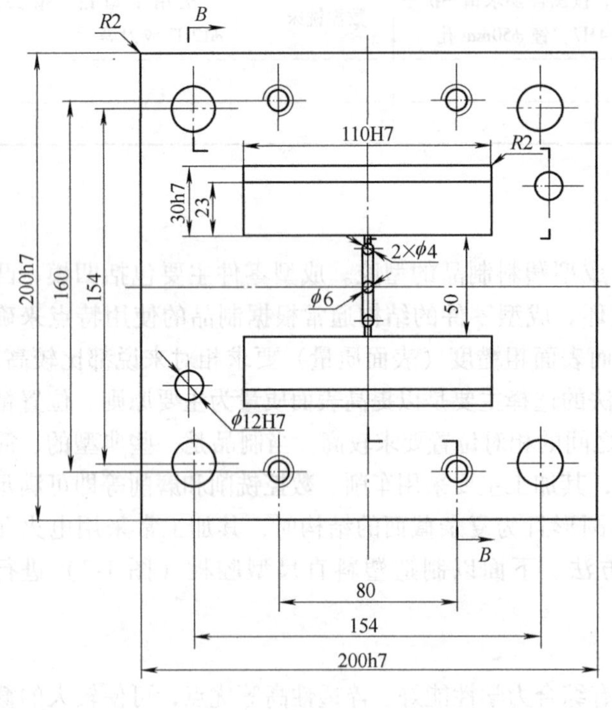

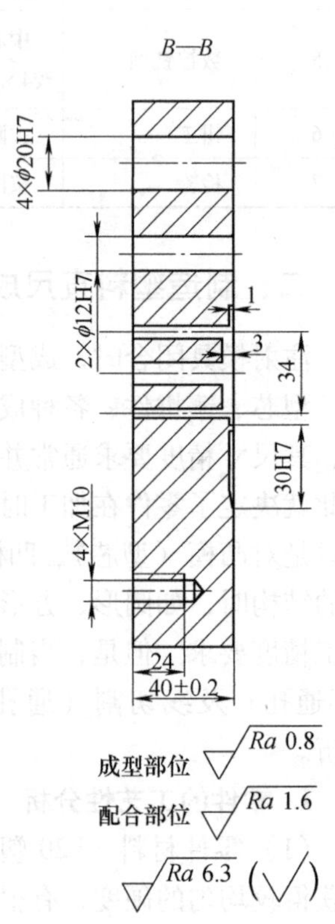

图 1-7　型腔板

a) 正面　b) 反面　c) 零件图

刀具：中心钻、麻花钻头、丝锥、铰刀、面铣刀、球头铣刀、立铣刀和砂轮等。

量具：内径千分尺、量规和游标卡尺等。

(3) 凹模板加工工艺方案　见表 1-6。

表 1-6　凹模板加工工艺方案

工序	工序名称	工序内容的要求	加工设备	工艺装备
1	备料	P20，205mm×205mm×45mm		
2	铣削	铣削至尺寸 200.6mm×200.6mm×40.6mm（留 0.6mm 加工余量）	立式铣床	机用平口钳、面铣刀
3	平面磨削	磨六面至尺寸 200h7 × 200h7 × 40 ± 0.2mm，保证表面粗糙度要求	平面磨床	砂轮

（续）

工序	工序名称	工序内容的要求	加工设备	工艺装备
4	数控铣削	钻—扩—铰 ϕ20H7 孔及 ϕ12H7 至尺寸并保证位置度要求和表面粗糙度要求；铣流道至尺寸；铣型腔留研磨余量；钻—扩螺纹底孔，加工 M10 螺纹孔	数控铣床	机用平口钳、钻头、ϕ20mm 和 ϕ12mm 铰刀、球头铣刀、立铣刀、M10 丝锥等
5	研磨	研磨型腔达表面粗糙度要求		研磨工具、研磨膏
6	检验	按图样要求进行检验		游标卡尺、内径千分尺等

任务三　装配塑料直尺模具

塑料直尺注射模具如图 1-8 所示。

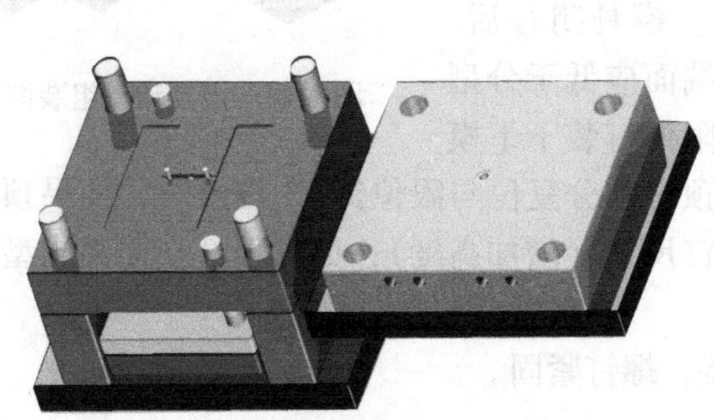
a)

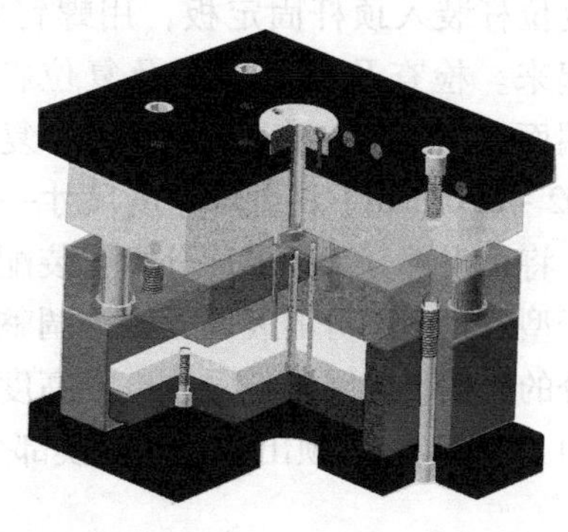
b)

图 1-8　塑料直尺注射模具

a）动定模分开图　b）模具组装剖视图

一、装配塑料直尺的定模部分

1. 模具的装配要求

1）装配时，需要测量定模板型孔侧面相对分型面的垂直度，因为定模板的型孔通常采用铣床加工，当型孔较深时，孔侧面会形成斜度。通过测量实际尺寸，可按固定板型孔的实际斜度加工修整定模配合段的斜度，以保证定模嵌入后的配合精度。

2）用螺钉紧固后，定模座板 4 与定模板 5 连接后分型面相对于定模座 4 的上平面的平行度误差不大于 0.05mm。

3）浇口套 2 的下端面应高于定模板 5 的分型面 0.1～0.2mm，可将固定板放在平台上用百分表测出实际的平行度。

2. 模具装配步骤

模具定模组装如图 1-9 所示。

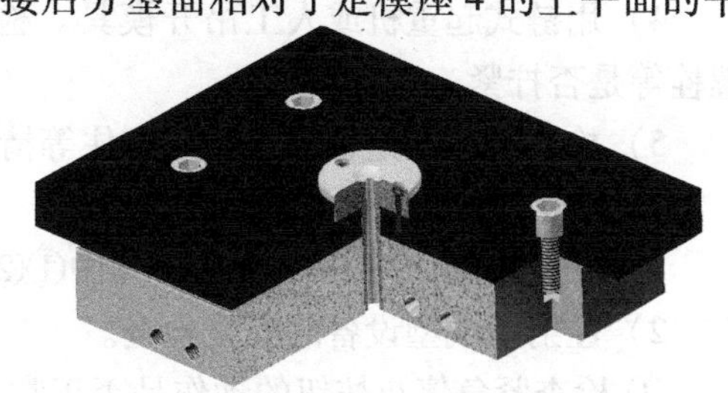

图 1-9　定模组装剖视图

1）测量定模开距与定模的实际尺寸，以及

测量定模座板中心孔台阶深度和定模装配后固定浇口套孔的总高度以确定浇口套的长度尺寸。浇口套的台肩尺寸要高出0.02mm，以便定位圈将其压紧。浇口套的下表面也必须高出定模嵌件0.02mm，以保证该表面总装时压紧密封，防止塑料的泄漏。

2）将浇口套嵌入定模型腔和定模板，保证H7/m6过渡配合。

3）型腔板与定模板组装，保证其同轴度，螺钉紧固。

二、装配塑料直尺的动模板部分

模具动模组装如图1-10所示。

1）装配顶杆。测量顶杆孔的实际尺寸与顶杆的配合，一般采用H8/f8配合，防止间隙过大时溢料，以及间隙过小时拉伤。装配时将顶杆孔入口处倒角，以便顶杆顺利插入。检查测量顶杆尾部台阶厚度，以及推板固定板的沉孔深度，保证装配后留有0.05mm的间隙。否则应进行修整。将顶杆及复位杆装入顶杆固定板，用螺钉将推板和顶杆固定板紧固起来。检查及修磨顶杆及复位杆端面。模具闭合后，顶杆端面应高出型腔底面0.05mm。复位杆端面应低于分型面0.02～0.05mm。将台阶厚度尺寸一致的限位钉装于下模座板，将顶出部分和动模部分组合装配。当顶出部分复位与限位钉13接触时，如果顶杆端面低于型腔顶出部分的表面，则需调整限位钉尺寸（增加高度）；如果顶杆端面高出型腔顶出部分的表面，则需降低限位钉的高度。

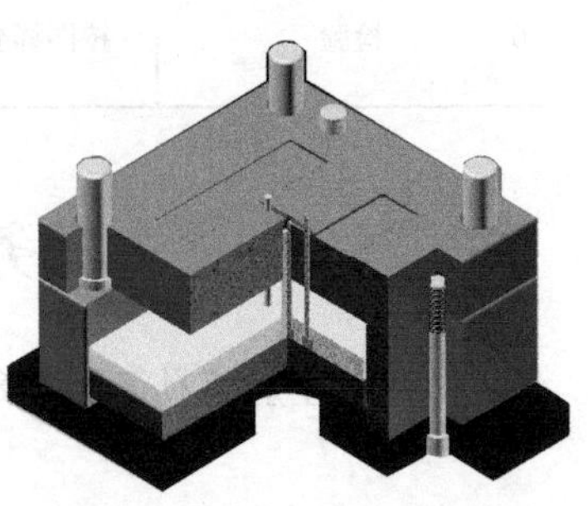

图1-10　模具动模组装图

2）将组装好的顶出部分与动模部分组装，螺钉紧固。

任务四　安装与调试塑料直尺注射模具

一、安装塑料直尺注射成型模具

1. 将模具安装在成型机的注意事项

1）模具起吊前，安装并检查起吊螺栓。确认螺栓位置是否合适，粗细是否足够。

2）检查成型机的各参数，以及喷嘴的直径、定位圈的大小、连杆的间距等是否与模具各有关安装尺寸相适应。

3）检查冷却水孔是否通畅。

4）用链式起重机或人工吊开模具。检查是否有锈蚀（不得将手伸进模具），检查紧固螺栓等是否拧紧。

5）检查分型面是否有损伤或咬住等情况。

2. 注射成型机典型模具的安装步骤

1）安装步骤如图1-11所示，图中①②③是开模的动作顺序。

2）注射机成型设备的安全检查。

① 检查紧急停止按钮的动作是否正常。

② 检查安全门的动作是否正常。

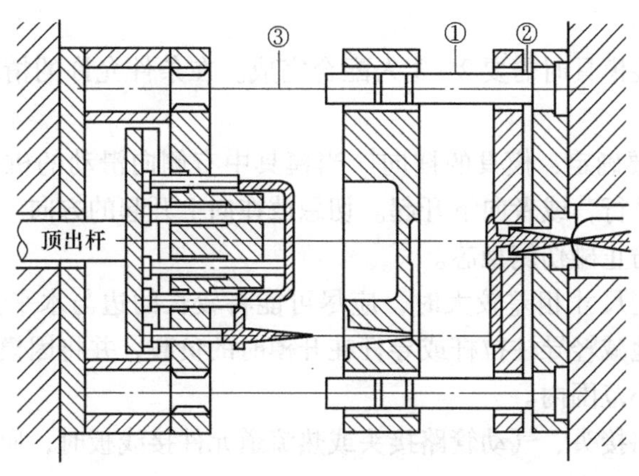

图 1-11　注射成型模具安装步骤示意图

③ 检查电气设备绝缘是否完好。
④ 检查加热线圈是否有断线。
⑤ 检查冷却水是否畅通。
⑥ 检查各油液是否在使用期限内，其量是否充分。
⑦ 检查各油液的温度是否在正常范围内。
⑧ 检查是否有漏油的情况。
⑨ 检查电动机和各液压泵等是否有异响。
⑩ 检查电流计的指针摆动是否正常。
⑪ 检查加热圈的温度控制是否正常。
⑫ 检查是否有因摩擦而发出声响的地方。
⑬ 检查是否有过热的部件（特别是电器部件）。
⑭ 检查是否有其他错误的动作（试一下各个开关）。

3. 模具安装的常用工具（图 1-12）

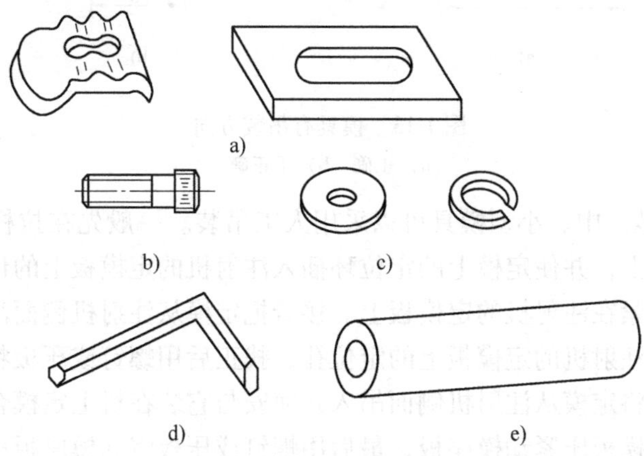

图 1-12　模具安装工具

a）单片夹板　b）螺栓　c）垫圈　d）内六角扳手　e）管

4. 安装模具

一般情况下，安装模具时需要 2 ~3 人配合完成。在条件允许的情况下，应尽量将模具整体吊装。

（1）安装模具前要确定：模具的摆向　当模具中有侧向滑动的机构时，应尽量使其运动方向与水平方向相平行，或者向下开起。切忌放在向上开起的方向。此外，应有效地保护侧滑块的安装复位，防止碰伤侧型芯。

当模具长度与宽度尺寸相差较大时，应尽可能将较长的边与水平方向平行，如图 1-13 所示。这样可以有效地减轻导柱拉杆或导杆在开模时的负载，并将因模具自重而造成的导向件弹性形变控制在最小范围内。

模具带有液压油路接头、气动管路接头或热流道元件接线板时，应尽可能将它们放置在非操作面，以方便操作。

（2）将模具安装在注射的具体操作过程　将模具安装在注射机有两种方式：一种是利用起重机把整体模具吊起进行安装；另一种是利用人工分别把定、动模吊起进行安装。

1）模具的整体吊装将模具吊入注射机拉杆模板间后，调整方位，使定模上的定位环进入注射机的定板板上的定位孔，并且放正。慢速闭合动模板，然后用如图 1-14 所示压板或螺钉将定模座板压紧在注射机的定模板上，并初步固定动模，再慢速微量开起动模 3 ~5 次，检查模具在闭合过程中是否平稳、灵活，有无卡住等现象，最后用螺钉或压板将动模板压紧在注射机的动模板上。

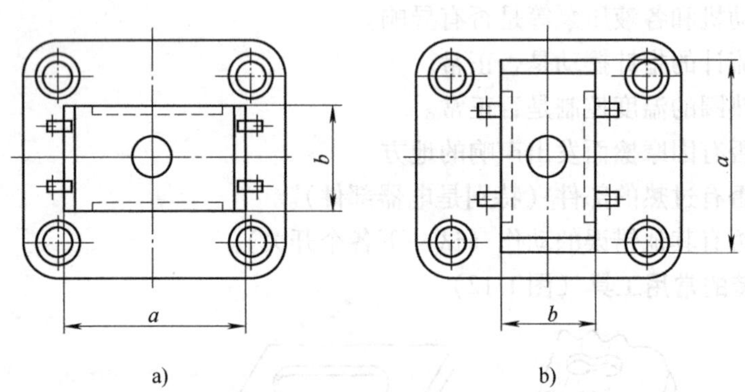

图 1-13　模具有吊装方向

a）正确　b）不正确

2）模具人工吊装。中、小型模具可以采用人工吊装。一般先在拉杆上垫两根木板，从注射机侧面放在木板上，并使定模上的定位环插入注射机的定模板上的位孔，找正后用螺钉或压板将定模座板压紧在注射机的定模板上。接着把定模从注射机侧面吊入放在木板上，并将定模的定位环插入注射机的定模板上的定位孔，找正后用螺钉或压板将定模座板压紧在注射机定模板上。然后将定模从注射机侧面吊入并使安与它装在机上定模合上，接着慢速闭合注射机，使注射机动模板压紧动模座板，最后用螺钉或压板将动模座板压紧在注射机的动模板上。在安装过程中要注意保护合模装置和拉杆，防止拉杆表面拉伤、划伤。

（3）模具的紧固方式　该模具的紧固方式有螺钉固定（图 1-14a）和压板固定（图 1-14b、c、d）。

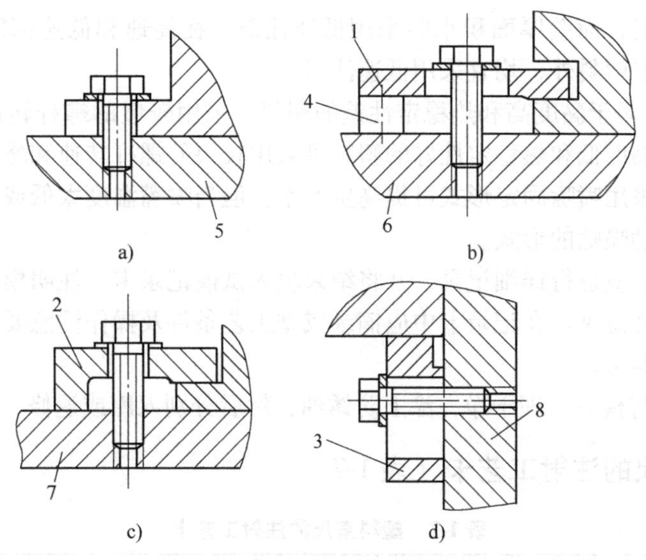

图 1-14　模具的紧固

a）螺钉固定　b）c）d）压板固定

1、2、3—压板　4—垫块　5、6、7、8—注射机模板

二、调试注射成型模具

1）调试模具前必须对设备的油路、冷却水路和加热电路进行系统检查，并按规定保养设备，做好调试前的准备。

2）接通总电源，将操作的选择开关调到手动挡上，关闭安全门（根据安全保护要求，机器在工作时，所有安全门都应关闭。操作时若打开安全门，则液压泵就会立即停止工作），调好行程开关的位置，使移动模板后移。

3）检查原料。根据推荐的工艺参数，将料筒和喷嘴进行加热。由于各制品的大小形状和壁厚的不同，以及设备上热电偶位置的深度和温度表的误差也各有差异。最好的办法是在喷嘴和主流道脱开的情况下，用较低的注射压力使塑料自喷嘴中缓慢地流出，观察料流。如果不是硬块、气泡、银丝或变色，而是光滑明亮者，则说明料筒和喷嘴温度是比较合适的，这时就可开始试模。

4）调整锁模力，在保证制品质量的前提下应将锁模力调到所需要的最小值。

5）调节开闭模运动的速度及压力。

6）手动合模开模 1 ~2 次，并检查顶出及开合模是否顺畅。

7）试模。在开始试模时，原则上选择低压、低温和较长的时间条件下成型，然后按压力、时间、温度的先后顺序变动。最好不要同时变动多个工艺条件，以便分析和判断情况。压力变化的影响马上就会从制品上反映出来，所以，如果制品充不满，通常首先是增加注射压力。当大幅度提高注射压力仍无显著效果时，才考虑改变时间和温度。延长时间实质上是使塑料在料筒内受热时间加长。注射几次后，若仍然未充满，最后才提高料筒温度。但料筒温度的上升，以及和塑料温度达到平衡需要一定的时间，一般约 15min，不是马上就可以从塑件上反映出来，因此，需要耐心等待。不能一下把料筒温度升得太高，以免塑料过热，甚至发生降解。

8）注射成型调试。在注射成型时，可选用高速或低速两种工艺。一般在制品壁薄而面积大时采用高速注射；而壁厚面积小时采用低速注射。在高速和低速都能充满型腔的情况下，除玻璃纤维增强塑料外，均宜采用低速注射。

9）预塑调试。对于黏度高和热稳定性差的塑料，采用较慢的螺杆转速和略低的背压加料和预塑；而对于黏度低和热稳定性好的塑料可采用较快的螺杆转速和略高的背压。在喷嘴温度合适情况下，采用喷嘴固定形式可提高生产率。但当喷嘴温度太低或太高时，需要采用每成型周期向后移动喷嘴的形式。

在试模过程中，应进行详细记录，并将结果填入试模记录卡，注明模具是否合格。如需返修，则应提出返修意见。在记录卡中应摘录成型工艺条件及操作注意要点，最好能附上加工出的制品，以供参考。

10）试模后，将模具清理干净，涂上防锈油，然后分别入库或返修。

三、塑料直尺的注射工艺卡（表1-7）

表1-7　塑料直尺的注射工艺卡

<table>
<tr><td colspan="3">申请日期</td><td colspan="3"></td><td colspan="3">组长</td><td colspan="3"></td><td colspan="2">技工</td><td colspan="2"></td></tr>
<tr><td colspan="3">模具编号</td><td colspan="3"></td><td colspan="3">模具名称</td><td colspan="3">塑料直尺
注射模具</td><td colspan="2">型腔数</td><td colspan="2">2</td></tr>
<tr><td colspan="3">材料</td><td colspan="3">PS</td><td colspan="3">数量</td><td colspan="3"></td><td colspan="2">试模次数</td><td colspan="2">1</td></tr>
<tr><td colspan="3">计划完成时间</td><td colspan="9"></td><td colspan="2">实际完成时间</td><td colspan="2"></td></tr>
<tr><td colspan="3">试模内容</td><td colspan="13">调整模具工艺参数</td></tr>
<tr><td colspan="3">机台号</td><td colspan="3">12</td><td colspan="3">机台吨位/t</td><td colspan="3">55</td><td colspan="2">每模重量/g</td><td colspan="2"></td></tr>
<tr><td colspan="3">水口单重/g</td><td colspan="3"></td><td colspan="3">产品单重/g</td><td colspan="3"></td><td colspan="2">周期时间/s</td><td colspan="2"></td></tr>
<tr><td colspan="3">冷却时间/s</td><td colspan="3">12</td><td colspan="3">射出时间/s</td><td colspan="3">1.5</td><td colspan="2">保压时间/s</td><td colspan="2">2.0</td></tr>
<tr><td colspan="16">温度/℃</td></tr>
<tr><td>烘干</td><td colspan="2"></td><td>射嘴</td><td>65</td><td colspan="2">一段</td><td>220</td><td colspan="2">二段</td><td>210</td><td colspan="2">三段</td><td>200</td><td>四段</td><td></td></tr>
<tr><td colspan="4">射出</td><td colspan="4">位料</td><td colspan="4">合模</td><td colspan="4">开模</td></tr>
<tr><td></td><td>压力/MPa</td><td>速度/(cm³/s)</td><td>位置/mm</td><td></td><td>压力/MPa</td><td>速度/(cm³/s)</td><td>位置/mm</td><td></td><td>压力/MPa</td><td>速度/(cm³/s)</td><td>位置/mm</td><td></td><td>压力/MPa</td><td>速度/(cm³/s)</td><td>位置/mm</td></tr>
<tr><td>一段</td><td>65</td><td>45</td><td>25</td><td>一段</td><td>20</td><td>20</td><td>10</td><td>一段</td><td></td><td></td><td></td><td>一段</td><td></td><td></td><td></td></tr>
<tr><td>二段</td><td>65</td><td>45</td><td>30</td><td>二段</td><td>20</td><td>20</td><td>15</td><td>二段</td><td></td><td></td><td></td><td>二段</td><td></td><td></td><td></td></tr>
<tr><td>三段</td><td></td><td></td><td></td><td>松退</td><td>20</td><td>20</td><td>3</td><td>三段</td><td></td><td></td><td></td><td>三段</td><td></td><td></td><td></td></tr>
<tr><td>四段</td><td></td><td></td><td></td><td>背压</td><td></td><td></td><td></td><td>四段</td><td></td><td></td><td></td><td>四段</td><td></td><td></td><td></td></tr>
<tr><td colspan="16">顶出方式：　□停留　□多次　操作方式：　□半自动　□全自动</td></tr>
<tr><td colspan="16">冷却方式：　□冷却水　□常温水　□模温机：温度　（　℃）</td></tr>
<tr><td colspan="16">试模结果</td></tr>
<tr><td colspan="16">保压：50　40　30
20　15　10
1.5　1.5　1.5</td></tr>
</table>

项目二　制造塑料导光柱模具

任务描述

1. 识读塑料导光柱的制品图样。
2. 识读塑料导光柱模具装配图，初步掌握塑料注射模具的结构。
3. 拆画塑料导光柱模具零件图，编写零件加工工艺卡。
4. 掌握塑料导光柱所选用的材料性能，进而了解塑料材料的性能。
5. 完成塑料导光柱注射模具的试模过程，掌握注射成型工艺。

学习目标

1. 掌握塑料导光柱模具的制造工艺。
2. 了解模具设计与制造的基本步骤。
3. 掌握塑料注射模具的试模工艺。

任务一　识读塑料导光柱制品及其模具结构图

一、识读塑料导光柱的制品图

1. 塑料导光柱的制品图（图 2-1）

2. 分析塑料导光柱的结构，选择其材料

（1）塑料导光柱制品的表面质量分析　塑料导光柱透明制件，要求外表面美观，无缩孔、熔接痕等缺陷，表面粗糙度值 Ra18μm，可采用电火花成形加工。产品表面字形为凹刻度痕，需在产品外观成形电极上加工出来。制品内部表面有表面粗糙度的要求。

（2）选择塑料导光柱的材料　产品的材料应根据产品的类型来选择，并根据使用环境及成本等诸因素来确定。对于本例中的塑料导光柱这个产品，PS 和 PC 均能够满足其使用要求。

聚碳酸酯（PC）于 1985 年开始工业化生产，具有许多其他工程塑料所没有的优点。聚碳酸酯具有优异的冲击韧性和尺寸稳定性，高的透光率，良好的电绝缘性能和耐低温性能。可作齿轮、齿条、高级绝缘件、仪表零件及外壳等，也可用作防弹玻璃、防护面罩和安全帽等。因此该产品使用的材料为聚碳酸酯（PC）。

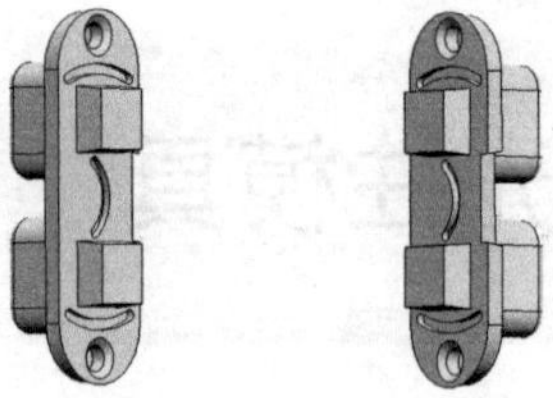

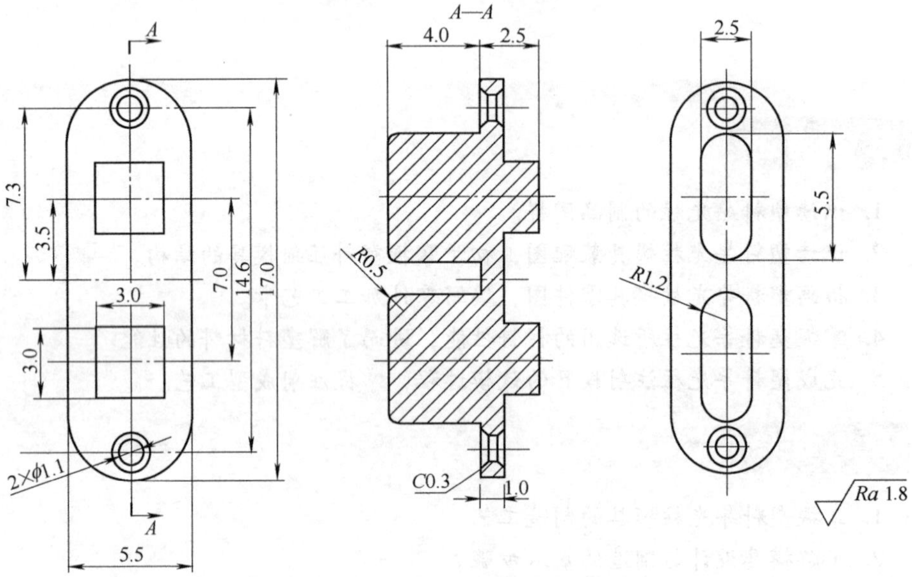

图 2-1　塑料导光柱的制品图

二、识读塑料导光柱注射模具的结构

1. 模具结构图（图 2-2）

2. 确定塑料导光柱的模具结构方案（表 2-1）

表 2-1　塑料导光柱的模具结构方案

名　称	组　成
成型系统	组合式凸模、凹模成型（零件 16、17、18、2）
浇注系统	潜伏式浇口，一模成型两件（零件 3、4）
导向系统	导柱、导套（零件 22、24）
顶出系统	顶杆推出，复位杆复位（零件 7、9、10、12、13、14）
冷却系统	采用直通式冷却水道
排气系统	排气槽，配合间隙
侧向分型系统	无
支承零件	模具固定的模板（零件 1、11、16）

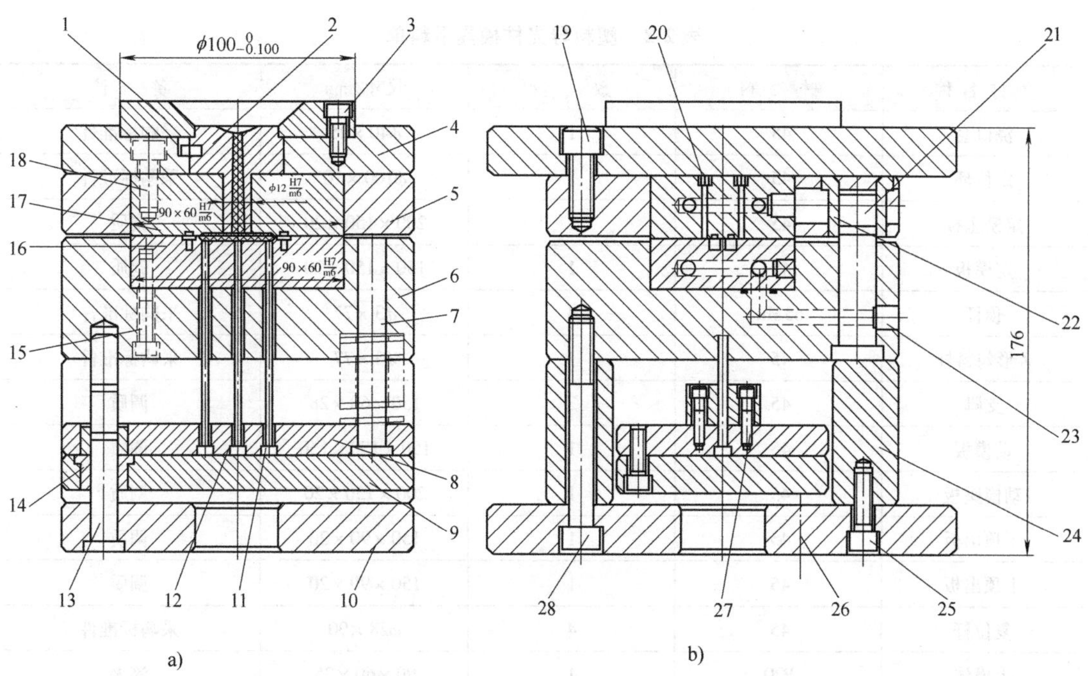

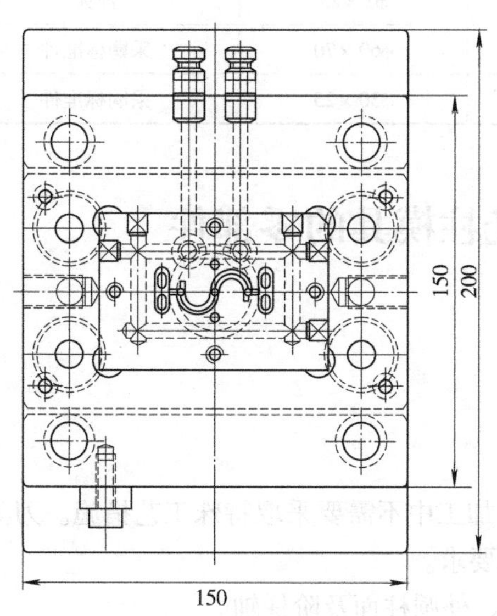

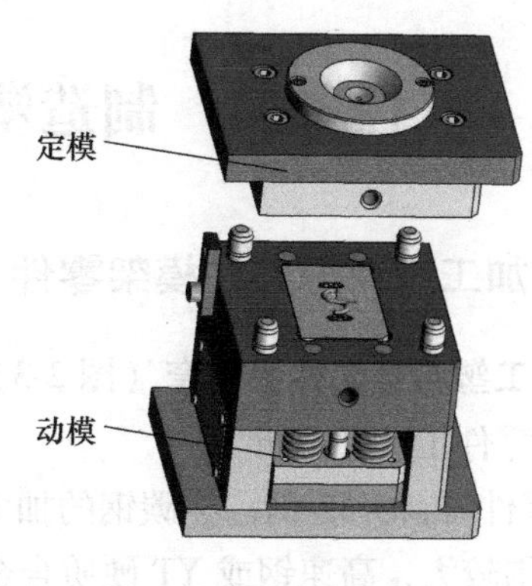

图 2-2　塑料导光柱注射模具的结构

1—定位环　2—浇口套　3、15、18、19、25、27、28—连接螺钉　4—定模座板　5—定模板　6—动模板　7—复位杆　8—上顶出板　9—下顶出板　10—动模座板　11—顶杆　12—勾料杆　13—顶板导柱　14—顶板导套　16—下模体　17—上模体　18—下模体　20—镶针　21—导柱　22—导套　23—水嘴　24—支铁

项目二　制造塑料导光柱模具

3. 塑料导光柱注射模具下料单（表 2-2）

表 2-2　塑料导光柱模具下料单

零件名称	材　料	数　量	尺寸/mm	备　注
浇口套	45	1	$\phi40\times45$	采购标准件
定位环	45	1	$\phi100\times10$	采购标准件
定模座板	45	1	$200\times150\times20$	调质
定模板	45	1	$150\times150\times20$	调质
顶杆	65Mn	4	$\phi3\times77$	采购标准件
Z 形勾料杆	45	1	$\phi3\times77$	采购标准件
支脚	45	2	$150\times60\times28$	调质
动模板	45	1	$150\times150\times150$	调质
动模座板	45	1	$200\times150\times20$	调质
下顶出板	45	1	$150\times90\times20$	调质
上顶出板	45	1	$150\times90\times20$	调质
复位杆	45	4	$\phi28\times90$	采购标准件
上模体	P20	1	$90\times60\times25$	淬火
下模体	P20	1	$90\times60\times25$	淬火
镶针	P20	2	$\phi2\times25$	淬火
导柱	T10A	4	$\phi60\times70$	采购标准件
导套	T10A	4	$\phi30\times25$	采购标准件

任务二　制造塑料导光柱模具的零部件

一、加工塑料导光柱模架零件

1. 加工塑料导光柱浇口套（图 2-3）

（1）零件工艺性分析

1）零件材料：45 钢，中碳钢的加工性很好，加工中不需要采取特殊工艺措施。刀具材料选择范围较大，高速钢或 YT 硬质合金均可达到要求。

2）零件组成表面：两端面、内锥孔、凹球面、外圆柱面及阶梯轴。

3）主要技术要求分析：内锥孔与外圆同轴，与两端面垂直，表面粗糙度值 $Ra0.8\mu m$，外圆柱配合处的表面粗糙度值 $Ra0.8\mu m$。淬火处理，硬度 40 ~ 45HRC。

（2）零件制造工艺分析

1）零件各表面加工方法及加工路线。

主要表面（尺寸精度 IT6、表面粗糙度值 $Ra0.8\mu m$）：精加工。

内锥孔：钻—扩—铰（批量生产用专用刀具、单件生产用线切割加工）。

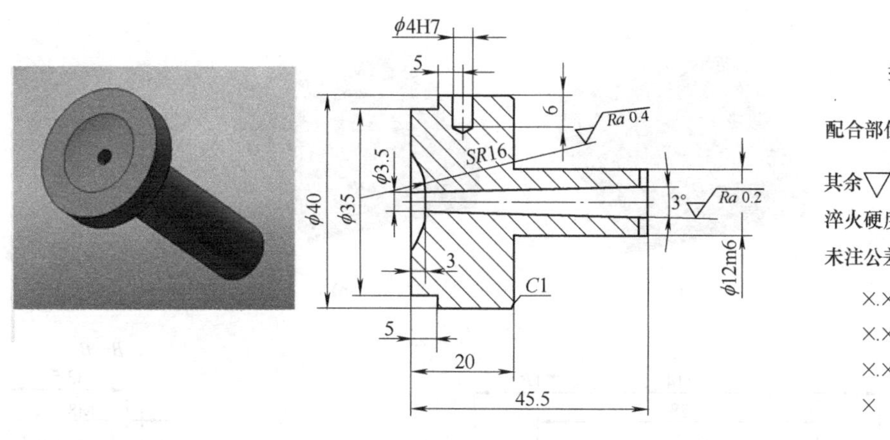

技术要求

配合部位 Ra 0.8，

其余 Ra 3.2

淬火硬度 45～50HRC。

未注公差尺寸公差要求：

×.×××	±0.005
×.××	±0.02
×.×	±0.05
×	±0.1

图 2-3　浇口套

外圆：粗车—半精车—精车—磨。

其余各面：粗车—半精车。

2）选择设备和工艺装备。

设备：车削采用普通卧式车床，磨削采用外圆磨床，电加工采用线切割机床。

工艺装备：零件粗加工、半精加工和精加工采用自定心卡盘。

刀具：车刀、线切割加工用钼丝、麻花钻和砂轮等。

量具：游标卡尺、千分尺和量规等。

3）加工工艺方案，见表 2-3。

表 2-3　浇口套的加工工艺方案

工序	工序名称	工序内容的要求	加工设备	工艺装备
1	备料	45 钢，棒料，尺寸 φ45mm×60mm	锯床	
2	车削	车外圆 φ35mm 和 φ40mm 至尺寸，φ12m6 留 0.4～0.6mm 磨削余量，车两端面，保长度尺寸 45.5mm+0.5mm（装配时调整），钻内孔 φ3.2mm，钻锥孔 φ3.2mm/3°内锥孔，铰锥孔 φ3.5mm/3°内锥孔至尺寸，保证表面粗糙度值 *Ra*0.4μm，车球面 *SR*20mm 至尺寸，其余各面达设计要求	普通卧式车床	自定心卡盘、钻头、球面车刀、外圆车刀、专用车刀和专用铰刀等
3	检验	中间工序检验		游标卡尺、千分尺
4	热处理	淬火，硬度 40～45HRC		
5	磨削	以内锥孔定位磨削 φ12m6 达图样要求	外圆磨床	砂轮
6	研磨	研磨 *SR*20mm 及 φ3.5mm/3°内锥孔		研磨工具、研磨膏
7	检验	按照图样检验		千分尺、游标卡尺、量规

2. 加工塑料导光柱的动模板（图 2-4）

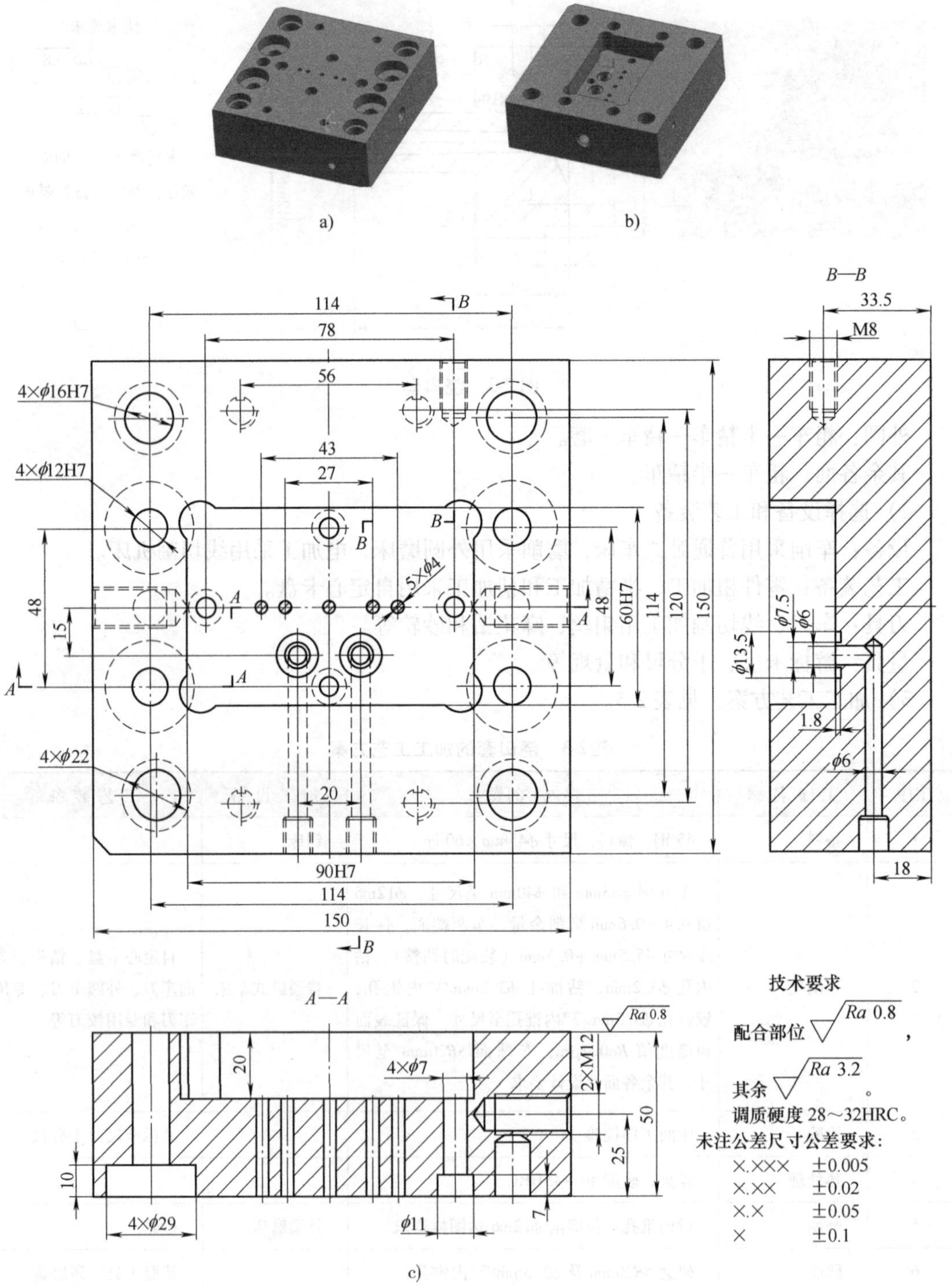

a) b)

技术要求

配合部位 $\sqrt{Ra\ 0.8}$，

其余 $\sqrt{Ra\ 3.2}$。

调质硬度 28～32HRC。

未注公差尺寸公差要求：

×.×××	±0.005
×.××	±0.02
×.×	±0.05
×	±0.1

c)

图 2-4 导光柱动模板

a）正面 b）反面 c）零件图

（1）零件工艺性分析

1）零件材料。45钢调质，调质后其可加工性能良好，没有特殊加工要求，加工中不需要采取特殊的加工工艺措施。

2）主要技术要求分析。4×ϕ16H7导柱孔和4×ϕ12H7复位杆孔尺寸精度要求IT7，表面粗糙度要求$Ra0.8\mu m$。60H8×90H8×20mm动模固定长方孔尺寸精度要求IT8，表面粗糙度要求$Ra0.8\mu m$。4×ϕ16H7导柱孔和4×ϕ12H7复位杆孔与孔之间有位置度要求。以上是零件加工中尺寸精度、表面粗糙度及位置精度要求较高的部位。因此在加工中对于这些部位需采用数控铣（或加工中心）加工来完成。

（2）零件制造工艺分析

1）零件加工工艺路线。

60H8×90H8×20mm长方孔：铣削—高速铣削。

上、下平面：铣—磨。

ϕ16H7、ϕ12H7：钻—扩—精铰。

螺纹：钻底孔—攻螺纹。

其余部位的平面及凹槽：铣削。

其余部位的孔：钻—扩—铰。

2）选择设备和工艺装备。

设备：粗铣、半精铣平面采用普通立式铣床，通孔及阶梯孔的加工采用数控铣床，上、下平面的精加工采用平面磨床加工。

工艺装备：压板、垫块和机用平口钳等。

刀具：麻花钻、铰刀、面铣刀、立铣刀和砂轮等。

量具：内径千分尺和游标卡尺等。

3）动模板的加工工艺方案见表2-4。

表2-4　动模板的加工工艺方案

工序	工序名称	工序内容的要求	加工设备	工艺装备
1	备料	45钢，尺寸为155mm×155mm×55mm		
2	热处理	调质处理，硬度28～32HRC		
3	铣削	粗铣、半精铣至尺寸150.6mm×150.6mm×50.6mm（留0.6mm加工余量）	普通立式铣床	面铣刀、机用平口钳等
4	磨削	磨削至尺寸150mm×150mm×50mm	平面磨床	砂轮
5	数控铣削	中心钻作为引导孔，按图样要求钻ϕ12H7、ϕ16H7底孔，钻、扩阶梯孔ϕ29mm和ϕ11mm，扩、精铰ϕ12H7及ϕ6H7孔。加工完成60H8×90H8×20mm长方孔	数控铣床	机用平口钳、各种钻头、ϕ12H7铰刀等
6	钳工	去除尖角毛刺		
7	检验	按图样要求检验		

二、加工导光柱的成型零部件

1. 加工塑料导光柱的上模体（图 2-5）

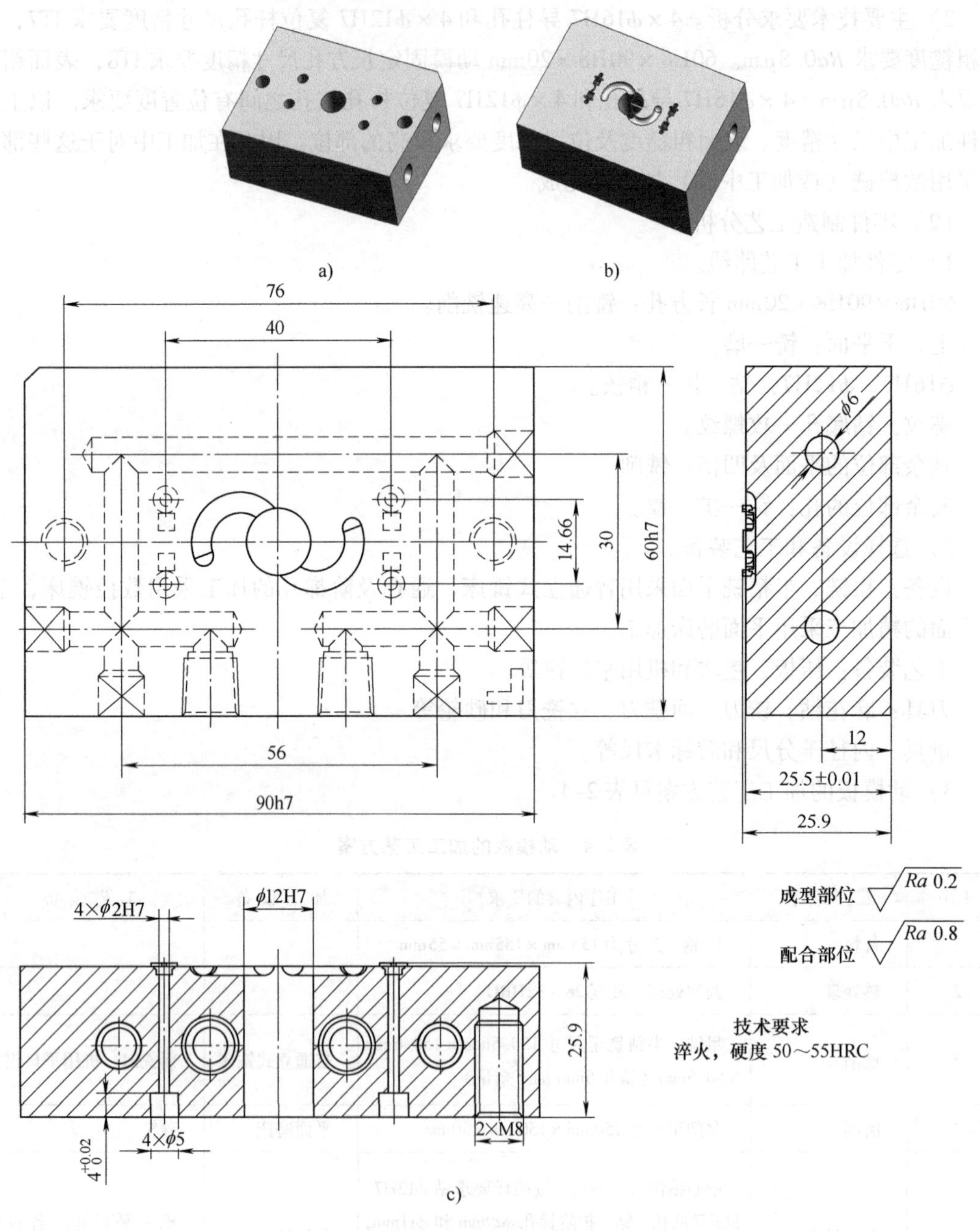

图 2-5　导光柱上模体

a）正面　b）反面　c）零件图

（1）零件的工艺性分析　此零件为定模镶件，它与定模板组成型腔。

1）零件材料。S136（瑞典 ASSAB 牌号）塑料模具钢，多用于透明度要求较高的塑料产品，具有极高的抛光性及综合的力学性能，淬透性高，可使较大的截面获得较均匀的硬

度，表面粗糙度值低，需经过淬火处理后再进行精加工。

2）零件的主要表面。该零件的主要表面包括制件异形表面及流道，定模镶件与定模板配合面，ϕ12H7 与浇口套配合孔等。

3）主要技术条件分析。型腔成型部位的表面粗糙度值 $Ra0.2\mu m$。配合部位（60h7 × 90h7）尺寸精度 IT7 级，表面粗糙度值 $Ra0.8\mu m$。

（2）零件的制造工艺分析

1）零件各表面终加工方法及加工路线。

主要表面（型腔部位尺寸精度 IT7 级、表面粗糙度值 $Ra0.2\mu m$）：数控铣削—研磨（或高速铣削）—电火花—抛光。

ϕ12H7：钻—扩—精铰。

外形尺寸（60h7 ×90h7 ×25.9mm）：粗铣—半精铣—磨削。

其他表面终加工方法：结合表面加工及表面形状特点。

其他各孔及曲面加工：数控铣削。

综合考虑后确定各表面加工路线如下。

配合外平面（60h7 ×90h7）：铣削—磨削。

制件成型面：数控铣—研磨或高速铣，电火花—研磨抛光。

孔系：数控铣床钻孔—扩孔—精铰。

螺纹：钻孔—扩孔—攻螺纹。

整体加工原则：下料—粗铣—精铣—热处理—磨削—数控铣—电火花—研磨抛光。

2）选择设备和工艺装备。

设备：铣削采用立式铣床，磨削采用平面磨床，制件表面及孔系的加工采用数控铣床。

工艺装备：零件粗加工、半精加工和精加工均采用机用平口钳装夹。

刀具：中心钻、麻花钻头、丝锥、铰刀、面铣刀、球头铣刀、立铣刀、砂轮和电火花加工用电极等。

量具：内径千分尺、量规和游标卡尺等。必要时可使用投影仪或三坐标测量成型部位尺寸。

3）上模体的加工工艺方案见表 2-5。

表 2-5　上模体的加工工艺方案

工序	工序名称	工序内容的要求	加工设备	工艺装备
1	备料	S136，尺寸 65mm ×95mm ×30mm		
2	铣削	铣削六面至尺寸 61.6mm × 91.6mm × 27.6mm（留 0.6mm 磨削余量）	立式铣床	机用平口钳、面铣刀
3	磨削	磨六面至尺寸 61mm ×91mm ×27mm，留出淬火变形的加工余量	平面磨床	砂轮
4	数控铣削（粗）	流道粗加工及 ϕ12H7 孔与型芯台阶孔，钻—扩螺纹底孔，加工 M8 螺纹孔	数控铣床	
5	热处理	淬火，硬度 50 ~55HRC		
6	平面磨削	磨六面至尺寸 60mm ×90mm ×25.9mm	平面磨床	

（续）

工序	工序名称	工序内容的要求	加工设备	工艺装备
7	数控铣削	钻—扩—铰 ϕ12H7 孔及 4 个型芯孔 ϕ2H7 至尺寸，保证位置度要求和表面粗糙度要求，铣流道至尺寸	数控铣床	机用平口钳、钻头、ϕ12H7 铰刀、球头铣刀、立铣刀和 M8 丝锥等
8	电火花	加工成型部位	电火花成形机床	机用平口钳和电极
9	研磨	研磨异形型腔及分型面达表面粗糙度要求		研磨工具和研磨膏
10	检验	按图样要求进行检验		游标卡尺和内径千分尺等

2. 加工下模体（图 2-6）

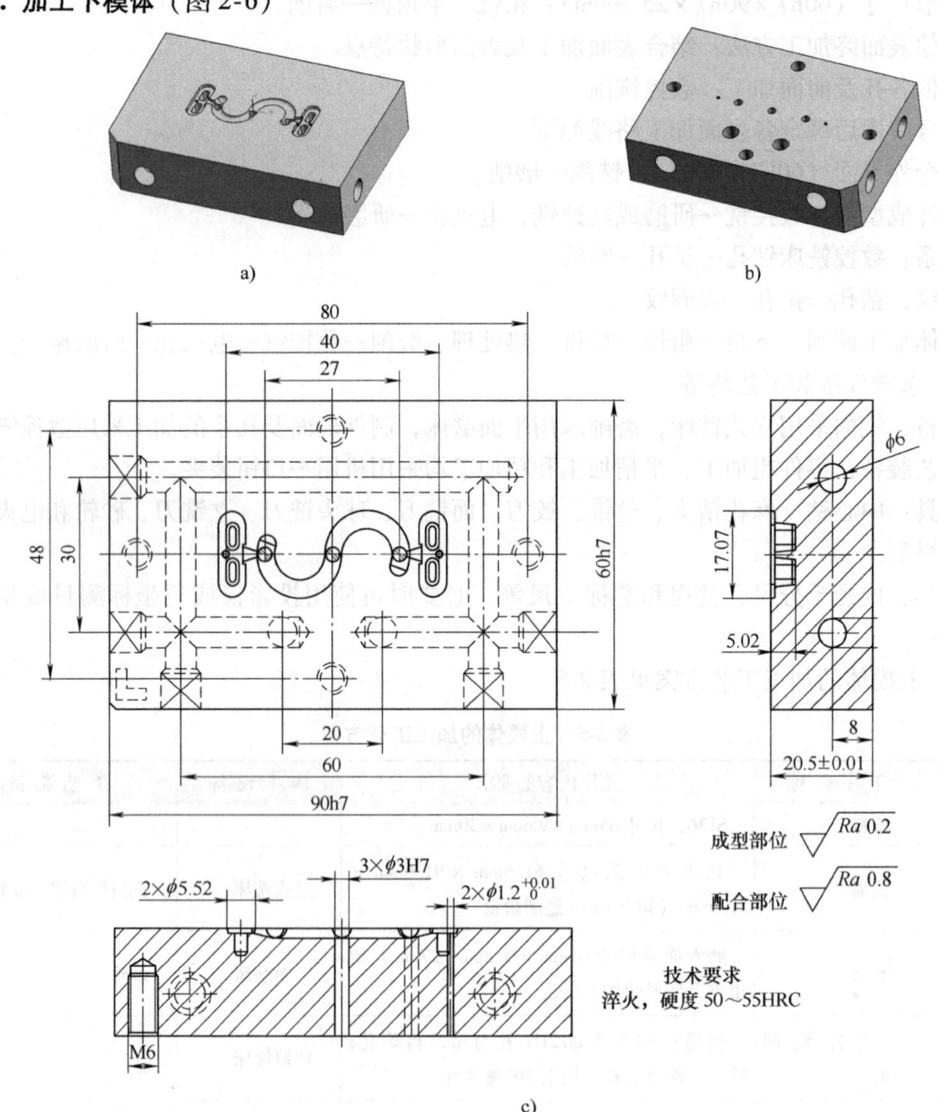

图 2-6 导光柱下模体

a）正面 b）反面 c）零件图

(1) 零件工艺性分析

1）零件材料。S136（瑞典 ASSAB 牌号）塑料模具钢，多用于透明度要求较高的塑料产品，具有极高的抛光性及综合的力学性能，淬透性高，可使较大的截面获得较均匀的硬度，表面粗糙度值低，需经过淬火处理后再进行精加工。

2）零件的组成表面。零件的组成表面有平面、孔系、成型面、流道、浇口和螺纹等。

3）主要技术条件分析。型腔及异形凹面表面的表面粗糙度值 $Ra0.2\mu m$。配合部位尺寸精度 IT7 级，表面粗糙度值 $Ra0.8\mu m$。

(2) 零件制造工艺设计

1）零件各表面终加工方法及加工路线。

主要表面（型腔部位尺寸精度 IT7 级、表面粗糙度值 $Ra0.2\mu m$）：数控铣—研磨（或高速铣）—电火花—抛光。

ϕ6H7：钻—扩—精铰。

外形尺寸（90h7 ×60h7 ×（20.5 ±0.01）mm）：粗铣—半精铣—磨削。

配合外平面：铣削—磨削。

制件成型面及凹面：数控铣削—研磨或高速铣削及电火花加工。

各孔系：数控铣床钻孔—扩孔—精铰。

螺纹：钻孔—扩孔—攻螺纹。

2）选择设备和工艺装备。

设备：铣削采用立式铣床，磨削采用平面磨床，制件表面及孔系加工采用数控铣床及电火花机床。

工艺装备：零件的粗、半精和精加工均采用机用平口钳装夹。

刀具：中心钻、麻花钻头、丝锥、铰刀、面铣刀、球头铣刀、立铣刀、砂轮和电火花加工用的电极等。

量具：内径千分尺、量规和游标卡尺等。必要时可使用投影仪或三坐标测量成型部位尺寸。

3）下模体的加工工艺方案见表 2-6。

表 2-6　下模体的加工工艺方案

工序	工序名称	工序内容的要求	加工设备	工艺装备
1	备料	S136，尺寸 65mm×95mm×25mm		
2	铣削	铣削六面至尺寸 61.6mm × 91.6mm × 22.1mm，留磨削余量	立式铣床	机用平口钳、面铣刀
3	平面磨削	磨六面至尺寸 61mm×91mm×21.5mm，留出淬火变形的加工余量	平面磨床	砂轮
4	数控铣削（粗加工）	流道粗加工，成型部分去除余量，钻—扩 3 个 ϕ3mm 顶杆孔和螺纹底孔，加工 M8 螺纹孔	数控铣床	
5	热处理	淬火，硬度 50～55HRC		
6	平面磨削	磨六面至尺寸 60h7 × 90h7 ×（20.5 ± 0.01）mm	平面磨床	

（续）

工序	工序名称	工序内容的要求	加工设备	工艺装备
7	数控铣削	钻—扩—铰3个 ϕ3H7 顶杆孔至尺寸并保证位置度要求和表面粗糙度要求，铣流道及浇口至尺寸	数控铣床	机用平口钳、钻头、ϕ10H7 铰刀、球头铣刀、立铣刀和 M8 丝锥等
8	电火花	加工成型部位	电火花成形机床	机用平口钳和电极
9	研磨	研磨异形型腔及分型面达表面粗糙度要求		研磨工具和研磨膏
10	检验	按图样要求进行检验		游标卡尺和内径千分尺等

任务三 装配塑料导光柱模具

一、装配定模（图2-7）

1. 模具的装配要求

1）装配时需要测量定模板型孔侧面的垂直度，因为定模板型孔通常采用铣床加工，当型孔较深时，孔侧面容易形成斜度。通过测量的实际尺寸，可按定模板型孔的实际斜度加工修整定模配合段的斜度，以保证定模嵌入后的配合精度。

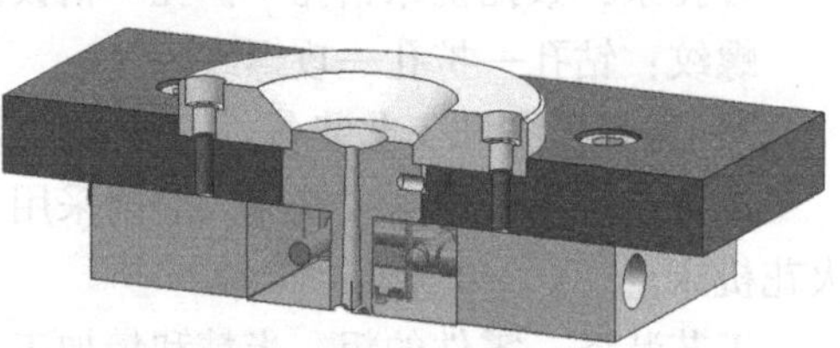

图2-7 定模

2）用螺钉紧固后，定模嵌入定模板，分型面的平行度误差不大于0.05mm。

3）定模应高于定模板0.3~0.5mm，以保证合模时分型面的有效贴合。

2. 模具的装配步骤

1）测量定模开距与定模的实际尺寸及测量上模板台阶深度，以及定模板装配好定模型腔的总高度以确定浇口套的长度尺寸。浇口套的台肩尺寸要高出0.02mm，以便定位圈将其压紧。浇口套的下表面也必须高出定模嵌件0.02mm，以保证该表面总装时压紧密封，防止塑料的泄漏。

2）将浇口套嵌入上模体与定模板，保证 H7/m6 的过渡配合。

3）定模板型孔为通孔，将上模体嵌入定模板内，定模板型孔与定模保证 H7/m6 过渡配合。

4）组装上模板与定模板，保证其同轴度，紧固螺钉。

5）将定位圈装入上模板，保证其同轴度，紧固螺钉。

二、装配动模（图2-8）

1. 模具的装配要求

1）动模型芯（后模镶针）的装配。测量镶针的实际工作尺寸及其与动模孔配合的尺寸，以保证配合精度 H7/m6。可将动模配合孔倒角，防止镶针尾部台阶不清根。保证工作

部分的高度尺寸。压入定模嵌件后，用百分表测量镶针的垂直度。

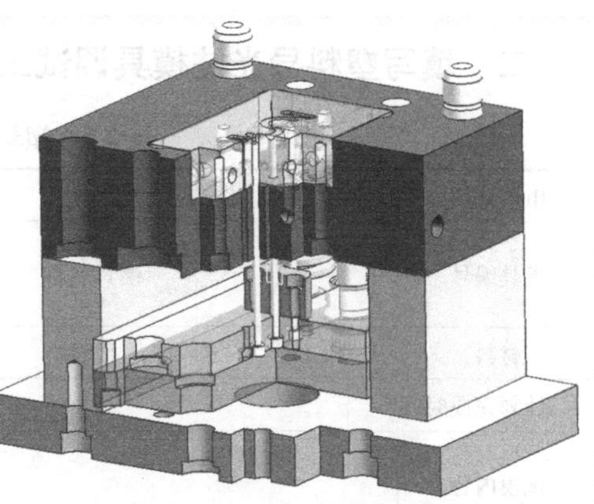

图2-8　动模

2）顶杆的装配。测量顶杆孔的实际尺寸及其与顶杆配合的尺寸，一般采用 H8/f8 配合，防止间隙过大时溢料，或间隙过小时拉伤。装配时，将顶杆孔入口处倒角，以便顶杆能够顺利插入。测量顶杆尾部台阶厚度，以及推板固定板的沉孔深度，保证装配后留有 0.05mm 的间隙。否则应进行修整。将顶杆及复位杆装入顶杆固定板，用螺钉将推板和顶杆固定板紧固。检查及修磨顶杆及复位杆端面。模具闭合后，顶杆端面应高出型腔底面 0.05mm。复位杆端面应低于分型面 0.02～0.05mm。将台阶厚度尺寸一致的限位钉装于下模板，将顶出部分和动模部分组合装配。当顶出部分复位与限位钉接触时，如果顶杆端面低于型腔顶出部分的表面，则需调整限位钉尺寸（增加高度）；如果顶杆端面高出型腔顶出部分的表面，则需降低限位钉的高度。

2. 模具装配步骤

1）型芯装入下模内。

2）下模体装入动模板内。

3）将组装好的顶出部分与动模部分组装。

4）装入限位螺钉。

5）装下模体，螺钉紧固。

任务四　安装与调试塑料导光柱注射模具

一、塑料导光柱模具的调试工艺

1. 模具厚度的调整

在手动状态下进行模具厚度的调整。按“开模”键，使设备的移动模板开起到停止的位置。按“调模”键，检查模具在设备上的情况（是否合严）。按“调模进”键或按“调模退”键，调整模具厚度值。锁模力在自动调整操作方式中，按“开、关”键，输入锁模力即可。

2. 模具顶出距离的调整

模具开模，设备在手动状态下操作。按“顶针”键显示顶针设定画面，设定顶针移动的调整参数，即此套模具的顶出距离。按“顶针前进”或“顶针后退”键调整达到模具要求。

3. 喷嘴的调整

在手动状态下，按“功能选择”键，显示射座前后移动画面。首先选择“射座快进”，当接近模具的定位环时，选择“射座慢进”，对正，保证注射熔料准确进入模具的浇注系统。

二、填写塑料导光柱模具调试工艺卡（表 2-7）

表 2-7　塑料导光柱模具调试工艺卡

申请日期		组长		技工	
模具编号		模具名称	塑料导光柱注射模具	型腔数	2
材料	PC	数量		试模次数	1
计划完成时间				实际完成时间	
试模内容	调整模具工艺参数				
机台号	7	机台吨位/t	55	每模重量/g	
水口单重/g		产品单重/g		周期时间/s	
冷却时间/s	15	射出时间/s	5.0	保压时间/s	2.0

温度/℃											
烘干		射嘴	65	一段	275	二段	270	三段	265	四段	250

射出				位料				合模				开模			
	压力/MPa	速度$/(cm^3/s)$	位置/mm		压力/MPa	速度$/(cm^3/s)$	位置/mm		压力/MPa	速度$/(cm^3/s)$	位置/mm		压力/MPa	速度$/(cm^3/s)$	位置/mm
一段	160	55	15	一段	120	75	15	一段				一段			
二段	155	42	25	二段	120	75	25	二段				二段			
三段				松退	30	30	2	三段				三段			
四段				背压				四段				四段			

顶出方式：	□停留	□多次	操作方式：	□半自动	□全自动
冷却方式：	□冷却水	□常温水	□模温机：温度　（　　℃）		

试模结果
保压：50　40　30 20　15　10 1.5　1.5　1.5

项目三　制造塑料齿轮模具

任务描述

1. 识读塑料齿轮的制品图样。
2. 识读塑料齿轮模具装配图，掌握塑料注射模具的结构。
3. 拆画塑料齿轮模具零件图，编写零件的加工工艺卡。
4. 掌握塑料齿轮所选用的材料性能。
5. 完成塑料齿轮注射模具的试模过程，掌握注射成型工艺。

学习目标

1. 掌握塑料齿轮模具的制造工艺。
2. 掌握模具设计与制造的基本步骤。
3. 掌握塑料注射模具的试模工艺。

任务一　识读塑料齿轮制品及其模具结构图

一、识读塑料齿轮制品图（图 3-1）

1. 分析塑料齿轮制品的表面质量

该产品为传动齿轮，齿形表面及中心孔为工作面，不能有脱模斜度，齿轮的齿形表面与中心轴孔的同轴度精度要高，以保证传动的平稳。齿形为渐开线齿形，产品成型后表面不能有气纹、缩痕或划伤等缺陷。中心孔与传动轴配合，需保证尺寸精度。

2. 选择制品的材料

齿轮属于组装中的配合零件，要求有一定的耐磨性。在常用塑料中适用的材料为聚酰胺（又称尼龙）（PA）和聚甲醛（POM）。

尼龙是工程塑料中发展最早的品种，目前已广泛应用于制造业各行业。常用的尼龙品种有尼龙 6、尼龙 66、尼龙 11 和尼龙 610 等。尼龙的摩擦因数小，自润滑性能好，耐磨性高，其耐磨性优于青铜；有较高的强度和韧性；耐油和一般溶剂腐蚀。其缺点是吸湿性较大，热膨胀系数大，抗蠕变性能较差。常用于制造耐磨、耐蚀的机器零件，如齿轮、轴承和蜗轮等，也可用来制作高压耐油密封圈、输油管道和储油容器等。

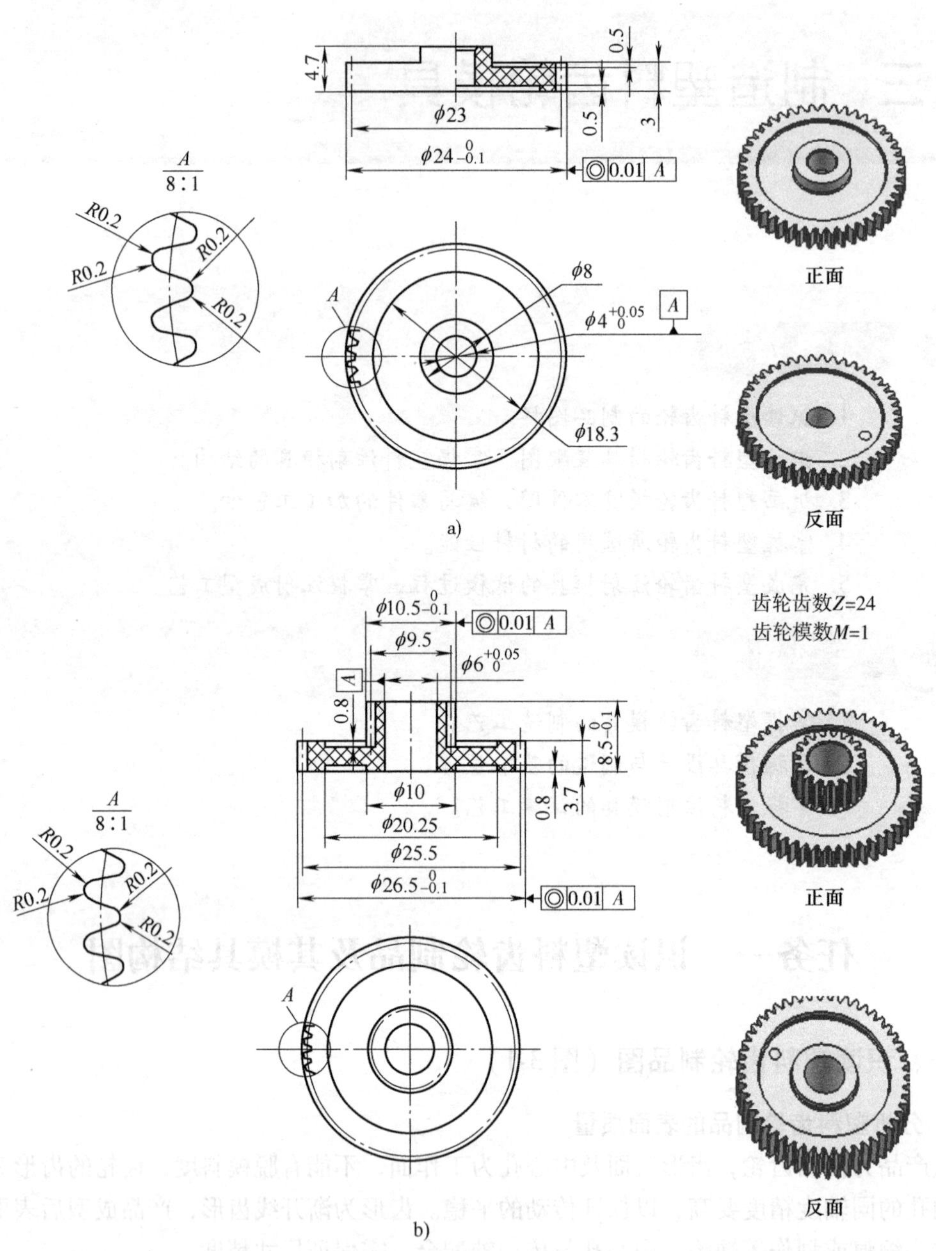

图 3-1 塑料齿轮零件图

a）齿轮 1 b）齿轮 2

聚甲醛（POM）是继尼龙之后发展起来的优良工程塑料。其原料单一，来源丰富，价格低廉。聚甲醛有良好的综合力学性能、耐疲劳性能、自润滑性能和耐磨性能。其缺点是热稳定性差，易燃，耐候性差。聚甲醛常用来制造不允许使用润滑油的齿轮、轴承和衬套等。

根据材料价格、性能及零件的使用要求，齿轮制品的材料确定为聚甲醛。

二、识读塑料齿轮注射模具图

1. 模具结构（图 3-2）

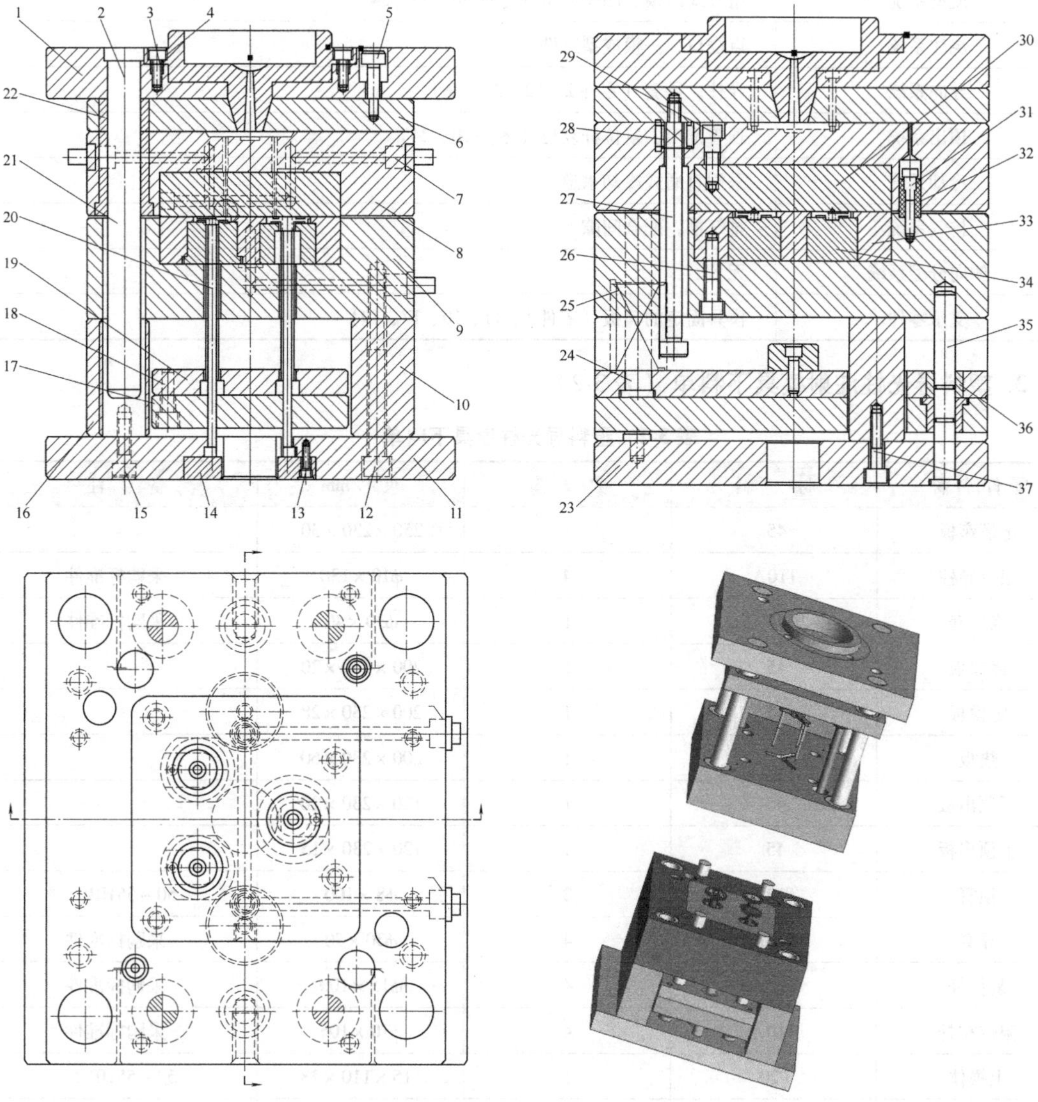

图 3-2　塑料齿轮模具结构

1—定模座板　2、21—限位导柱　3、12、13、15、18、26、29、31、37—连接螺钉　4—浇口套　5—限位钉　6—浇口板　7—水嘴　8—定模板　9、10、14—垫铁　11—动模座板　16—垫板　17—下顶出板　19—上顶出板　20—顶管　22—导套　23—挡钉　24—复位杆　25、28—弹簧　27—限位拉杆　30—上模体　32—橡胶　33—下模体　34—镶件　35—顶板导柱　36—顶板导套

2. 确定塑料齿轮模具结构方案（表 3-1）

表 3-1　塑料齿轮模具结构方案

名　称	组　成
成型系统	组合式凸模、凹模成型（零件 30、33、34）
浇注系统	点浇口，一模成型三件
导向系统	导柱，导套（零件 2、22，35、36）
顶出系统	顶管推出，复位杆复位（零件 20、24）
冷却系统	采用直通式冷却水道
排气系统	排气槽，配合间隙
侧向分型系统	无
支承零件	模具固定的模板（零件 1、11、10、17、19）

3. 塑料导光柱注射模具下料单（表 3-2）

表 3-2　塑料导光柱模具下料单

零件名称	材　料	数　量	尺寸/mm	备　注
定模座板	45	1	250×230×30	
限位导柱	T10A	4	ϕ10×130	采购标准件
浇口套	45	1	ϕ30×40	采购标准件
浇口板	45	1	200×230×20	
定模板	45	1	200×230×28	
垫板	45	1	200×230×60	
下顶出板	45	1	120×230×20	
上顶出板	45	1	120×230×15	
顶管	T10A	3	ϕ8×100	50～55HRC
导套	T10A	4	ϕ30×70	采购标准件
复位杆	T10A	4	ϕ15×100	采购标准件
限位拉杆	T10A	4	ϕ10×105	采购标准件
上模体	P20	1	115×110×28	50～55HRC
下模体	P20	1	115×110×28	50～55HRC
镶件 1	P20	2	ϕ36×30	
镶件 2	P20	1	ϕ40×26	
镶件 3	P20	1	ϕ22×20	
顶板导柱	T10A	4	ϕ12×110	采购标准件
顶板导套	T10A	4	ϕ20×35	采购标准件
动模座板	45	1	250×230×25	

任务二　制造塑料齿轮模具的零部件

分析塑料齿轮制品的特点后发现，塑料齿轮注射模具的加工难点是保证凸模和凹模的同轴度，以及两齿形的中心距，并以此保证塑料制品的质量。

一、加工凸模（上模体）零件

1. 零件的工艺性分析

此零件为定模镶件（上模体），它与定模板组成成型零件，如图3-3所示。

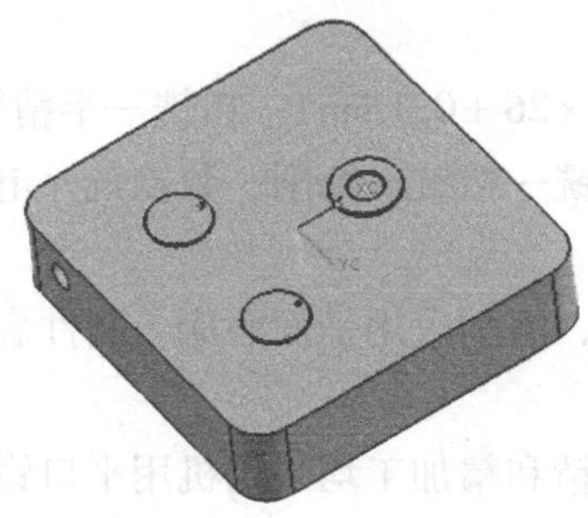

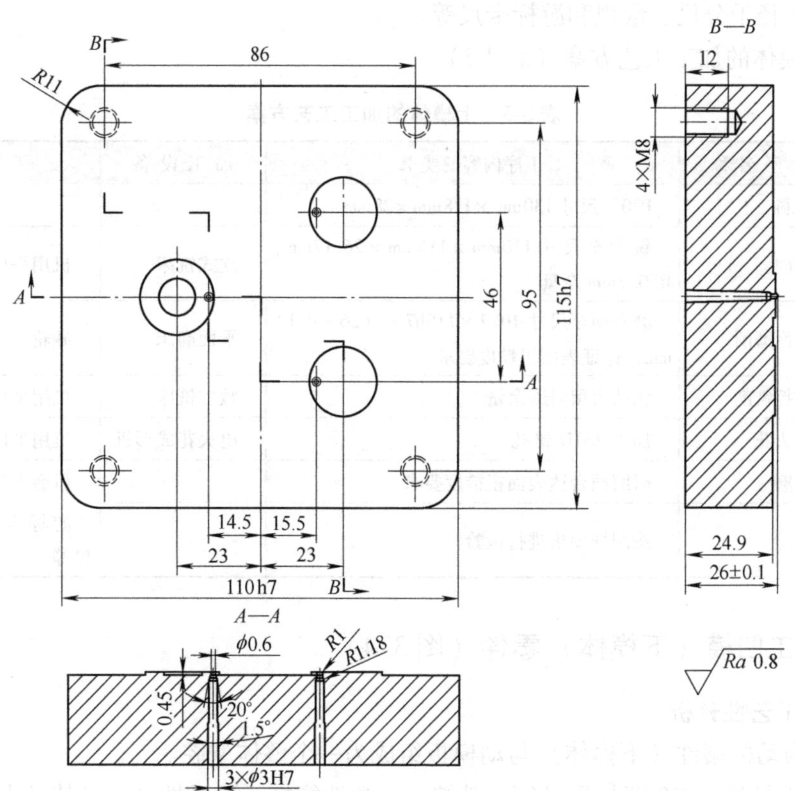

图3-3　凸模零件

（1）零件材料　零件材料为P20塑料模具钢，具有综合力学性能好，淬透性高，可使较大的截面获得较均匀的硬度，有很好的抛光性能，表面粗糙度值低，预先硬化处理，经机加工后可直接使用，必要时可表面渗氮处理。

（2）零件的主要表面　定模镶件与定模板配合面，镶件上有两个 ϕ3mm 的锥孔。

（3）主要技术条件分析　型腔表面的表面粗糙度值 $Ra0.8\mu m$。配合部位尺寸精度（110h7×115h7）尺寸精度IT7级，表面粗糙度值 $Ra0.8\mu m$。

2. 零件制造工艺分析

（1）零件各表面终加工方法及加工路线

主要表面（凸模部位尺寸精度IT7级、表面粗糙度值 $Ra0.8\mu m$）：数控铣削。

ϕ3H7：电火花。

外形尺寸（110h7×115h7×26±0.1mm）：粗铣—半精铣—磨。

整体加工原则：下料—粗铣—精铣—磨削—数控铣—电火花—研磨。

（2）选择设备和工艺装备。

设备：铣削采用立式铣床，磨削采用平面磨床，制件表面凸台采用数控铣床加工，锥孔采用电火花成形加工。

工艺装备：零件的粗、半精和精加工均采用机用平口钳装夹。

刀具：中心钻、麻花钻头、丝锥、铰刀、面铣刀、球头铣刀、立铣刀和砂轮等。

量具：内径千分尺、量规和游标卡尺等。

（3）上模体的加工工艺方案（表3-3）

表3-3　上模体的加工工艺方案

工序	工序名称	工序内容的要求	加工设备	工艺装备
1	备料	P20，尺寸130mm×118mm×28mm		
2	铣削	铣削至尺寸110mm×115mm×26.17mm，留0.2mm余量	立式铣床	机用平口钳、面铣刀
3	平面磨削	磨六面至尺寸10h7×115h7×（26±0.1）mm，保证表面粗糙度要求	平面磨床	砂轮
4	数控铣削	铣凸台留研磨余量	数控铣床	机用平口钳
5	电火花	加工 ϕ3H7 锥孔	电火花成形机	机用平口钳、电极
6	研磨	研磨凸台达表面粗糙度要求		研磨工具、研磨膏
7	检验	按图样要求进行检验		游标卡尺、内径千分尺等

二、加工凹模（下模体）零件（图3-4）

1. 零件工艺性分析

此零件为动模镶件（下模体）与动模板组成为一个整体型腔。

（1）零件材料　P20塑料模具钢，其综合力学性能好，淬透性高，可使较大的截面获得较均匀的硬度，有很好的抛光性能，表面粗糙度值低，预先硬化处理，经机加工后可直接使用，必要时可表面渗氮处理。

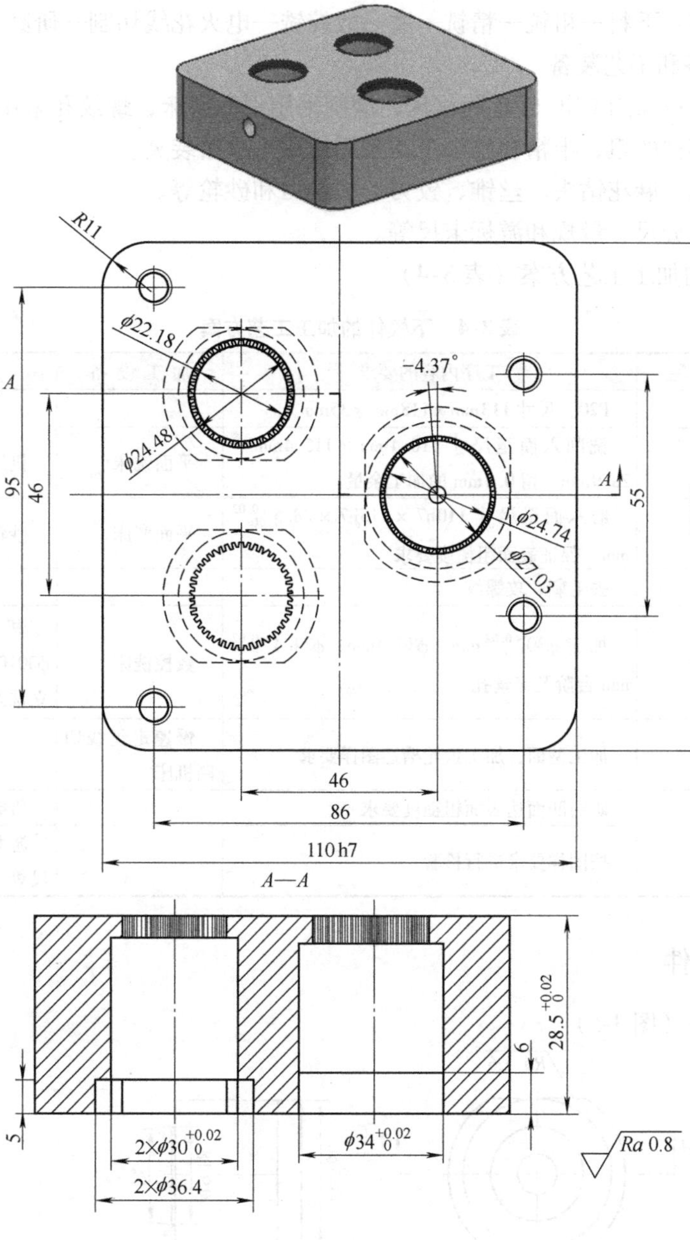

图 3-4　凹模零件

（2）零件组成表面　平面、螺纹孔和齿轮槽面等。

（3）主要技术条件分析　型腔齿轮槽面表面的表面粗糙度值 $Ra0.8\mu m$。配合部位尺寸精度 IT7 级，表面粗糙度值 $Ra0.8\mu m$。

2. 零件制造工艺设计

（1）零件各表面终加工方法及加工路线

主要表面（型腔部位尺寸精度 IT7 级、表面粗糙度值 $Ra0.8\mu m$）：CNC 慢速走丝机床。

M8 螺纹孔：钻—扩孔—攻螺纹。

外形尺寸（$115h7 \times 110h7 \times 28.5_{0}^{0.02}$mm）：粗铣—半精铣—磨。

整体加工原则：下料—粗铣—精铣—磨—数控铣—电火花线切割—研磨。

(2) 选择设备和工艺装备

设备：型腔部位采用 CNC 慢走丝机床，磨削采用平面磨床，螺纹孔采用立式钻床。

工艺装备：零件的粗、半精和精加工均采用机用平口钳装夹。

刀具：中心钻、麻花钻头、丝锥、铰刀、面铣刀和砂轮等。

量具：内径千分尺、量规和游标卡尺等。

(3) 下模体的加工工艺方案（表 3-4）

表 3-4　下模体的加工工艺方案

工序	工序名称	工序内容的要求	加工设备	工艺装备
1	备料	P20，尺寸 113mm × 118mm × 35mm		
2	铣削	铣削六面至尺寸 110.4mm × 115.4mm × 28.9mm，留 0.4mm 的加工余量	平面铣床	机用平口钳、面铣刀
3	平面磨削	磨六面至尺寸 110h7 × 115h7 × $28.5^{+0.02}_{0}$ mm，保证表面粗糙度要求	平面磨床	砂轮
4	钳工	去毛刺，攻螺纹		
5	数控铣削	加工 $\phi30^{+0.02}_{0}$ mm、ϕ36.4mm、$\phi34.4^{+0.02}_{0}$ mm 台阶及穿丝孔	数控铣床	机用平口钳、钻头、ϕ30H7 铰刀、球头铣刀、立铣刀和 M8 丝锥等
6	线切割	加工型面，加工齿轮槽达图样要求	慢速走丝线切割机床	
7	研磨	研磨凹面达表面粗糙度要求		研磨工具、研磨膏
8	检验	按图样要求进行检验		游标卡尺、内径千分尺等

三、加工镶件

1. 加工镶件 1（图 3-5）

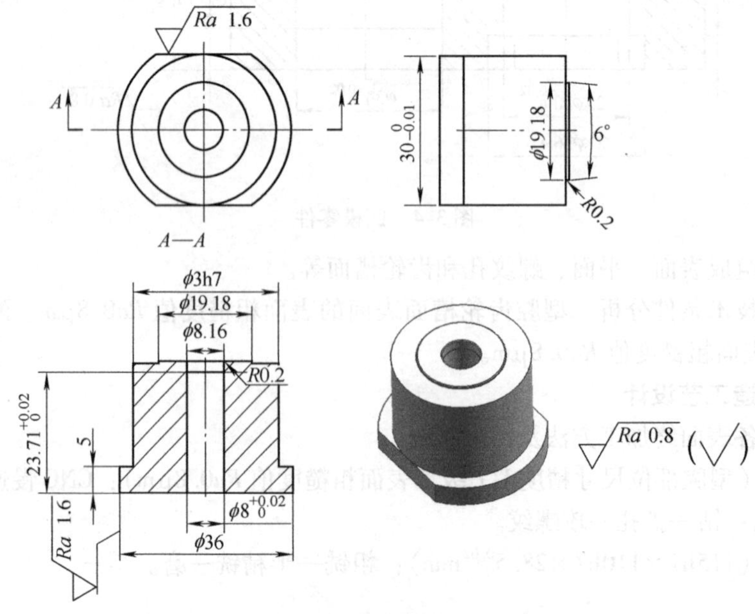

图 3-5　镶件 1

(1) 零件的工艺性分析　此零件为动模镶件 1 与动模板组成的一个整体型腔，成型齿轮 1，一模两件。

1) 零件材料。P20 塑料模具钢，其综合力学性能好，淬透性高，可使较大的截面获得较均匀的硬度，有很好的抛光性能，表面粗糙度值低，预先硬化处理，经机加工后可直接使用，必要时可表面渗氮处理。

2) 主要技术条件分析。型腔齿轮槽面表面的表面粗糙度值 $Ra0.8\mu m$。配合部位尺寸精度 IT7 级，表面粗糙度值 $Ra0.8\mu m$。

(2) 零件制造工艺设计

1) 零件各表面终加工方法及加工路线。

主要表面（成型部位尺寸精度 IT7 级、表面粗糙度值 $Ra0.8\mu m$）：车削—磨削。

端面：电火花加工。

台面：铣削。

钳工：钻孔—扩孔—铰孔。

整体加工原则：下料—粗车—精车—磨削—铣削—电火花加工—研磨。

2) 选择设备和工艺装备。

设备：型面采用电火花成形机床加工，铣削采用立式铣床，磨削采用外圆磨床，螺孔采用立式钻床加工。

工艺装备：零件的粗、半精和精加工的采用自定心卡盘装夹。

刀具：中心钻、麻花钻头、丝锥、铰刀、车刀、面铣刀和砂轮等。

量具：内径千分尺、量规和游标卡尺等。

3) 镶件 1 的加工工艺方案（表 3-5）。

表 3-5　镶件 1 加工工艺方案

工序	工序名称	工序内容的要求	加工设备	工艺装备
1	备料	P20 棒料，尺寸 $\phi40mm\times35mm$		
2	车削	车 $\phi40mm$ 台阶至尺寸 $\phi36mm\times5mm$，其余尺寸 $\phi30.05mm\times26mm$，留余量0.3~0.4mm	车床	外圆车刀
3	外圆磨削	磨 $\phi30.05mm$ 至尺寸，保证表面粗糙度要求	外圆磨床	砂轮
4	铣削	铣两平面达图样要求，保证两面平行	铣床	机用平口钳、面铣刀
5	电火花	电加工 $\phi8.16mm$ 端面至尺寸	电火花机床	
6	钳工	钻中心孔 $\phi7.6mm$，铰孔至尺寸 $\phi8^{+0.02}_{0}mm$	立式钻床	钻头
7	检验	按图样要求进行检验		游标卡尺、内径千分尺等

2. 加工镶件 2（图 3-6）

(1) 零件的工艺性分析　此零件为动模镶件 2 与镶件 3 及动模板组成的一个整体型腔，成型齿轮 2，一模一件。

1) 零件材料：P20 塑料模具钢。

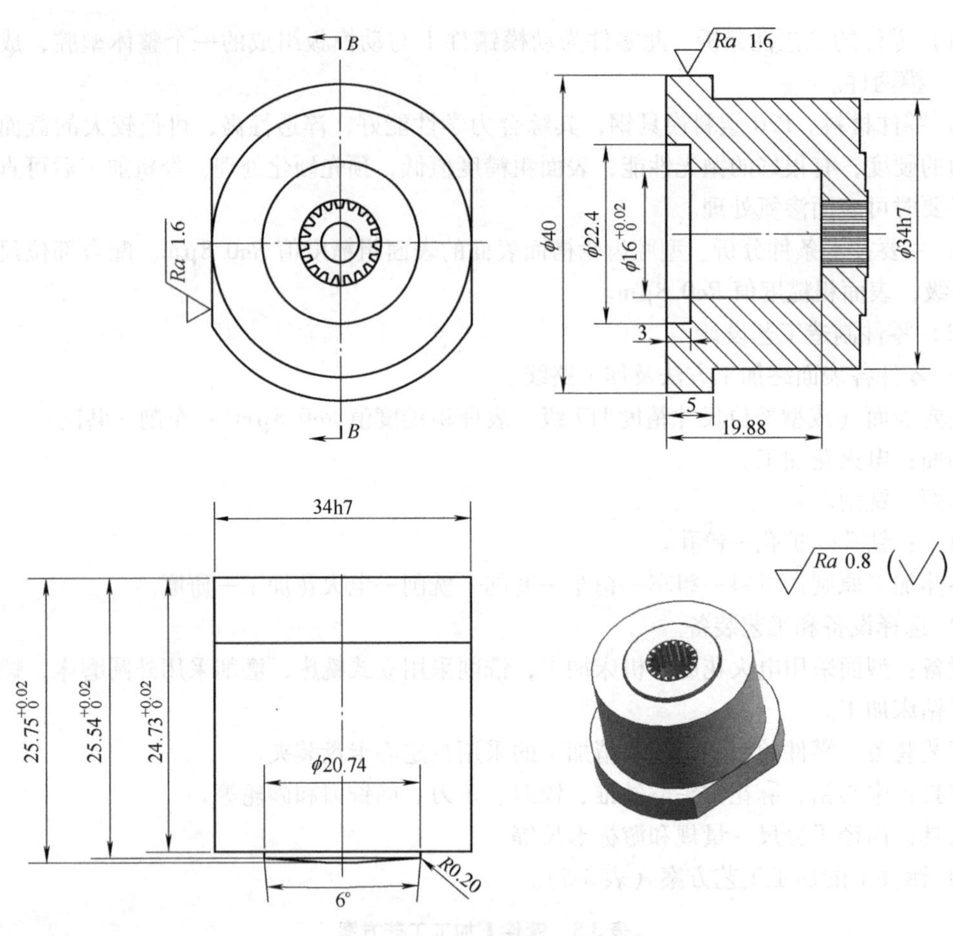

图 3-6　镶件 2

2）主要技术条件分析：型腔齿轮槽面表面的表面粗糙度值 $Ra0.8\mu m$。配合部位尺寸精度 IT7 级，表面粗糙度值 $Ra0.8\mu m$。

（2）零件的制造工艺设计

1）零件各表面终加工方法及加工路线。

主要表面（成型部位尺寸精度 IT7 级、表面粗糙度值 $Ra0.8\mu m$）：车削—磨削。

成型面：电火花线切割。

台面：铣削。

端面：电火花。

钳工：钻孔—扩孔—铰孔。

整体加工原则：下料—粗车—精车—磨削—铣削—电火花线切割—电火花成形加工—研磨。

2）选择设备和工艺装备。

设备：端面采用电火花成形机床加工，槽面采用电火花线切割机床加工，铣削采用立式铣床，磨削采用外圆磨床，螺孔采用立式钻床加工。

工艺装备：零件的粗、半精和精加工均采用自定心卡盘装夹。

刀具：车刀、面铣刀和砂轮等。

量具：内径千分尺、量规和游标卡尺等。

3）镶件2的加工工艺方案见表3-6。

表3-6 镶件2的加工工艺方案

工序	工序名称	工序内容的要求	加工设备	工艺装备
1	备料	P20棒料，ϕ42mm×40mm		
2	车削	车ϕ42mm台阶至尺寸ϕ40mm×5mm，其余至尺寸ϕ34.05mm×26mm，留余量0.3～0.4mm	普通卧式车床	外圆车刀
3		车孔至尺寸ϕ22.4mm×3mm和$\phi16^{+0.02}_{0}$mm×19.88mm		内圆车刀
4	外圆磨削	磨外圆ϕ34.05mm至尺寸ϕ34h7，保证表面粗糙度要求	外圆磨床	砂轮
5	铣削	铣两平面达图样尺寸，保证两面的平行度	立式铣床	机用平口钳、面铣刀
6	线切割	加工型面，加工齿形达图样要求	电火花线切割机床	
7	电火花	电加工端面	电火花机床	
8	检验	按图样要求进行检验		游标卡尺、内径千分尺等

3. 加工镶件3（图3-7）

（1）零件的工艺性分析　此零件为动模镶件3与镶件2及动模板组成的一个整体型腔，成型齿轮2，一模一件。

1）零件材料。P20塑料模具钢，其综合力学性能好，淬透性高，可使较大的截面获得较均匀的硬度，有很好的抛光性能，表面粗糙度值低，预先硬化处理，经机加工后可直接使用，必要时可表面渗氮处理。

2）主要技术条件分析。型腔齿轮槽面表面的表面粗糙度值$Ra0.8\mu m$。配合部位尺寸精度IT7级、表面粗糙度值$Ra0.8\mu m$。

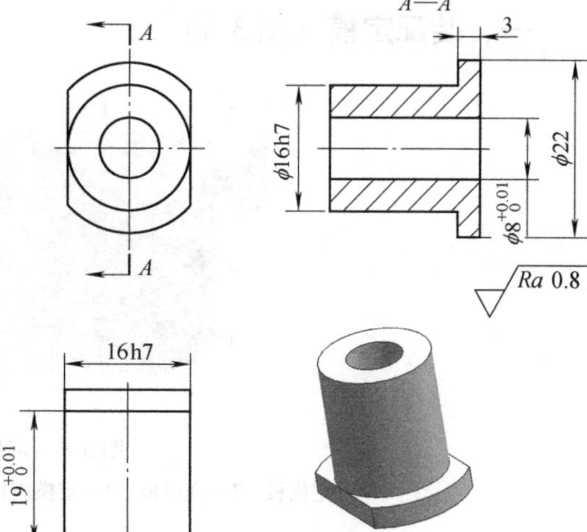

图3-7　镶件3

（2）零件的制造工艺设计

1）零件各表面终加工方法及加工路线

主要表面（成型部位尺寸精度IT7级、表面粗糙度值$Ra0.8\mu m$）：车削—磨削。

台面：铣削。

整体加工原则：下料—粗车—精车—磨削—研磨。

2）选择设备和工艺装备。

设备：外圆面采用普通卧式车床，台面采用立式铣床，磨削采用外圆磨床。

工艺装备：零件的粗、半精和精加工均采用自定心卡盘装夹。

刀具：车刀、面铣刀和砂轮等。

量具：内径千分尺、量规和游标卡尺等。

3）镶件 3 的加工工艺方案（表 3-7）。

表 3-7　镶件 3 的加工工艺方案

工序	工序名称	工序内容的要求	加工设备	工艺装备
1	备料	P20 棒料，尺寸 ϕ24mm × 22mm		
2	车削	车 ϕ24mm 台阶至尺寸 ϕ22mm × 3mm，其余尺寸 ϕ16.05mm × 16.88mm，留磨削余量 0.3～0.4mm	普通卧式车床	外圆车刀
3	磨削	磨 ϕ16.05mm 至尺寸 ϕ16h7，保证表面粗糙度要求	外圆磨床	砂轮
4	铣削	铣两平面达图中尺寸，保证两面平行	立式铣床	机用平口钳、面铣刀
5	检验	按图样要求进行检验		游标卡尺

任务三　装配塑料齿轮模具

一、装配定模（图 3-8）

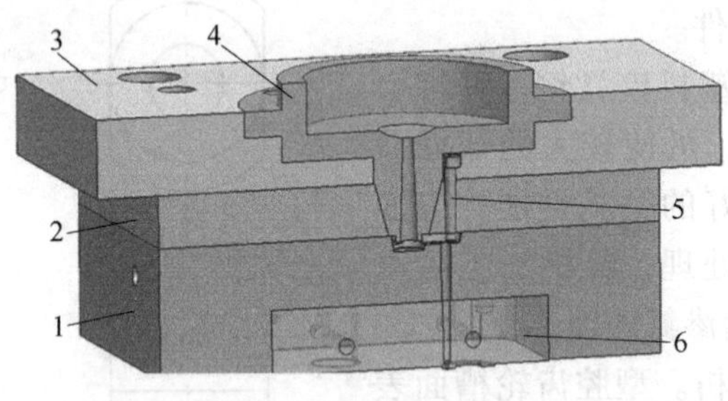

图 3-8　定模装配立体图

1—定模板　2—浇口板　3—定模座板　4—浇口套　5—拉料勾　6—上模体

1）将拉料勾装入定模座板，然后装入浇口套并用螺钉锁紧固定。

注意　拉料勾的台阶尺寸应与上模板对应的台阶尺寸一致。装配后，拉料勾应与上模板齐平或低 0.02mm，否则拉料勾高出上模板会使浇口套与浇口板的锥度配合面出现间隙，造成溢料。

2）将定模5与定模座板用螺钉紧固。

3）用导柱将定模板、浇口板及定模座板穿连在一起并分别将Ⅰ—Ⅰ分型及Ⅱ—Ⅱ分型的开距螺钉装入拧紧。

二、装配动模（图3-9）

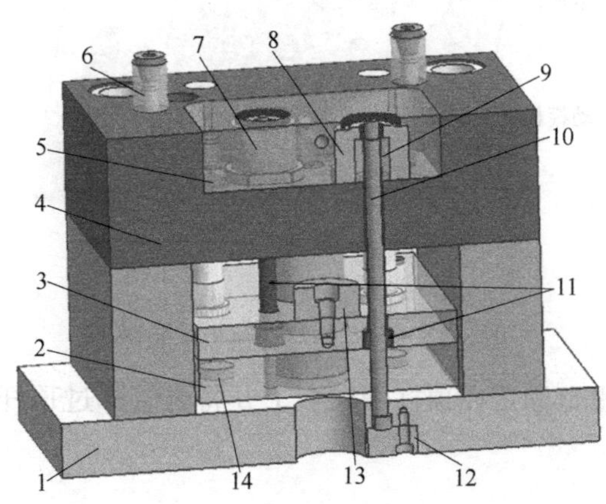

图3-9　动模装配立体图

1—动模座板　2—下顶出板　3—上顶出板　4—动模板　5—下模体　6—开闭器　7—镶件1　8—镶件2　9—镶件3　10—推管型芯　11—推管　12—压板　13—顶出限位柱　14—限位钉

1）将镶件3装入镶件2，如图3-10所示。

2）将镶件1及镶件2、3的组合装入动模体，如图3-11所示。

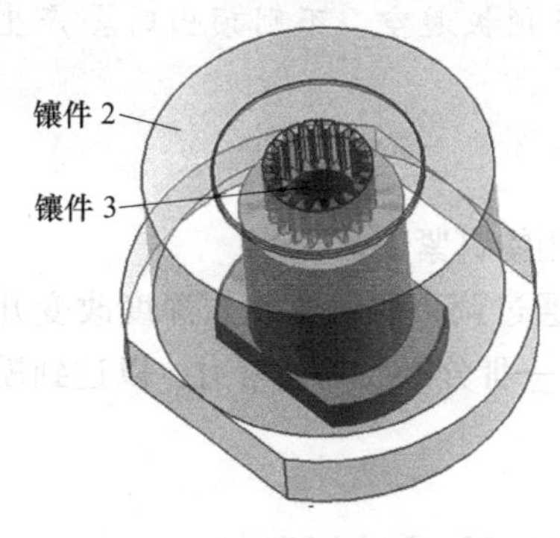

图3-10　镶件组装图

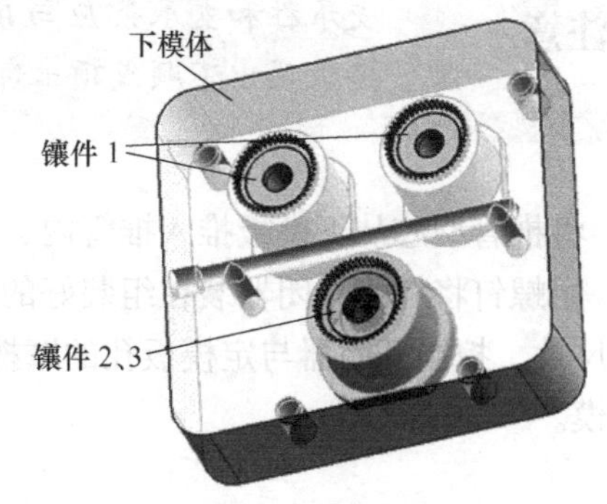

图3-11　镶件组装图

注意　装配前应将动模与镶件配合孔（挂台方向）倒角以防止因镶件台阶不清根，而造成镶件与动模装配不到位。

3）下模体装入动模板，装好后的下模体装入动模板并用螺钉锁紧固定，如图 3-12 所示。

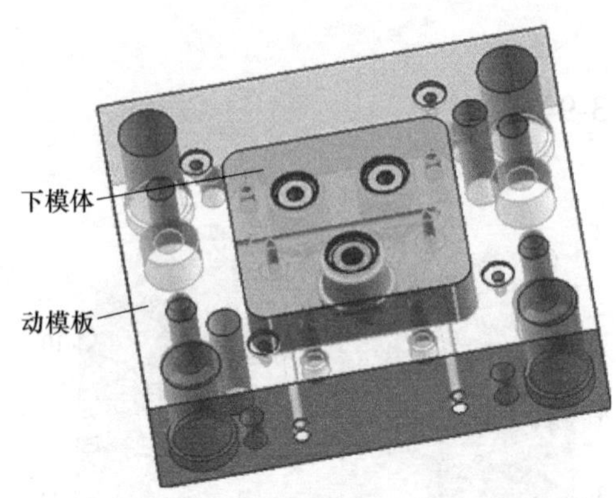

图 3-12　下模体与动模板组装图

4）将顶出限位柱用螺钉固定在顶杆固定板上并将推管穿过顶杆固定板和动模板，分别插入镶件 1 及镶件 3。

>> **注意**　查看推管的直径及长度，以免装错位置。

5）用螺钉将顶板与顶杆固定板锁紧固定。

6）将装好支承柱及限位钉的下模板与支承条和动模板用螺钉连接固定。

>> **注意**　支承柱和支承条应与顶杆固定板及顶板避空，否则顶出时会产生摩擦，造成顶出不顺或顶出部分不复位。

7）将推管型芯从下模板推入推管内，压上压板并用螺钉紧固。

8）用螺钉将树脂开闭器装在组装好的动模板上，通过调整螺钉的旋入深度改变开闭器的外径尺寸，控制开闭器与定模板孔的摩擦力以保证Ⅲ—Ⅲ分型面的锁紧力，以达到模具的顺序开模。

任务四　安装与调试塑料齿轮注射模具

一、选择塑料成型设备，调试模具

1. 选择塑料成型设备

（1）最大注射量的选择　制品重量必须与所选注射机的注射量相适应。通常，注射机的实际注射量应控制在注射机最大注射量的 80% 以内。

注射机的最大注射量为

$$m_1 = \frac{m_0 \rho_1}{\rho_0}$$

式中　m_1——其他塑料的最大注射量（g）；

m_0——注射机规定的最大注射量（g）；

ρ_0——聚苯乙烯的密度（$1.0^5 g/cm^3$）；

ρ_1——其他塑料的密度（$1.0^5 g/cm^3$）。

（2）锁模力的校核　锁模力是指注射机在成型时锁紧模具的最大力。该力可使动、定模紧密闭合，保证塑料制品的尺寸精度，尽量减少分型面飞边的厚度。当塑料熔体充满型腔时，注射压力在型腔内所产生的作用力总是试图使模具沿分型面胀开，因此，注射机的锁模力必须大于型腔内熔体压力与制件及浇注系统在分型面上的投影面积之和的乘积，即

$$F_0 \geqslant 100 P_{模} A_{分}$$

式中　F_0——注射机的公称锁模力（N）；

$P_{模}$——模内平均压力（MPa）；

$A_{分}$——制件、流道、浇口在分型面上的投影面积之和（cm^2）。

注射机注入的塑料熔体流经喷嘴、流道、浇口和型腔，将产生压力损耗。型腔内的平均压力一般为注射压力的25%～50%，型腔内的平均压力通常为20～40MPa。在成型流动性差、形状复杂、精度要求高的塑件时，需要选用较高的型腔压力。表3-8列出了不同类型产品常用的型腔压力。

表3-8　常用的型腔压力

分　类	型腔压力/MPa	分　类	型腔压力/MPa
成型容易、壁厚均匀的日用品	25	精度高、形状较复杂的工业制品	40
一般民用产品	30	型腔流长比小于50	20～30
工业制品	35	型腔流长比大于50	35～40

（3）注射压力的校核　注射压力是指注射机料筒内柱塞或螺杆对熔融塑料所施加的单位面积上的力，常取70～150MPa。注射机的最大注射压力必须大于成型制品所需要的注射压力。

2. 校核模具与注射机合模部分的相关尺寸

模具与注射机的关系主要包括喷嘴尺寸、定位环尺寸、模具最大厚度和最小厚度，以及模具在注射机上的安装方式等。

（1）喷嘴尺寸　注射模具主流道衬套小端的孔径要比注射机喷嘴前端孔径大0.5～1mm，主流道衬套的球面半径要比注射机喷嘴前端球面半径大1～2mm，如图3-13所示，即

$$D = d + (0.5 \sim 1)\text{mm}$$

$$R = r + (1 \sim 2)\text{mm}$$

在注射成型时，主流道衬套处不能形成死角，也不能有熔料积存。

（2）定位环尺寸　模具定位环与注射机定位孔按H8/f7配合定位，以保证模具主流道的轴线与注射机喷嘴轴线重合，否则将产生溢料并造成流道凝料脱模困难。塑料齿轮模具采用标准主流道衬套。对于拥有注射机的企业来说，均有与之相配的标准定位环。对于定位环

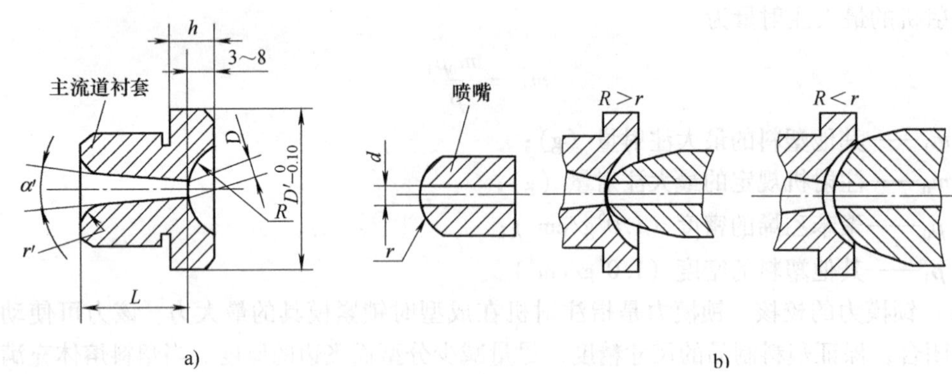

图 3-13　注射机喷嘴与模具浇口套的关系

的高度 h，小型模具为 8～10mm，大型模具为 10～15mm。

（3）模具厚度与注射机的关系　注射机所安装模具的闭合厚度必须在注射机最大模具厚度与最小模具厚度之间，如图 3-14 所示。

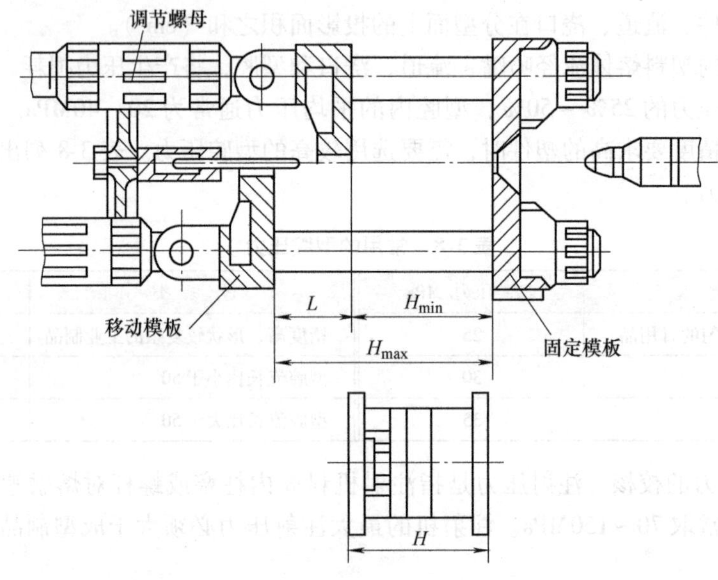

图 3-14　模具厚度与注射机的关系

若模具闭合厚度大于注射机最大模具厚度，则模具无法锁紧或影响开模行程。若模具闭合厚度小于注射机最小模具厚度，则必须采用垫板调整，使模具闭合。塑料齿轮模具的闭合厚度为 175mm，所选注射机必须与之相适应。

（4）模板规格与注射机拉杆间距的关系　模具长度和宽度方向的尺寸不得超出注射机的工作台面。在通常情况下，模具是从注射机上方直接吊入注射机内或从注射机侧面推入机内安装的。如图 3-15a、b 所示，模具的外形尺寸受到拉杆间距的限制。图 3-15c 所示只有在模具厚度比拉杆间距尺寸小，且装入机内后能够旋转（转到图示位置）时，才能安装。

塑料齿轮模具外形较小，因此可以从注射机上方直接吊入。

（5）模具在注射机上的安装方式（前面已介绍）　塑料齿轮模具采用压板固定方式，所以在定模板及底板上未加工模具固定孔（图 3-16）。

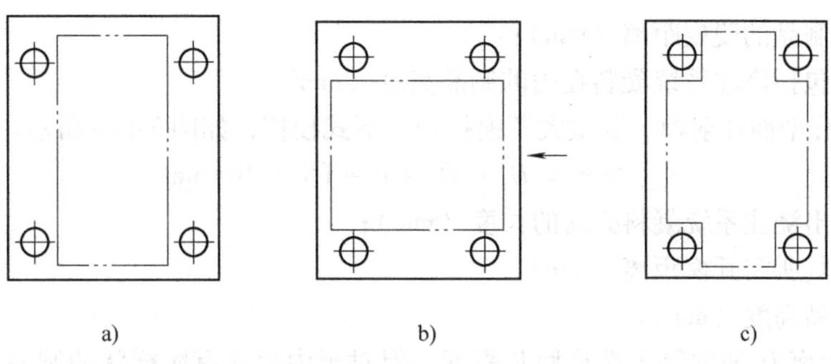

图 3-15　模具模板尺寸与注射机拉杆间距的关系

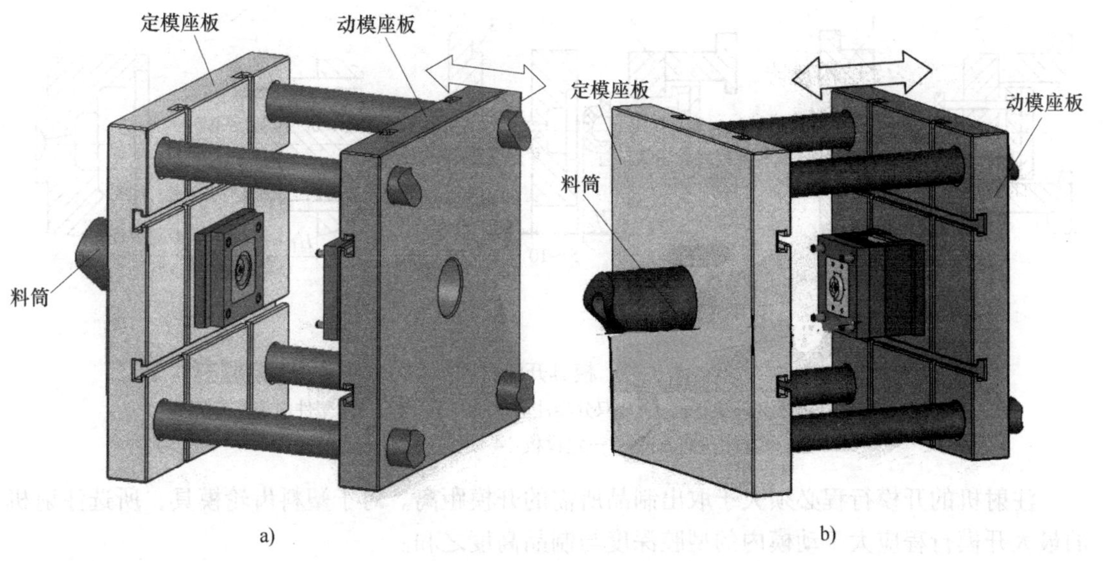

图 3-16　塑料齿轮动、定模具安装示意图
a）定模安装图　b）动模安装图

（6）开模行程的校核　打开模具取出制品时，要求定模和动模必须分开一定的距离，该距离称为开模距离。开模距离不能超过注射机的最大开模行程。从某种意义上说，注射机的最大开模行程将直接影响模具所能成型的制品的高度。开模行程不够时，制品将无法从动模和定模之间取出。因此，模具设计时必须进行注射机开模行程的校核，使其与模具距离相适应。根据注射机类型的不同，开模行程的校核有以下两种情况。

最大开模行程与模具厚度无关。凡锁模机构为液压—机械式锁模机构的注射机，其最大开模行程是由曲柄机构的运动或合模液压缸的行程所决定的，而与模具厚度无关。当模具厚度变化时，可通过移动模板后的调节螺母调整。故校核时只需使注射机最大开模行程大于模具所需的开模距离即可。

① 对于单分型面注射模，其最大开模行程按下式校核，如图 3-17a 所示。

$$S_{max} \geqslant S = H_1 + H_2 + (5 \sim 10)\text{mm}$$

式中　S_{max}——注射机最大开模行程（mm）；

S——模具所需开模距离（mm）；

H_1——制品的脱模距离（mm）；

H_2——包括浇注系统凝料在内的制品高度（mm）。

② 对于双分型面注射模，其最大开模行程按下式校核，如图 3-17b 所示。

$$S_{max} \geqslant S = H_1 + H_2 + a + (5 \sim 10)\text{mm}$$

式中　a——取出浇注系统凝料必需的长度（mm）；

S——模具所需开模距离（mm）；

H_2——制品高度（mm）。

制品脱模距离 H_1 通常等于模具型芯高度。但对于内表面有阶梯状的制品，H_1 不必等于型芯高度，而是能以顺利取出制品为准，如图 3-17c 所示。

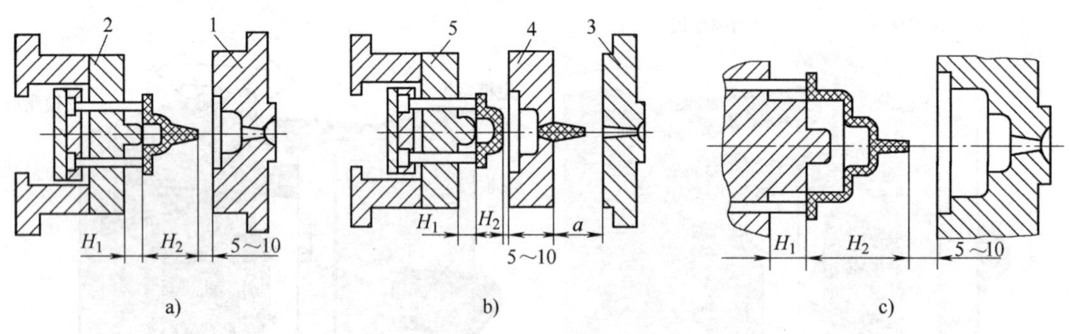

图 3-17　模具开模行程类型

a）单分型注射模具开模行程　b）双分型注射模具开模行程　c）塑件内表面有阶梯

1—定模　2—动模　3—定模板　4—中间板　5—动模板

注射机的开模行程必须大于取出制品所需的开模距离。对于塑料齿轮模具，所选注射机的最大开模行程应大于动模内的型腔深度与制品高度之和。

③ 最大开模行程与模具厚度有关。对于全液压和全机械式锁模机构的注射机，其最大开模受到模具厚度影响。模具厚度越大，开模行程越小，此时模具开模行程（S_{max}）等于注射机移动模板与固定模板之间最大开距（S_k）减去模具闭合时的厚度（H_m），即

$$S_{max} = S_k - H_m$$

对于单分型面注射模，可按下式校核：

$$S_{max} = S_k - H_m \geqslant H_1 + H_2 + (5 \sim 10)\text{mm}$$

或　$$S_k \geqslant H_m + H_1 + H_2 + (5 \sim 10)\text{mm}$$

对于双分型面注射模，可按下式校核：

$$S_{max} = S_k - H_m \geqslant H_1 + H_2 + a + (5 \sim 10)\text{mm}$$

或　$$S_k \geqslant H_m + H_1 + H_2 + a + (5 \sim 10)\text{mm}$$

对于需要利用开模行程完成侧向抽芯的模具，开模行程的校核还应考虑为完成抽芯动作而增加的行程（H_c），如图 3-18 所示，其校核按下述两种情况进行。

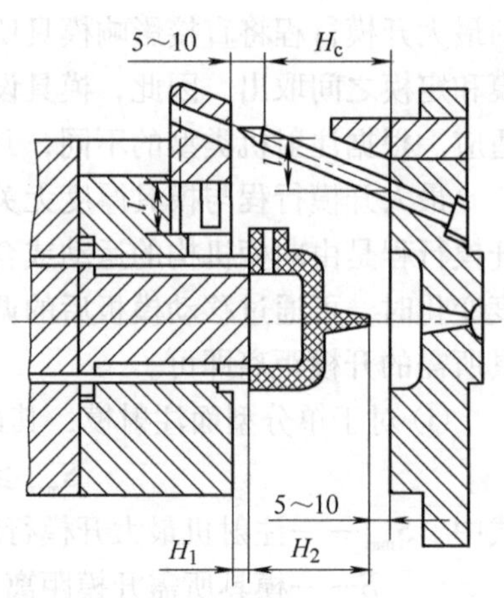

图 3-18　模具有侧向抽芯开模行程

当 $H_c > H_1 + H_2$ 时，则以上各式中的 $H_1 + H_2$ 项均用 H_c 代替，其他各项保持不变。

当 $H_c < H_1 + H_2$ 时，H_c 对开模行程无影响，仍按上述

各式校核。

（7）注射机顶出装置与模具顶出机构的关系　模具顶出机构应与注射机顶出装置相适应。目前，常用的注射机既有中心顶出，又有两侧顶出。模具设计时，需根据注射机顶出装置的顶出形式、顶出杆直径、顶出杆间距和顶出距离来校核模具的顶出装置是否与其相适应。塑料齿轮模具所选注射机顶出装置的最大顶出距离应大于模具顶出制品所必需的距离，即 12mm。

二、塑料齿轮模具的调试工艺卡（表 3-9）

表 3-9　塑料齿轮模具的调试工艺卡

申请日期		组长		技工	
模具编号		模具名称	塑料齿轮注射模	型腔数	2+1
材料	POM	数量		试模次数	1
计划完成时间				实际完成时间	
试模内容	调整模具工艺参数				
机台号	3	机台吨位/t	80	每模重量/s	
水口单重/g		产品单重/g		周期时间/s	
冷却时间/s	12	射出时间/s	2	保压时间/s	4.7

温度/℃											
烘干		射嘴	200	一段	200	二段	190	三段	180	四段	170

射出				位料				合模				开模			
	压力/MPa	速度/(cm³/s)	位置/mm		压力/MPa	速度/(cm³/s)	位置/mm		压力/MPa	速度/(cm³/s)	位置/mm		压力/MPa	速度/(cm³/s)	位置/mm
一段	80	60	38	一段	80	60	25	一段				一段			
二段	80	45	28	二段	80	60	45	二段				二段			
三段	80	30	21	松退	30	20	5	三段				三段			
四段				背压				四段				四段			

顶出方式：　□停留　□多次　操作方式：　□半自动　□全自动

冷却方式：　□冷却水　□常温水　□模温机：温度　（60　℃）

试模结果

保压：80　85　95

15　15　15

1.5　2　1.2

项目三　制造塑料齿轮模具

项目四 制造塑料接线柱模具

任务描述

1. 识读塑料接线柱的制品图样。
2. 识读塑料接线柱模具的装配图，初步掌握塑料注射模具的结构。
3. 识读塑料接线柱模具的零件图，编写零件加工工艺卡。
4. 掌握塑料接线柱所选用的材料性能。
5. 完成塑料接线柱注射模具的试模过程，掌握注射成型工艺。

学习目标

1. 掌握塑料接线柱模具的制造工艺。
2. 了解模具设计与制造的基本步骤。
3. 掌握塑料注射模具的试模工艺。

任务一 识读塑料接线柱制品及其模具结构图

一、识读塑料接线柱制品图（图 4-1）

如图 4-1 所示，接线柱的外观较为复杂。接线柱为某设备的内部结构件，外表面无特殊要求。从制品的整体结构看，由于外部设有螺纹和方台，所以必须采用侧面分型抽芯机构成型。根据制件图可知，接线柱的重要尺寸包括 $42_{-0.1}^{0}$mm、（30.1±0.1）mm、$19.6_{-0.05}^{0}$mm、$15.2_{0}^{+0.1}$mm、（16.4±0.06）mm、$\phi25.6_{0}^{+0.1}$mm、$\phi24.7_{0}^{+0.1}$mm、$\phi33.7_{-0.1}^{0}$mm、螺纹大径 $\phi32.8_{-0.1}^{0}$mm、螺纹小径 $\phi30_{-0.1}^{0}$mm、$16.2_{-0.1}^{0}$mm、$5_{-0.05}^{0}$mm、$26.8_{-0.1}^{0}$mm、$4.2_{-0.05}^{0}$mm、$8.2_{-0.1}^{0}$mm 等，尺寸精度一般。产品壁厚最大处为 4.5mm，最小处为 2.2mm，壁厚虽不是很均匀，但整体较厚，有利于注射成型。

在使用过程中，接线柱受力不大，但不能过软、过脆。在常用塑料中，可能选用的材料包括丙烯腈—丁二烯—苯乙烯共聚树脂、改性聚苯乙烯、聚甲醛或聚酰胺等种类。在这些材料中，价格最贵的是聚酰胺，其次是聚甲醛，丙烯腈—丁二烯—苯乙烯共聚树脂的价格比改性聚苯乙烯稍高，但此二者的价格与聚甲醛、聚酰胺等材料相比要低得多。

根据材料价格、性能及零件的使用要求，接线柱的材料确定为丙烯腈—丁二烯—苯乙烯

共聚树脂，即 ABS。

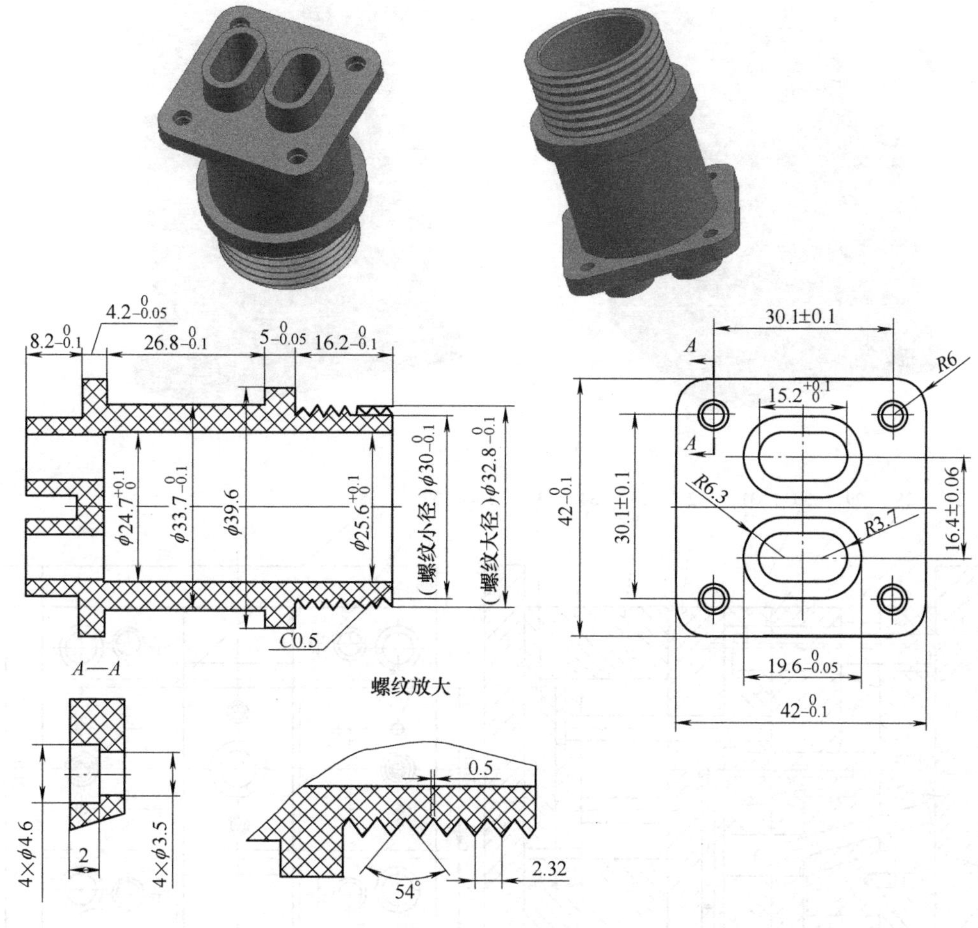

图 4-1　塑料接线柱

二、识读塑料接线柱注射模具的结构

模具结构图如图 4-2 所示。

1. 确定塑料接线柱模具的结构方案（表 4-1）

表 4-1　塑料接线柱模具的结构方案

名　　称	组　　成
成型系统	组合式凸模、凹模成型（零件 3、10、13、17、18）
浇注系统	点浇口，一模成型一件
导向系统	导柱、导套（零件 23、24、25、26）
顶出系统	顶杆推出，复位杆复位（零件 15、22、27、34、35）
冷却系统	型腔采用直通式冷却水道，型芯采用循环冷却水道
排气系统	排气槽，配合间隙
侧向分型系统	斜导柱带动哈夫抽芯（零件 9、10、11、12）
支承零件	模具固定的模板（零件 1、14、32、34）

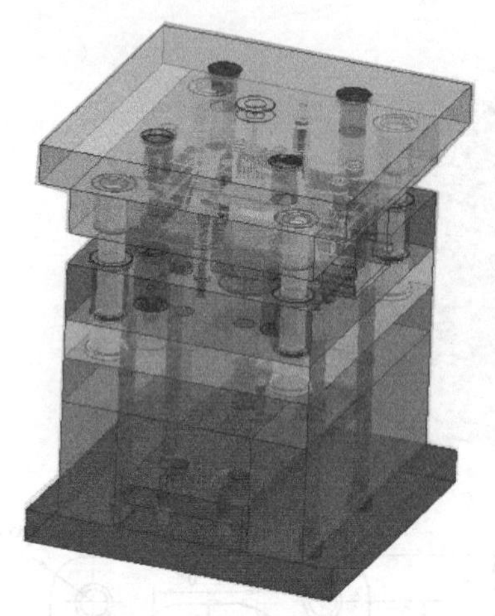

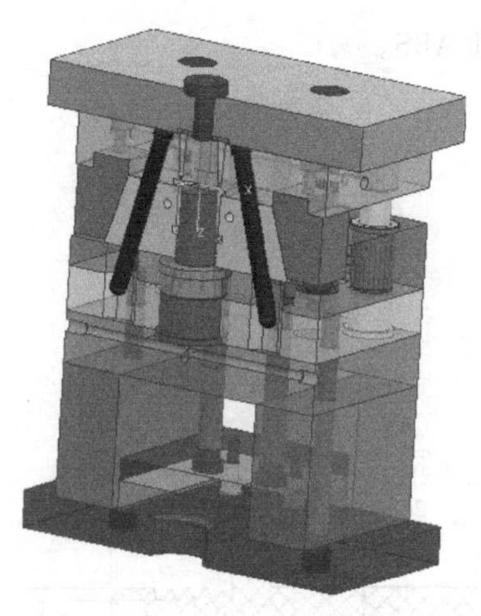

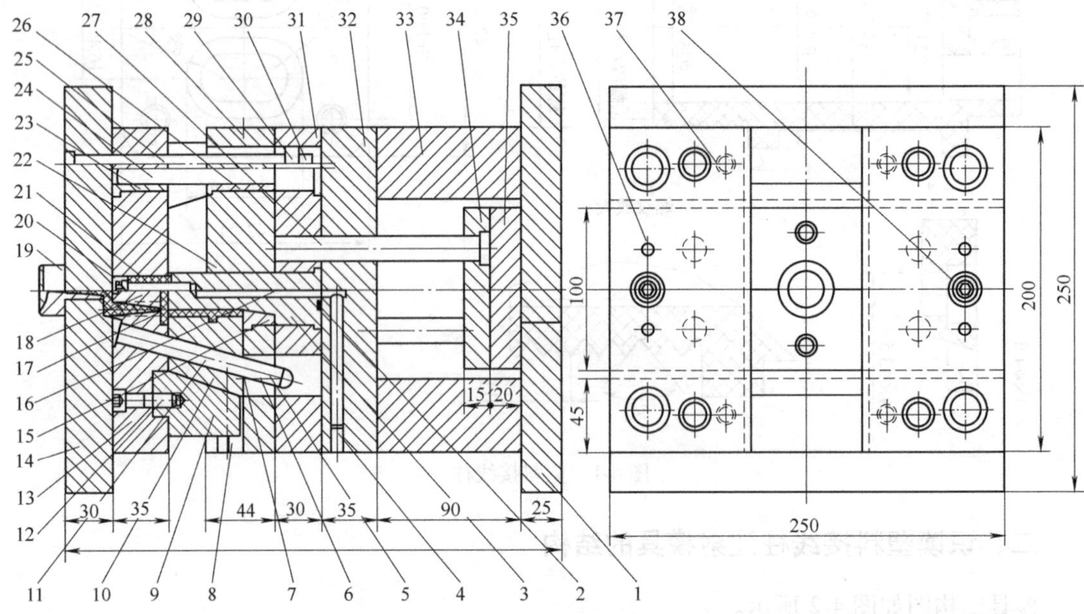

图 4-2 接线柱装配图

1—底板 2—密封条 3—动模型芯 4、5、28—水嘴 6—弹簧 7—钢珠 8—加长水嘴 9—锁紧块 10—哈夫块 11—斜导柱 12、20、30、36、37—螺钉 13—型腔板 14—定模底板 15—顶套 16—挡水板 17—小圆芯 18—上镶件 19—浇口套 21—胀套 22—顶板 23—导套 24—导柱 25—拉杆导柱 26—导套 27—顶杆 29—挡圈 31—动模板 32—垫板 33—支脚 34—顶杆固定板 35—顶出底板 38—拉套

2. 塑料接线柱注射模具下料单（表 4-2）

表 4-2 塑料接线柱注射模具下料单

零件名称	材料	数量	尺寸/mm	备注
底板	1	45	250×250×25	
动模型芯	1	P20	ϕ49×98.1	
锁紧块	2	45	65×56×40	26～30HRC

（续）

零件名称	材　料	数　量	尺寸/mm	备　注
斜导柱	1	45	ϕ12×120	采购标准件
哈夫块	2	P20	76×65×48.1	
顶　套	1	T8A	ϕ49×19.5	40～45HRC
定模底板	1	45	250×250×30	
型腔板	1	P20	250×200×35	
主流道衬套	1	45	ϕ14×30	采购标准件
上镶件	2	P20	35×15.3×9.5	26～30HRC
小圆芯	4	T8A	ϕ9×35	26～30HRC
顶　杆	4	65Mn	ϕ12×135	采购标准件
导　套	4	45	ϕ20×ϕ28×30	采购标准件
拉杆导柱	4	45	ϕ12×140	采购标准件
导　柱	4	45	ϕ20×ϕ28×30×130	采购标准件
导　套	4	45	ϕ20×ϕ28×35	采购标准件
顶　板	1	45	250×200×44	26～30HRC
胀　套	2	PA	ϕ16×27	采购标准件
动模座板	45	1	250×230×25	
顶出底板	1	45	250×100×20	
顶杆固定板	1	45	250×100×15	
支　脚	2	45	250×90×45	
垫　板	1	45	250×200×35	
动模板	1	45	250×200×30	

任务二　制造塑料接线柱模具的零部件

根据其制品的特点，塑料接线柱注射模具的加工难点主要是成型零件的加工。在加工中选用合理的加工方法，保证凸模和凹模的同轴度及斜滑块的加工精度，从而保证制品的质量。

一、加工凸模零件

1. 加工小圆芯

安装在型腔板内的小圆芯如图 4-3 所示。

（1）零件的工艺性分析　小圆芯安装在型腔板内成型塑件上的圆孔，共需 4 件。

1）零件材料。T8A 钢，退火状态时可加工性能好，淬火前无特殊加工问题，故加工中不需要采取特殊工艺措施。

2）主要技术条件分析。凸模成型部位的表面粗糙度值 $Ra0.8\mu m$。配合部位尺寸精度 IT7 级，表面粗糙度值 $Ra1.6\mu m$。

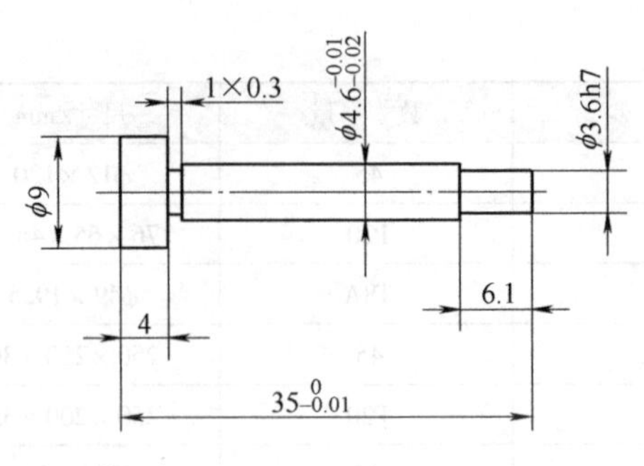

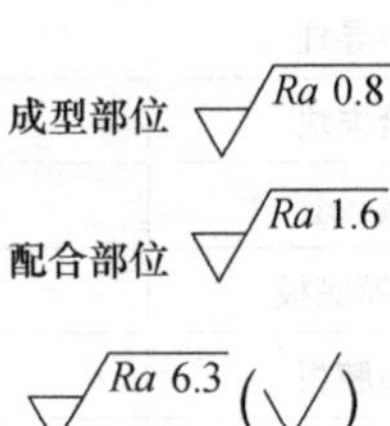

图 4-3　小圆芯

（2）零件的制造工艺设计

1）零件各表面的终加工方法及加工路线。

主要表面（成型部位尺寸精度 IT7 级、表面粗糙度值 *Ra*0. 8μm）：车削—磨削。

整体加工原则：下料—粗车—精车—磨削。

2）选择设备和工艺装备。

设备：普通卧式车床、外圆磨床。

工艺装备：零件的粗、半精和精加工均采用自定心卡盘装夹。

刀具：车刀、面铣刀和砂轮等。

量具：量规和游标卡尺等。

3）小圆芯的加工工艺方案见表 4-3。

表 4-3　小圆芯的加工工艺方案

工序	工序名称	工序内容的要求	加工设备	工艺装备
1	备料	T8A，棒料 ϕ14mm×40mm		
2	热处理	调质，硬度 26～30HRC		
3	车削	车外圆 ϕ9mm、ϕ4. 6mm、ϕ3. 8h7，留有单面磨削余量 0. 1mm，按图样规定长度切断	普通卧式车床	外圆车刀
4	外圆磨削	磨 ϕ3. 6h7 至尺寸，保证表面粗糙度要求	外圆磨床	砂轮
5	检验	按图样要求进行检验		游标卡尺

2. 加工上镶件

在接线柱模具中，图 4-4 所示的上镶件共需加工两件。由于零件尺寸较小，所以应将两个零件一起下料。

（1）零件的工艺性分析　此零件为镶件与型腔组装成型塑件异形孔，成型两个孔。

1）零件材料。零件材料采用 P20 塑料模具钢，其综合力学性能好，淬透性高，可使较大的截面获得较均匀的硬度，有很好的抛光性能，表面粗糙度值低，预先硬化处理，经机加工后可直接使用，必要时可表面渗氮处理。

2）主要技术条件分析。镶件成型部位的表面粗糙度值 *Ra*0. 8μm；配合部位尺寸精度 IT7 级，表面粗糙度值 *Ra*1. 6μm。

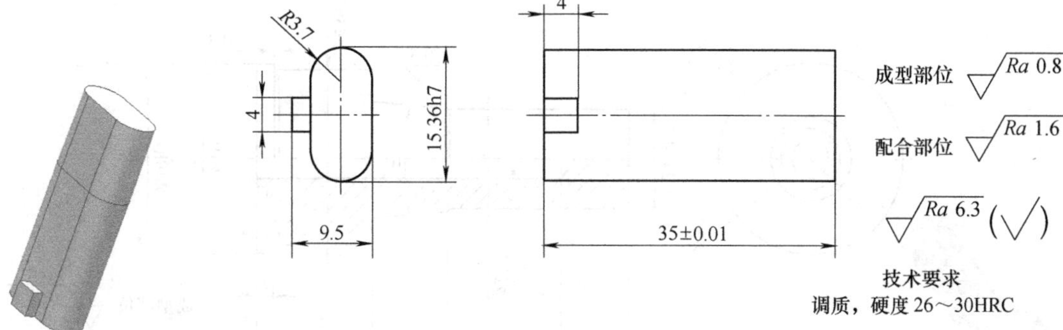

图 4-4　上镶件

（2）零件的制造工艺设计

1）零件各表面的终加工方法及加工路线。

主要表面（成型部尺寸精度 IT7 级、表面粗糙度值 $Ra0.8\mu m$）：数控铣削。

型面：电火花线切割。

台面：铣削。

整体加工原则：下料—粗铣—磨削—电火花线切割—划线—数控铣削—抛光。

2）选择设备和工艺装备。

设备：型面采用电火花线切割机床加工，铣削采用立式铣床，磨削采用平面磨床。

工艺装备：零件的粗、半精和精加工均采用机用平口钳装夹。

刀具：面铣刀和砂轮等。

量具：量规和游标卡尺等。

3）镶件的加工工艺方案（表 4-4）。

表 4-4　镶件的加工工艺方案

工序	工序名称	工序内容的要求	加工设备	工艺装备
1	备料	P20，尺寸 40mm×20mm×10mm		
2	铣削	铣两平面保证高度尺寸为 35.6mm，保证两面平行	数控铣床	机用平口钳、面铣刀
3	热处理	调质，硬度 26～30HRC		
4	磨削	磨上下两面，保证高度尺寸为（35±0.01）mm	平面磨床	砂轮
5	线切割	加工型面，加工带有台阶的零件外形	电火花线切割机床	
6	钳工	根据零件图样划台阶线		钳工工具
7	铣削	铣台阶达高度尺寸，保证两面平行	数控铣床	机用平口钳、球头铣刀
8	检验	按图样要求进行检验		游标卡尺、内径千分尺等

3. 加工动模型芯（图 4-5）

（1）零件的工艺性分析　此零件为动模型芯与动模板连接，成型塑料接线柱的内表面。

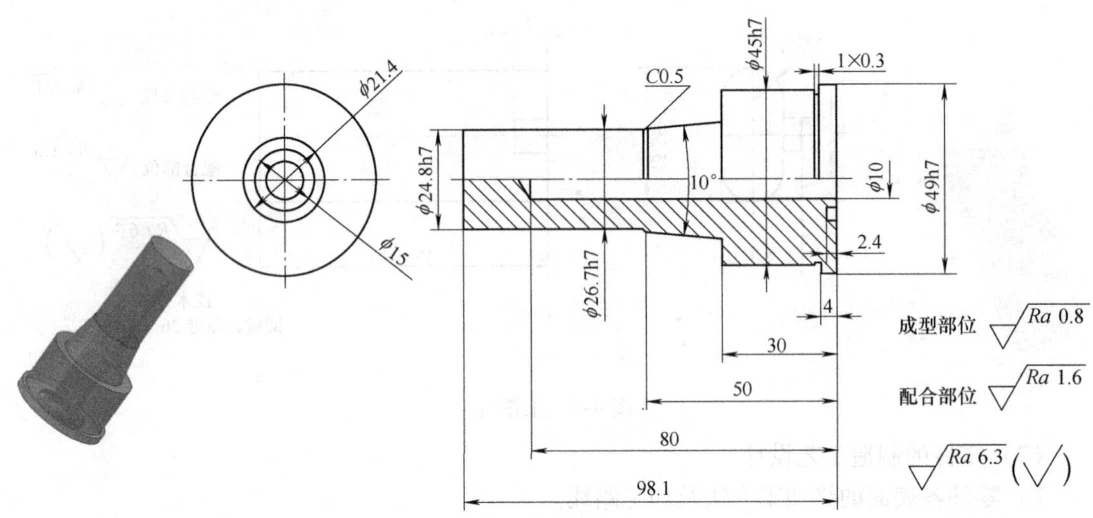

图 4-5　动模型芯

1）零件材料。零件材料为 P20 塑料模具钢，其综合力学性能好，淬透性高，可使较大的截面获得较均匀的硬度，有很好的抛光性能，表面粗糙度值低，预先硬化处理，经机加工后可直接使用，必要时可表面渗氮处理。

2）主要技术条件分析。配合部位尺寸精度 IT7 级，表面粗糙度值 *Ra*1.6μm。

（2）零件的制造工艺设计

1）零件各表面的终加工方法及加工路线。

主要表面（成型部位尺寸精度 IT7 级、表面粗糙度值 *Ra*0.8μm）：车削—铣削。

整体加工原则：下料—粗车—精车—研磨。

2）选择设备和工艺装备。

设备：外圆面采用数控车床加工，台面采用数控铣床，磨削采用外圆磨床。

工艺装备：零件的粗、半精和精加工的采用自定心卡盘装夹。

刀具：车刀。

量具：内径量规和游标卡尺等。

3）动模型芯的加工工艺方案（表 4-5）。

表 4-5　动模型芯的加工工艺方案

工序	工序名称	工序内容的要求	加工设备	工艺装备
1	备料	P20 棒料，φ50mm×130mm		
2	车削	车外圆 φ49h7 及 φ45h7，车大端为 φ26.7h7 小端为 24.8h7 的锥面，车 C0.5 倒角，车双边为 10° 的锥面，车端面环槽及 φ10mm 内孔，按图样规定长度切断	数控车床	外圆车刀
3	检验	按图样要求进行检验		游标卡尺

4. 加工顶套（图4-6）

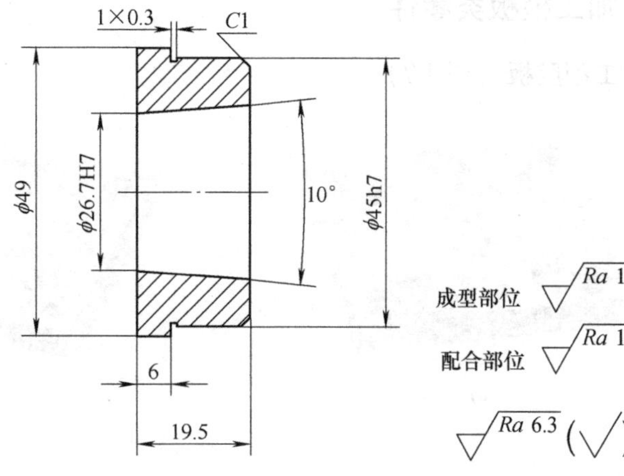

图4-6　顶套

（1）零件的工艺性分析　此零件为安装在顶板内成型制品的顶出零件。

1）零件材料。零件材料为T8A钢，退火状态时可加工性能好，淬火前无特殊加工问题，故加工中不需要采取特殊工艺措施。

2）主要技术条件分析。配合部位尺寸精度IT7级，表面粗糙度值$Ra1.6\mu m$。

（2）零件的制造工艺设计

1）零件各表面的终加工方法及加工路线。

主要表面（成型部位尺寸精度IT7级、表面粗糙度值$Ra1.6\mu m$）：车削—磨削。

整体加工原则：下料—粗车—精车—磨削。

2）选择设备和工艺装备。

设备：数控车床、外圆磨床。

工艺装备：零件的粗、半精和精加工均采用自定心卡盘装夹。

刀具：车刀和砂轮等。

量具：量规、内径千分尺和游标卡尺等。

3）顶套的加工工艺方案（表4-6）。

表4-6　顶套加工工艺方案

工序	工序名称	工序内容的要求	加工设备	工艺装备
1	备料	T8A，棒料，φ54mm×50mm		
2	车削	车外圆至φ49mm及φ45.6mm，倒角，车内孔φ25mm，车内部斜面，留磨削余量，按图样规定长度切断	数控车床	外圆车刀 内圆车刀
3	热处理	淬火，硬度40～45HRC		
4	外圆磨削	磨外圆及内孔至尺寸，保证表面粗糙度要求	外圆磨床	砂轮
5	检验	按图样要求进行检验		内径千分尺、游标卡尺等

二、加工模板类零件

1. 加工型腔板（图 4-7）

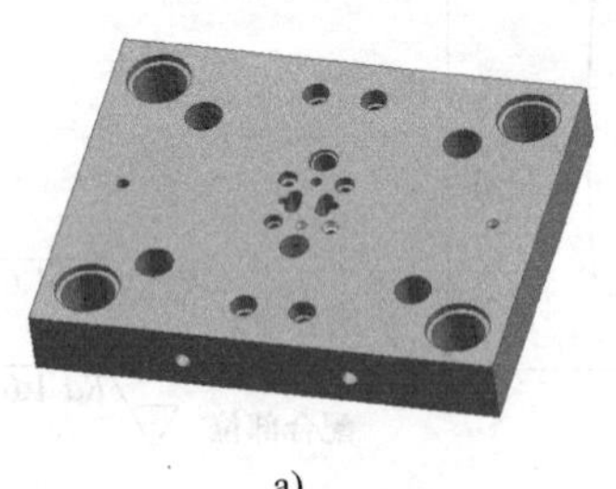

a)

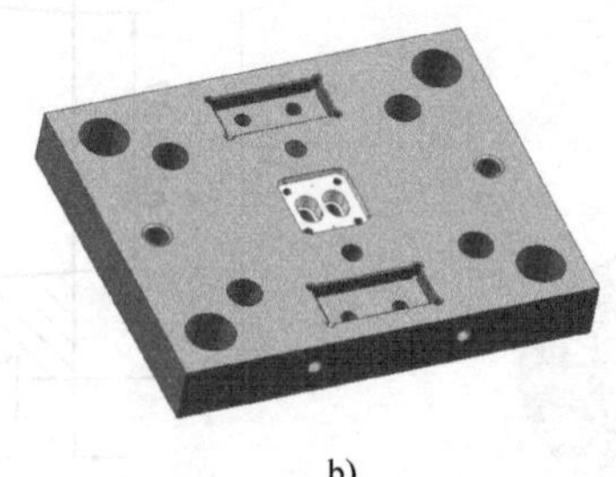

b)

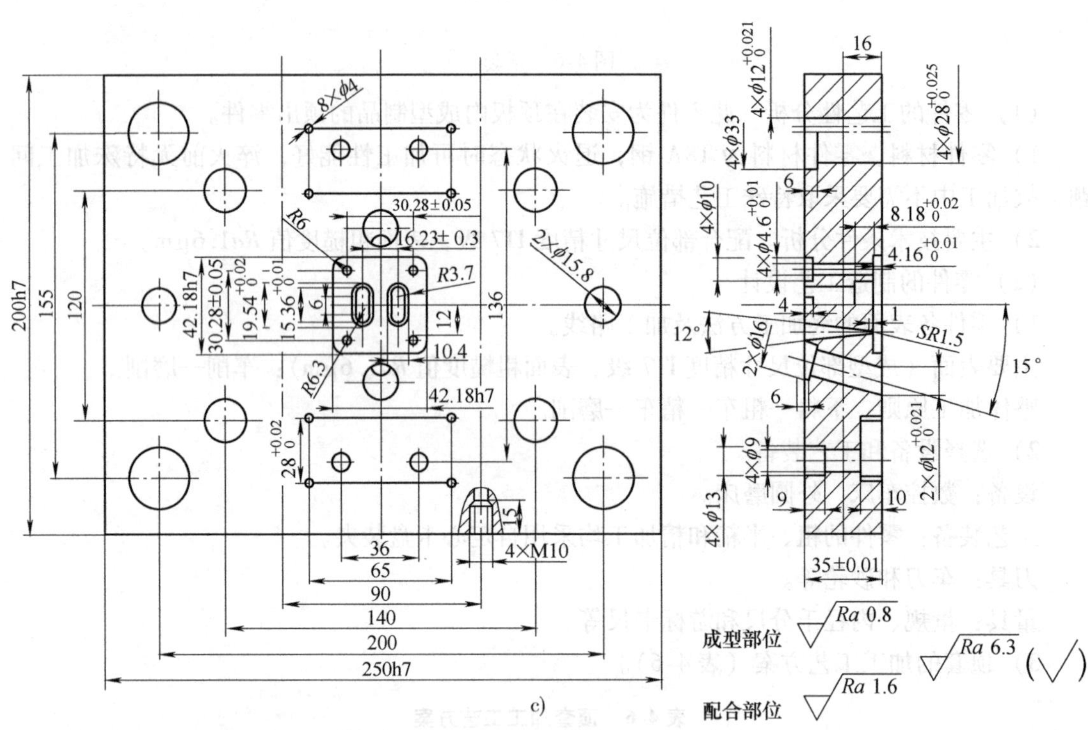

c)

图 4-7　型腔板

a）正面　b）反面　c）零件图

（1）零件的工艺性分析　此零件为定模型腔，它成型接线柱的外表面。

1）零件材料。P20 塑料模具钢，其综合力学性能好，淬透性高，可使较大的截面获得较均匀的硬度，有很好的抛光性能，表面粗糙度值低，预先硬化处理，经机加工后可直接使用，必要时可表面渗氮处理。

2）主要技术条件分析。型腔表面的表面粗糙度 $Ra0.8\mu m$，配合部位（42.18h7 × 42.18h7）尺寸精度 IT7 级，表面粗糙度值 $Ra1.6\mu m$。

（2）零件的制造工艺分析

1）零件各表面的终加工方法及加工路线。

主要表面（型腔成型部位尺寸精度IT7级、表面粗糙度值 $Ra0.8\mu m$）：数控铣削—研磨（或高速铣削）。

$\phi10H7$：钻孔—扩孔—精铰。

外形尺寸（250h7×200h7×35±0.01mm）：粗铣—半精铣—磨削。

其他表面终加工方法：结合表面加工及表面形状特点。

其他各孔及型面加工：数控铣削。

配合外平面（250h7×200h7×35±0.01mm）：铣削—磨削。

制品成型面：数控铣削—研磨或高速铣削。

各孔系：数控铣床钻孔—扩孔—精铰。

螺纹：钻孔—扩孔—攻螺纹。

点浇口锥孔：电火花成形加工—研磨。

整体加工原则：下料—粗铣—精铣—磨削—数控铣削—电火花—研磨或抛光。

2）选择设备和工艺装备。

设备：铣削采用立式铣床，磨削采用平面磨床，制件表面及孔系加工采用数控铣床和电火花机床加工。

工艺装备：零件的粗、半精和精加工均采用机用平口钳装夹。

刀具：中心钻、麻花钻头、丝锥、铰刀、面铣刀、球头铣刀、立铣刀和砂轮等。

量具：内径千分尺、量规和游标卡尺等。

3）型腔板的加工工艺方案见表4-7。

表4-7　型腔板的加工工艺方案

工序	工序名称	工序内容的要求	加工设备	工艺装备
1	备料	P20，尺寸255mm×205mm×40mm		
2	铣削	铣削六面至尺寸250.6mm×200.6mm×35.6mm，留0.6mm的加工余量	数控铣床	机用平口钳、面铣刀
3	平面磨削	磨六面250h7×200h7×（35±0.01）mm至尺寸，保证表面粗糙度要求	平面磨床	砂轮
4	数控铣削	钻孔—扩孔—铰孔，使模板上的孔至尺寸并保证位置度要求和表面粗糙度要求，铣异形型腔，留研磨余量，锁紧块安装槽及上镶件固定孔及台阶划线，钻孔—扩孔加工螺纹底孔，加工M8螺纹孔	数控铣床	机用平口钳、钻头、铰刀、球头铣刀、立铣刀、M8丝锥等
5	电火花	加工点浇口锥孔	电火花成形机床	机用平口钳、电极
6	钳工	组装锁紧块、哈夫块和顶板，组合钻、铰斜导柱孔，锪斜导柱台阶孔	立式钻床	钻头
7		成型部位抛光	抛光机	
8	检验	按图样要求进行检验		游标卡尺、内径千分尺等

2. 加工顶板（图 4-8）

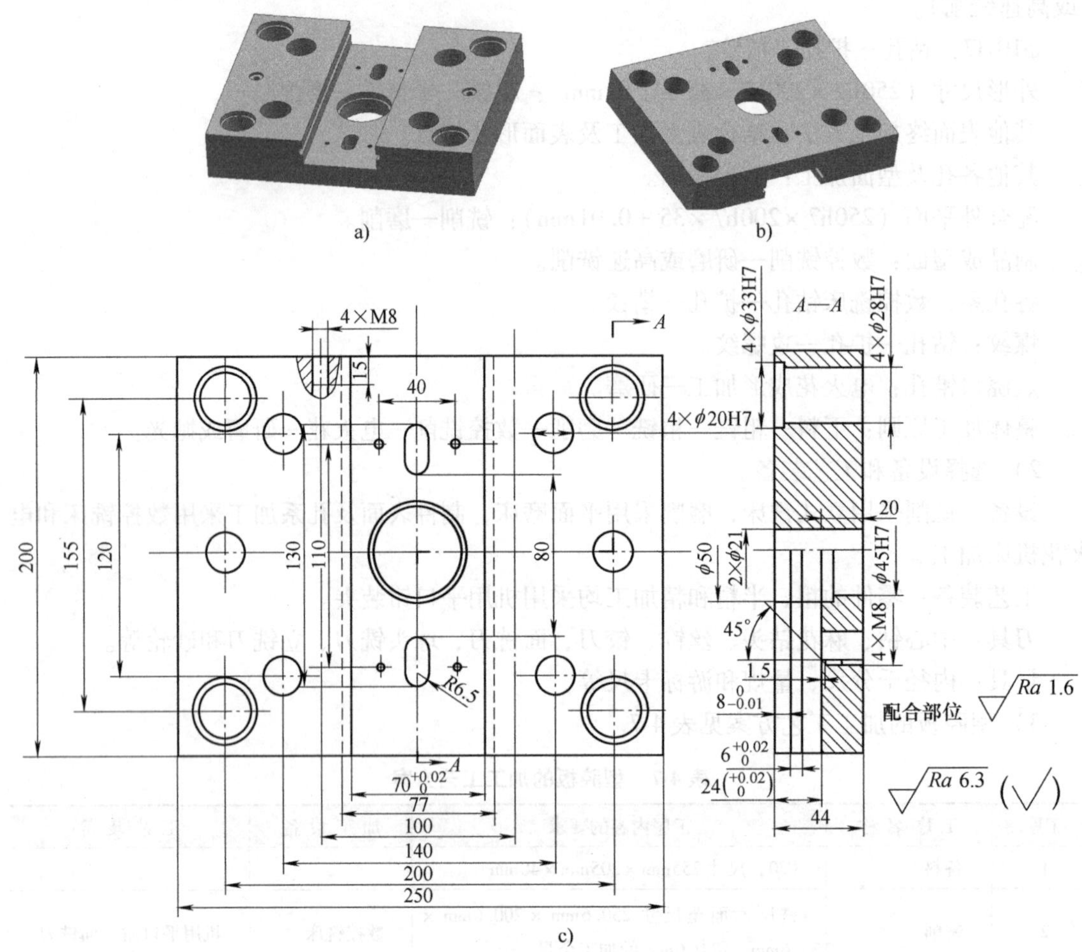

图 4-8　顶出板零件图

a）正面　b）反面　c）零件图

（1）零件的工艺性分析

1）零件材料。零件材料为 45 钢，调质后其可加工性能良好，无特殊加工要求，因此在加工中不需要采取特殊的加工工艺措施。

2）主要技术要求分析。4 × ϕ33H7、4 × ϕ28H7、4 × ϕ20H7、ϕ45H7 孔尺寸精度要求 IT7，表面粗糙度值 Ra6.3μm，滑道槽与动模板组合车顶套固定孔等其精度要求较高的部位需采用数控铣（或加工中心）加工来完成。钳工钻哈夫块定位孔并套螺纹。

（2）零件的制造工艺分析

1）零件的加工工艺路线。

数控铣床（或加工中心）完成孔系及滑道槽，与动模板组合车顶套固定孔，其余部位的孔的加工由钳工完成。

整体加工原则：下料—粗铣—精铣—磨削—数控铣削—组合钻—研磨或抛光。

2）选择设备和工艺装备。

设备：粗铣、半精铣采用普通立式铣床，通孔及阶梯孔的加工采用数控铣床，上、下平面的精加工采用平面磨床。

工艺装备：压板、垫块和机用平口钳等。

刀具：麻花钻、铰刀、面铣刀、立铣刀和砂轮等。

量具：内径千分尺和游标卡尺等。

3）顶板的加工工艺方案，见表4-8。

表4-8　顶板加工工艺方案

工序	工序名称	工序内容的要求	加工设备	工艺装备
1	备料	45钢，尺寸255mm×205mm×50mm		
2	热处理	调质处理，硬度200HB		
3	铣削	铣削六面至尺寸250.6mm×200.6mm×35.6mm（留0.6mm的加工余量）	立式铣床	机用平口钳、平面铣刀
4	平面磨削	磨六面250h7×200h7×（35±0.01）mm至尺寸，保证表面粗糙度要求	平面磨床	砂轮
5	数控铣削	钻孔—扩孔—铰孔，使模板上的孔至尺寸并保证位置度要求和表面粗糙度要求，钻孔—扩孔加工螺纹底孔，加工M8螺纹孔	数控铣床	机用平口钳、各种钻头、铰刀、球头铣刀、立铣刀、M8丝锥等
6	车削	与动模板组合车顶套固定孔	数控车床	镗刀
7	钳工	钻哈夫块定位孔并套螺纹	立式钻床	M8丝锥等
8	检验	按图样要求检验		

三、加工侧向成型零件

1. 加工哈夫块（图4-9）

（1）零件的工艺性分析

1）零件材料。T8钢，退火状态时可加工性良好，在淬火前没有特殊加工要求，故加工中不需要采取特殊的工艺措施。

2）零件组成表面。平面、斜面、螺纹型腔及孔等。

3）主要技术要求分析。螺纹成型部位表面粗糙度值为*Ra*0.8μm，配合部位的表面粗糙度值*Ra*1.6μm，与动模板配作，其余各面的表面粗糙度值为*Ra*6.3μm，该零件制作对称的两件，滑动部位局部或整体硬度要求为45～50HRC。

（2）技术要求

1）材料T8A。

2）此零件加工成相互对称的两件。

3）成型部分的脱模斜度为1°。

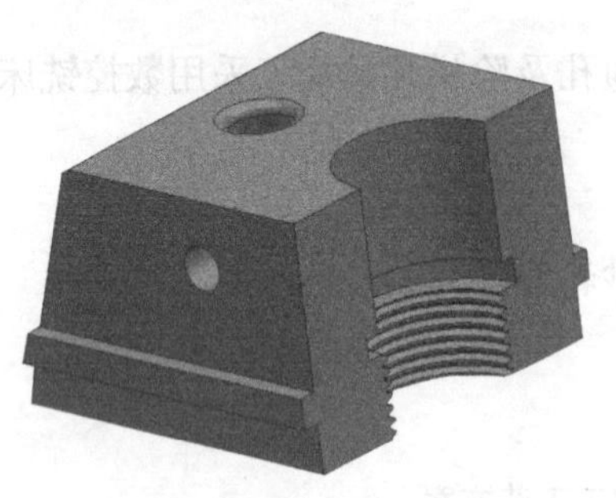

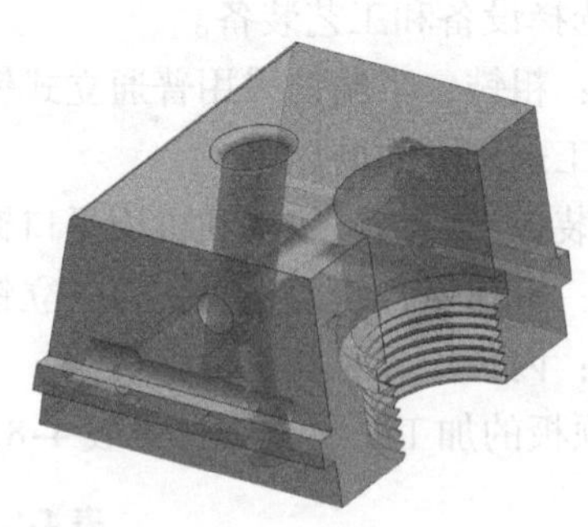

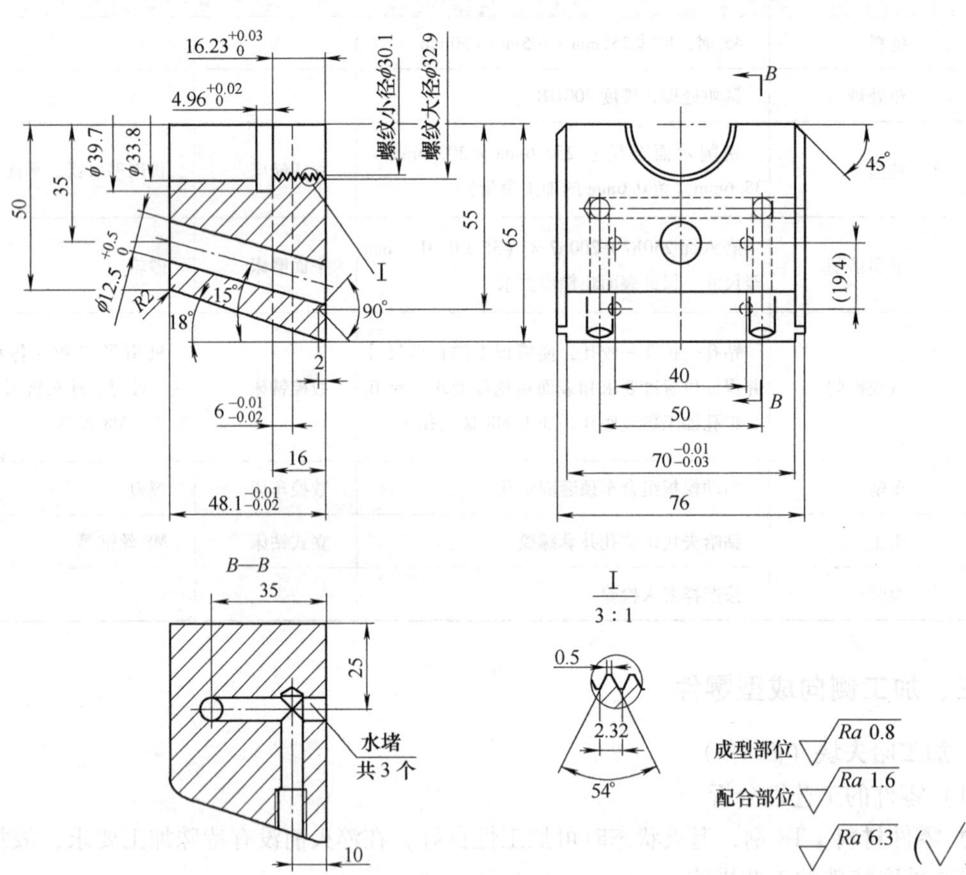

图 4-9　哈夫块

4）成型部分的表面粗糙度值为 Ra0. 8μm。

5）滑动部位局部或全部淬火，硬度为 45 ~50HRC。

（3）编制零件制造工艺

1）零件各表面的加工方法及加工路线。

主要表面（尺寸精度 IT7 级，表面粗糙度值 Ra1. 6μm 或 Ra6. 3μm）：精铣—磨削。

螺纹型腔部位表面粗糙度值 Ra0. 8μm：铣削—电火花—研磨—抛光。

总体加工路线：下料—粗铣—半精铣—平面磨削—划线—钻—数控铣—热处理—电火花—抛光。

2）选择设备和工艺装备。

设备：立式铣床、台式钻床、平面磨床和电火花成形机床。

工艺装备：零件的粗、半精、精加工均采用机用平口钳装夹。

刀具：铣刀、麻花钻、丝锥、砂轮、工具电极和研磨工具等。

量具：千分尺、游标卡尺及三坐标测量仪等。

3）哈夫块的加工工艺方案见表4-9。

表4-9　哈夫块的加工工艺方案

工序	工序名称	工序内容的要求	加工设备	工艺装备
1	备料	按尺寸70mm×80 mm×52mm 备一对锻件		
2	热处理	退火处理		
3	铣削	粗铣、半精铣六面，各面尺寸留磨削余量1mm（暂不出斜面）	普通铣床	机用平口钳、面铣刀
4	磨削	磨光平面厚度至尺寸65.4mm×76.4mm×48.4mm，保证垂直度0.02mm	平面磨床	砂轮
5	钳工	划线，孔水道孔	工作台	钻头
6	铣削	精铣各部斜面、圆角至尺寸	数控铣床	机用平口钳、面铣刀、立铣刀、分度盘等
7	检验	工序中间检验		卡尺、千分尺
8	热处理	硬度45～50HRC		
9	磨削	磨光平面厚度至尺寸65mm×76mm×48mm，保证垂直度0.02mm	平面磨床	砂轮
10	电火花	按粗、精加工顺序，加工型腔尺寸留研磨余量	电火花成形机	机用平口钳、电极
11	研磨	研磨异形型腔达表面粗糙度要求		研磨工具、研磨膏
12	检验	按照图样检验		游标卡尺、千分尺和三坐标测量仪

2. 加工锁紧块（图4-10）

（1）零件的工艺性分析

1）零件材料。零件材料为45钢，淬火后其可加工性能良好。没有特殊加工要求，因此在加工中不需采取特殊的加工工艺措施。

2）零件组成表面。平面、斜面、螺纹型腔及孔等。

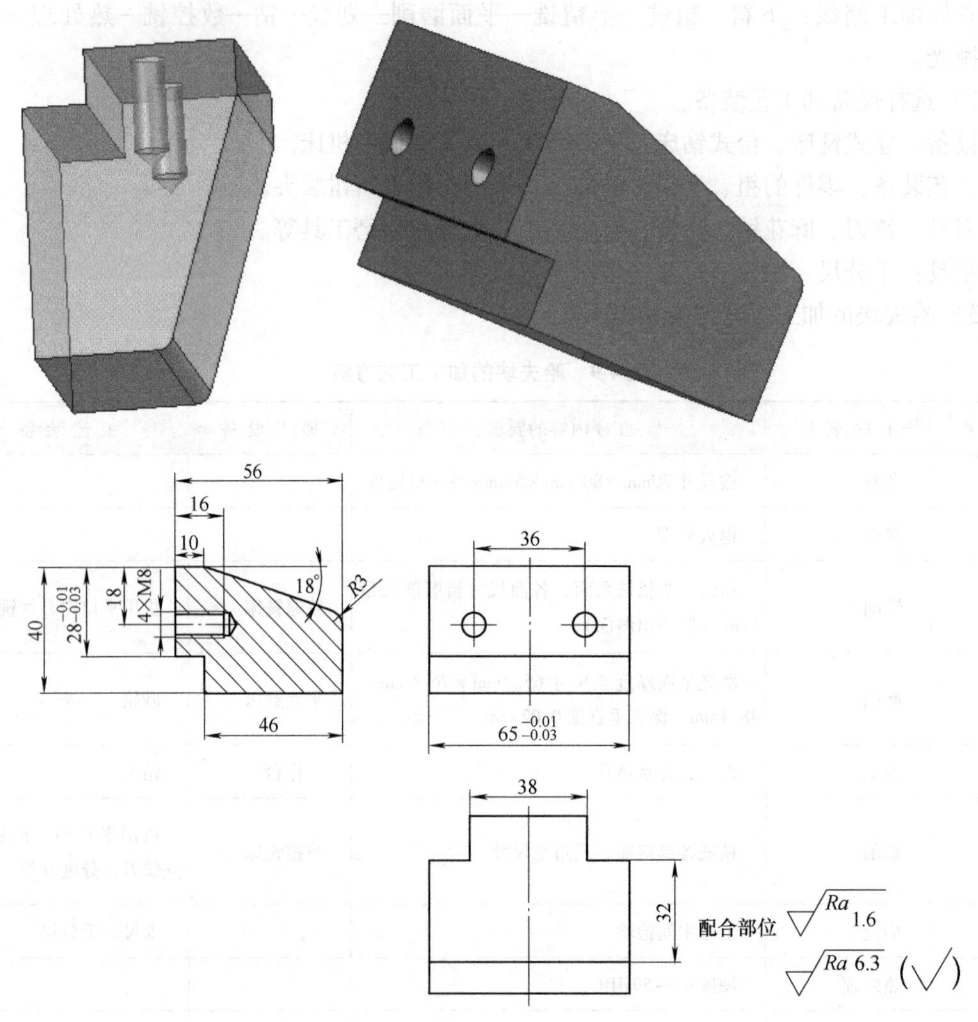

图 4-10 锁紧块

3）主要技术要求分析。配合部位的表面粗糙度值 $Ra1.6\mu m$，与动模板配作。其余各面的表面粗糙度值为 $Ra6.3\mu m$，该零件制作对称的两件，滑动部位局部或整体硬度要求 45～50HRC。

（2）编制零件制造工艺

1）零件各表面的加工方法及加工路线。

主要表面（尺寸精度 IT7 级，表面粗糙度值 $Ra1.6\mu m$、$Ra6.3\mu m$）：数控铣削—磨削。

总体加工路线：下料—粗铣—半精铣—平面磨削—划线—钻孔—数控铣削—热处理—抛光。

2）选择设备和工艺装备。

设备：铣削采用立式数控铣床，钻削采用台式钻床，磨削采用平面磨床。

工艺装备：零件的粗、半精和精加工均采用机用平口钳装夹。

刀具：铣刀，麻花钻、丝锥、砂轮、工具电极和研磨工具等。

量具：千分尺、游标卡尺和三坐标测量仪等。

3）锁紧块的加工工艺方案，见表 4-10。

表 4-10　锁紧块的加工工艺方案

工序	工序名称	工序内容的要求	加工设备	工艺装备
1	备料	按尺寸 45mm×70mm×60mm 备一对锻件		
2	热处理	退火处理		
3	铣削	粗铣、半精铣六面，各面尺寸留磨削余量 1mm（暂不出斜面）	普通立式铣床	机用平口钳、面铣刀
4	磨削	磨至尺寸 40.4mm×65.4mm×56.4mm，保证垂直度公差 0.02 mm	平面磨床	砂轮
5	钳工	划线	工作台	钻头
6	数控铣削	精铣各部斜面、圆角至尺寸	数控铣床	机用平口钳、面铣刀、立铣刀、分度盘等
7	检验	工序中间检验		游标卡尺、千分尺
8	热处理	硬度 26～30HRC		
9	平面磨削	磨光平面厚度至尺寸 40mm × 65mm × 56mm，保证垂直度公差 0.02 mm	平面磨床	砂轮
10	钳工	根据零件图划外形线及螺钉孔中心线	工作台	
11	研磨	铣出锁紧块外形		研磨工具、研磨膏
12	钳工	攻螺纹，锉圆角	台钻	钻头
13	检验	按照图样检验		游标卡尺、千分尺、三坐标测量仪

任务三　装配塑料接线柱模具

一、装配接线柱零部件

在接线柱模具中，需要首先进行装配的零件包括哈夫块与水堵，型腔板、锁紧块及螺钉，哈夫块定位丝堵、弹簧及钢珠等。

1. 装配哈夫块与水堵（图 4-11）

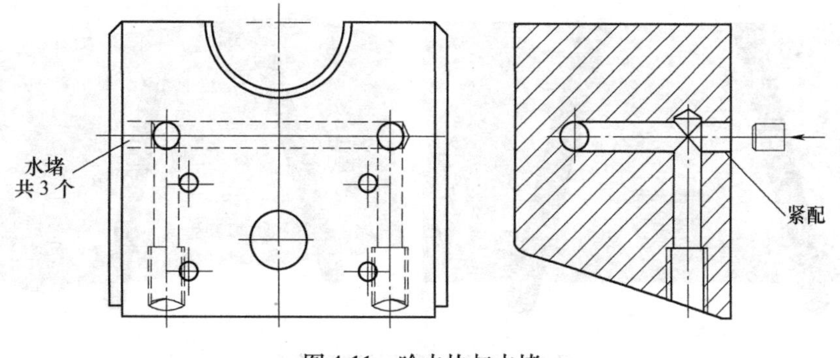

图 4-11　哈夫块与水堵

在接线柱模具哈夫块上设有冷却水通道。为了控制冷却水流向，需在哈夫块侧面安装一个水堵，底面安装两个水堵。

哈夫块与水堵的装配关系如图4-11所示。安装时的具体步骤如下。

1）测量配车后的水堵长度，确保实际长度与所需尺寸相符并去毛刺。

2）将水堵紧配入哈夫块，确保水堵尾端与哈夫块表面平齐。

2. 装配型腔板、锁紧块及螺钉（图4-12）

安装时的具体步骤如下。

1）修整型腔板上的锁紧块安装槽，去毛刺。

2）将锁紧块研入锁紧块安装槽。

3）用螺钉将锁紧块与型腔板紧固。

4）修磨哈夫块斜面，使锁紧块能够将哈夫块锁紧。

3. 装配哈夫块定位丝堵、弹簧及钢珠（图4-13）

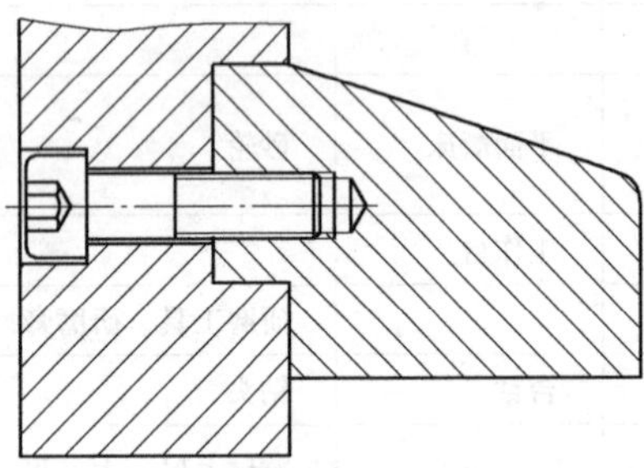

图4-12　型腔板、锁紧块及螺钉

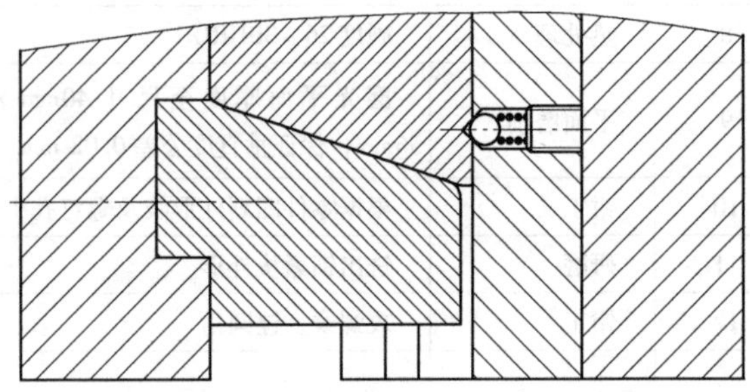

图4-13　装配哈夫块定位丝堵、弹簧与钢珠

安装的具体步骤如下。

1）将顶板、哈夫块及锁紧块、型腔板、螺钉组装好。

2）在顶板及哈夫块底部组合钻弹簧、钢珠孔并攻螺纹。

3）将型腔板、螺钉、锁紧块、斜导柱和哈夫块、顶板分别组装好后，开模，确定哈夫块移动后的具体位置。

4）复钻哈夫块上的锥坑。

5）将钢珠、弹簧及丝堵依次装入顶板。

哈夫零件的装配关系如图4-14所示。

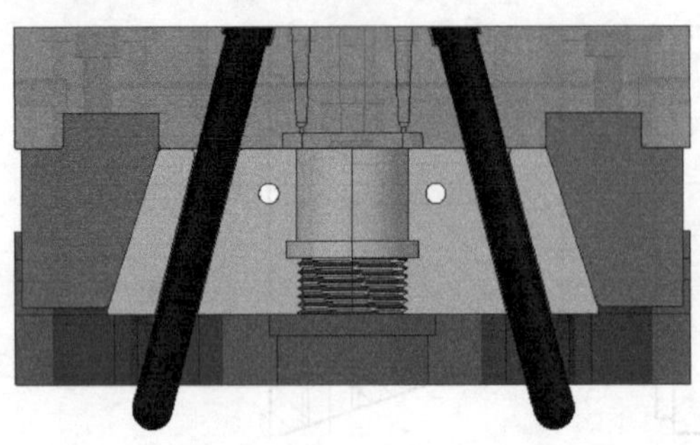

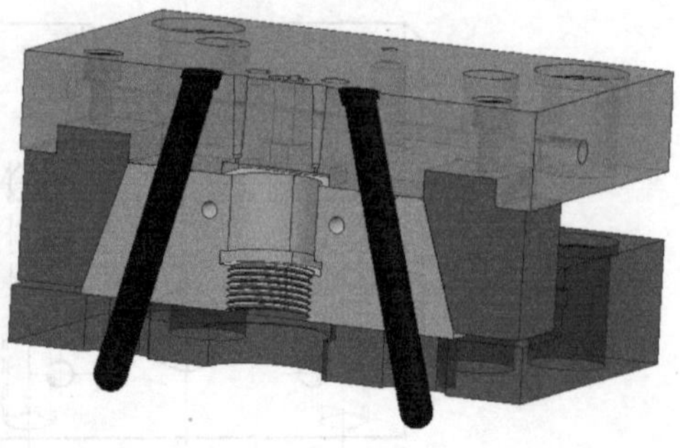

图4-14　哈夫零件的装配关系

二、塑料接线柱定模部分的装配

塑料接线柱定模部分的装配如图 4-15 所示，具体步骤如下。

1）将主流道衬套装入定模底板。

2）将导套、小圆芯及上镶件装入型腔板。

3）用螺钉将锁紧块与型腔板紧固。

4）将斜导柱装入型腔板，并将其尾部露出处磨平。

5）用拉杆导柱将定模底板和型腔板穿在一起。

6）用螺钉将挡圈固定在拉杆导柱上。

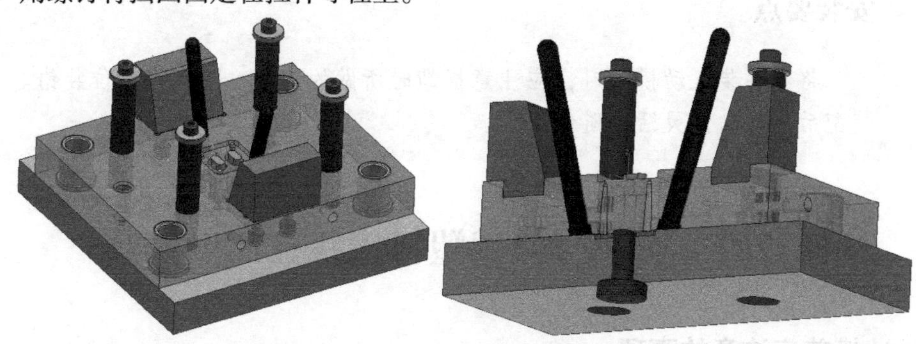

图 4-15　定模部分的装配

安装要点

导套装入时，应注意原来拆卸时所做的记号。装入后，应注意观察导套是否能与导柱正常滑配。定模部分装配完成后，应确保型腔板在拉杆导柱上动作平稳、灵活。

三、装配塑料接线柱的动模部分

塑料接线柱动模部分的装配如图 4-16 所示，具体步骤如下。

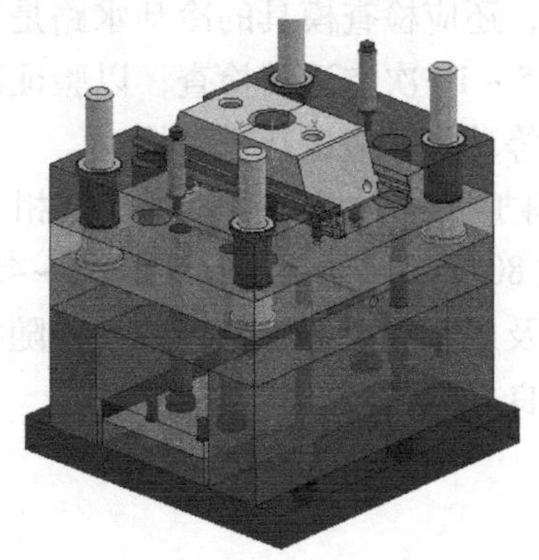

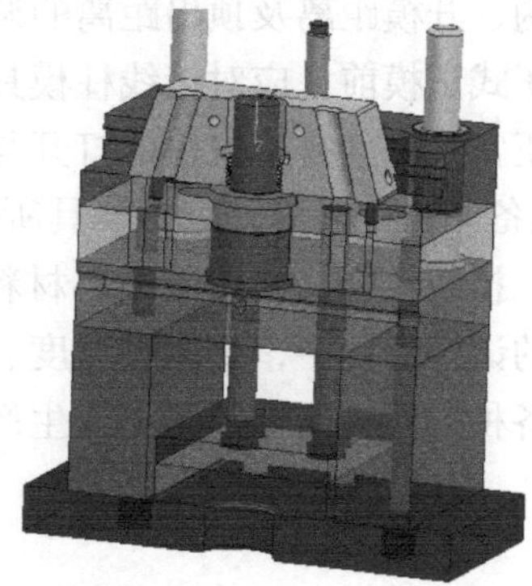

图 4-16　动模部分的装配

1）将导柱装入动模板。

2）将装有挡水板的动模型芯和拉套装入动模板。

3）以挡水板作为基准，将垫板扣在动模板上。

4）将装入顶杆固定板的顶杆穿入垫板和动模板。

5）用螺钉将顶出底板与顶杆固定板紧固。

6）将动模底板、支脚、垫板及动模板用螺钉紧固。

7）将装好导套、顶套及哈夫块定位装置的顶板装在模具动模板上。

8）将装好长水嘴的哈夫块装入顶板。

9）用螺钉将胀套固定在拉套上。

安装要点

将导柱装入动模板时，应注意拆卸时所做的记号，避免将方位装错。顶杆装配后，应动作灵活、避免磨损。

任务四　安装与调试塑料接线柱注射模具

一、试模前应注意的事项

1）试模前，需要了解制件材料、功能、外观、几何尺寸及模具结构、动作过程等内容，并与模具装配人员一起对模具进行预检。在确定模具外形及总体尺寸符合已选定的注射机之后，要进一步确认是否有可以使模具处于平衡吊装状态的吊环孔。由于接线柱模具采用哈夫分型抽芯机构，所以必须仔细检查哈夫块及锁紧块，确保模具的活动部分不会在模具吊装过程中开起。

2）在注射机上安装哈夫结构的模具时，应尽量采用整体吊装。当模具定位环进入注射机定模固定板上的定位孔后，调整模具方位并慢速闭合注射机动模板，再用螺钉和压板压紧模具定模板。在将模具动模部分初步固定后，慢速开闭模具 3～5 次，待模具动作平稳、灵活后，将其底板紧固在注射机动模固定板上。最后，进行冷却水路的连接。

3）模具安装完毕后，应进行空运转检查与调试，并对注射机和模具进行调整与检验。在完成锁模机构、开模距离及顶出距离的调整后，还应检查模具的冷却水路是否通畅、有无泄漏等现象。正式试模前，应对接线柱模具进行 5～10 次空运转检查，以验证模具各部分的工作状况是否正常，尤其是哈夫块的打开与复位等动作，应进行重点检查。

4）试模准备工作完成后，应将模具所需原料加入注射机料筒，并根据相关工艺调整注射机工艺参数。接线柱模具使用的塑料材料为在 80～90℃温度下，加热 2～4h 之后的 ABS 树脂。在模具的试模过程中，要调整温度、压力及成型周期等工艺参数，并随时分析并设法解决所出现的各种问题，为修模和正式生产打下良好的基础。

二、成型注意事项

1. 开机与停机

ABS 树脂注射加工时，除阻燃级 ABS 有严格要求外，其他类型的 ABS 树脂对开机和停机无特殊要求。

2. 再生料的使用

ABS树脂注射成型时，再生料的使用比例一般不超过新料的25%。使用超过五次的再生料原则上不宜再用。

3. 后处理

ABS注射成型后，一般不需要后处理。当制品形状复杂且质量要求较高时，可将制品放入温度为70～80℃的热风循环干燥箱内处理2～4h，然后缓慢冷却至室温，以减少或消除其内应力。

三、塑料接线柱模具试模记录表（表4-11）

表4-11　塑料接线柱模具试模记录表

申请日期		组长		技工	
模具编号		模具名称	塑料接线柱注射模具	型腔数	1
材料	ABS	数量		试模次数	1
计划完成时间				实际完成时间	
试模内容	调整模具工艺参数				
机台号	3	机台吨位/t	80	每模重量/g	
水口单重/g		产品单重/g		周期时间/s	
冷却时间/s	10	射出时间/s	2.0	保压时间/s	2.1

温度/℃											
烘干		射嘴	210	一段	200	二段	190	三段	180	四段	170

射出				位料				合模				开模			
	压力/MPa	速度/(cm³/s)	位置/mm		压力/MPa	速度/(cm³/s)	位置/mm		压力/MPa	速度/(cm³/s)	位置/mm		压力/MPa	速度/(cm³/s)	位置/mm
一段	75	60	28	一段	70	60	15	一段				一段			
二段	75	50	22	二段	70	60	30	二段				二段			
三段				松退	30	20	3	三段				三段			
四段				背压				四段				四段			

顶出方式：	□停留	□多次	操作方式：	□半自动　□全自动
冷却方式：	□冷却水	□常温水	□模温机：温度（　℃）	

试模结果
保压：60　60　60 15　15　15 0.7　0.7　0.7

项目五　制造落料模

任务一　加工落料模的主要零件

任务描述

1. 对凹模、凸模、凸模固定板和刚性卸料板进行工艺分析，了解这些零件在落料模中的功能和装配关系，从中确定这些零件的主要技术要求。分析零件的结构和各表面的精度及技术要求，在此基础上选择各零件表面的加工工序和加工方法，从而制订合理的加工工艺路线。

2. 在车间教师的指导下，遵守安全操作规程，按制订的加工工艺路线把凹模、凸模、凸模固定板和刚性卸料板等零件加工出来。

学习目标

1. 能通过分析零件的结构及其在模具中的装配关系，确定零件的主要技术要求，从而制订出合理的零件加工工艺路线。

2. 掌握操作通用机床，按工艺规程加工零件的方法；掌握用压印法制造凸模和凹模的钳工技能。

3. 培养互学互帮的协作精神，养成严格遵守安全操作规程的良好习惯。

一、知识准备

图 5-1 ~ 图 5-5 所示是落料模具装配图和主要零件图。本任务的工作是按照这些图样加工主要零件，然后将它们和外购标准件装配一起，组成能冲裁出合格工件的模具。

在操作机床加工零件之前，必须合理制订零件机械加工工艺路线，下面以图 5-1 中的落料模为例，学习制订模具零件机械加工工艺路线的方法。

1. 制订合理的模具零件机械加工工艺路线

（1）选择加工方法及拟订加工工艺路线　加工零件前，必须对零件的结构形状和精度要求进行分析，在此基础上结合现有设备的实际情况，选择适当的加工方法和加工方案。附表 1 ~ 附表 3 中分别列出了外圆表面、孔和平面的各种加工方法与加工方案，以及相应能达到的公差等级和表面粗糙度，在制订零件的加工方案时可以此作为参考。

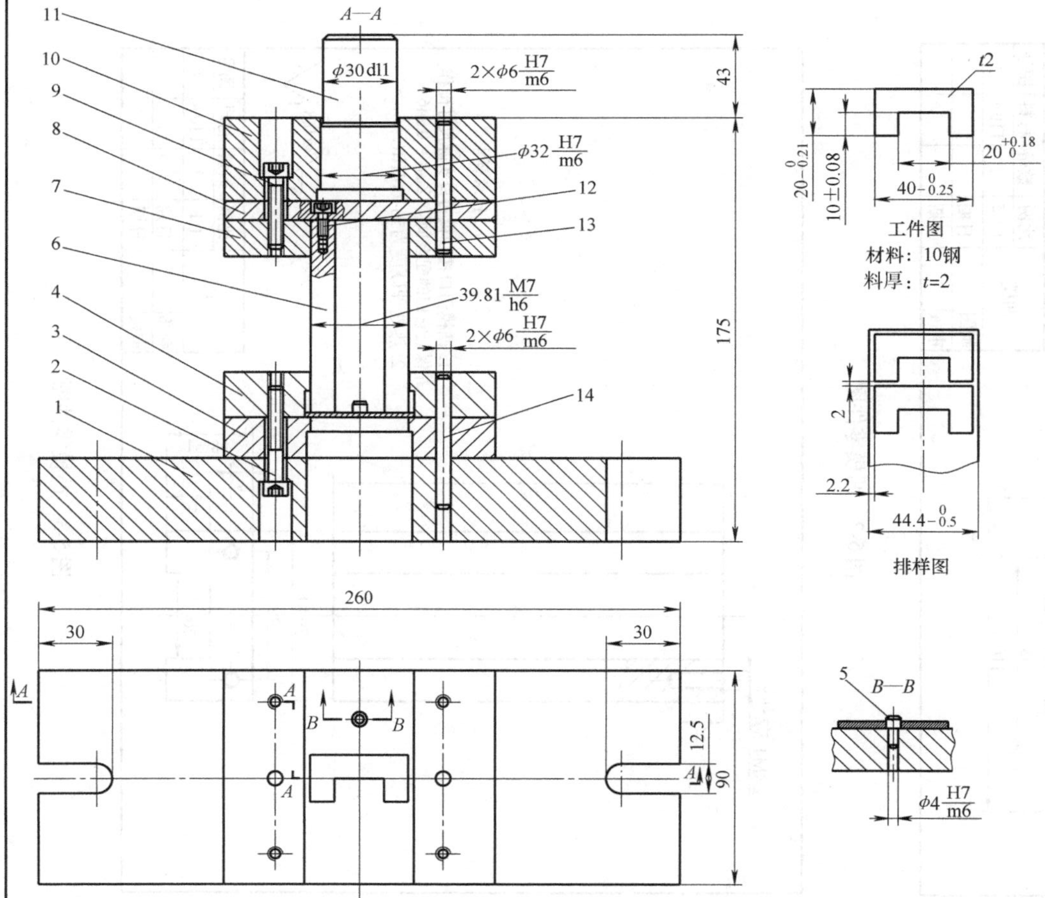

工件图

材料：10钢

料厚：t=2

排样图

技术要求

凸模和凹模之间双边间隙小于0.246。

序号	名称	数量	材料	标准	备注
14	销钉	2	35	GB/T 119.1—2000	A6×55
13	销钉	2	35	GB/T 119.1—2000	A6×55
12	螺钉	2	35	GB/T 70.1—2008	M4×10
11	模柄	1	Q235	JB/T 7646.1—2008	A30×78
10	上模座	1	HT200或Q235		110×90×35
9	螺钉	4	35	GB/T 70.1—2008	M6×30
8	垫板	1	45		43～48HRC
7	凸模固定板	1	45		
6	凸模	1	T10A		56～60HRC
5	挡料销	1	45		A6×4×3
4	刚性卸料板	1	45		
3	凹模	1	T10A		60～64HRC
2	螺钉	4	35	GB/T 70.1—2008	M6×40
1	下模座	1	HT200或Q235		260×90×35

落料模			比例	1:1.5
			重量	
设计		日期		共 张
审核		日期		第 1 张
班级		学号		

图5-1 落料模装配图

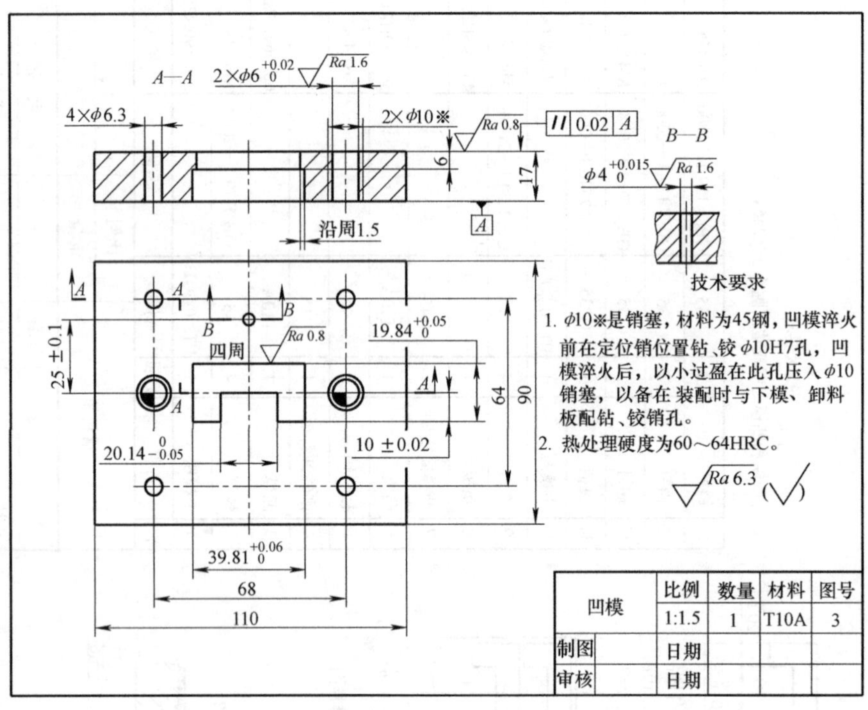

图 5-2　凹模零件图

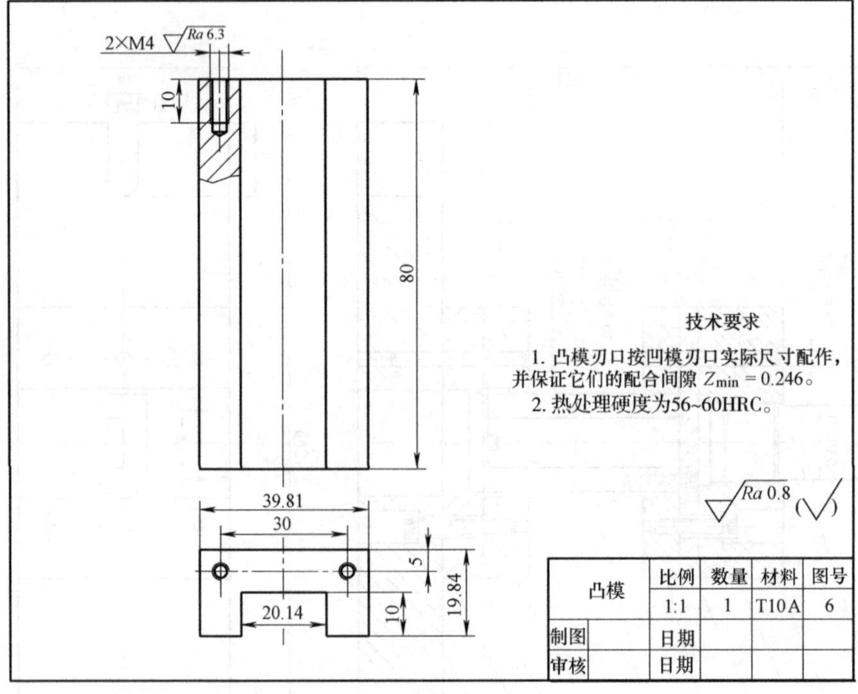

图 5-3　凸模零件图

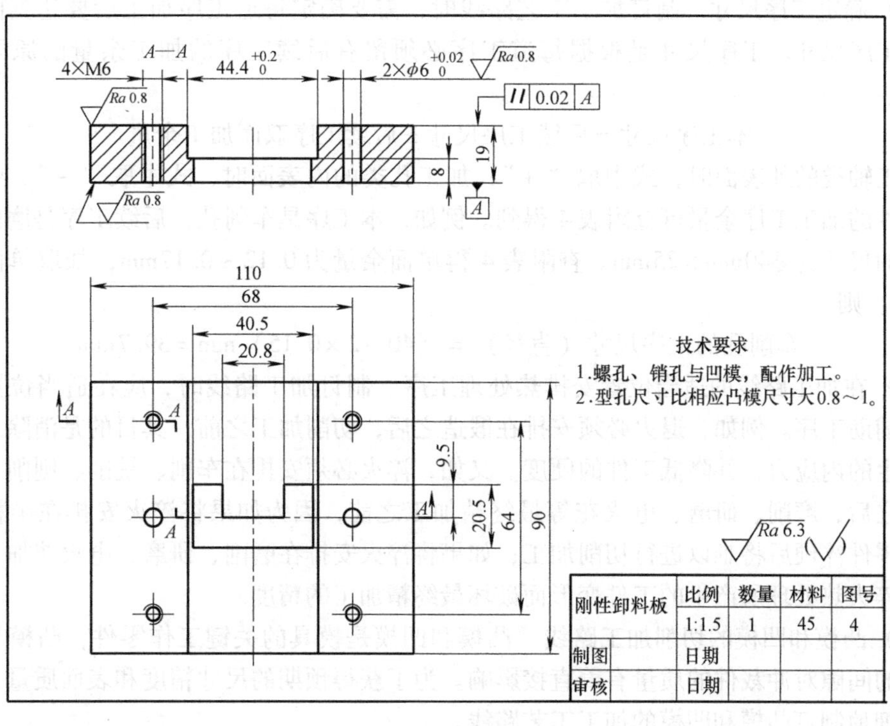

图 5-4　刚性卸料板零件图

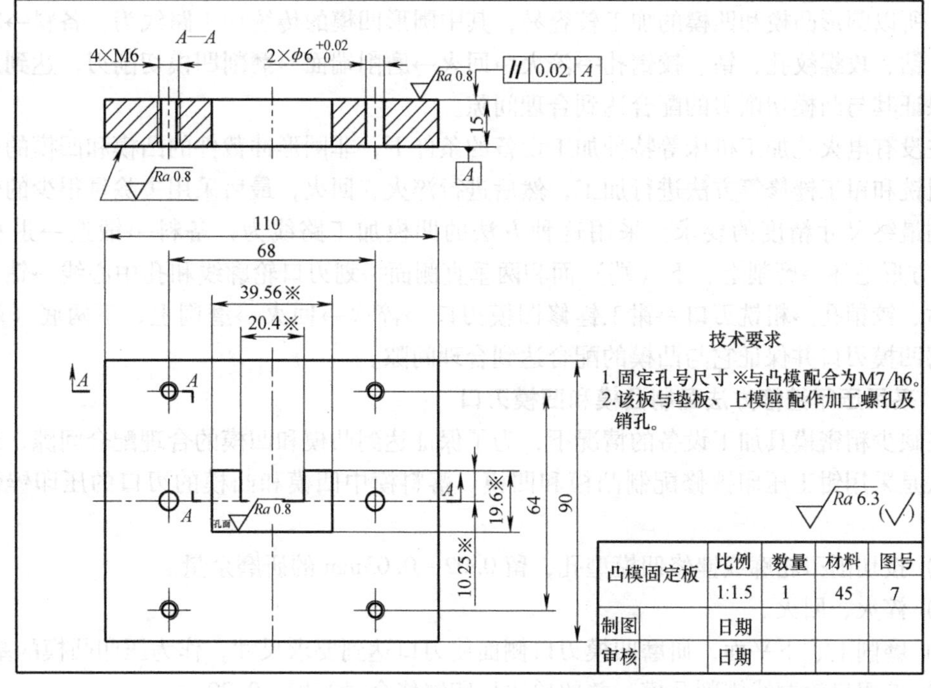

图 5-5　凸模固定板零件图

(2) 确定工序尺寸　制订加工工艺路线时，需要确定每道工序加工后要达到的公称尺寸——工序尺寸。工序尺寸是根据每道工序必须留有后续工序的加工余量的原则来确定的，即

本工序尺寸 = 后续工序尺寸 ± 后续工序双面加工余量

加工轴类的外表面时，式中取"+"；加工孔类的内表面时，式中取"-"。中等尺寸模具零件的加工工序余量可查附表4得到。例如，本工序是车削孔，后续工序是磨削孔，要求达到的尺寸为ϕ40mm×25mm。查附表4得单面余量为0.12～0.17mm，如取单面余量为0.15mm，则

车削孔的工序尺寸（直径）=（40-2×0.15）mm=39.7mm

(3) 在加工路线的适当位置安排热处理工序　制订加工路线时，应在适当位置安排热处理及辅助工序。例如，退火必须安排在锻造之后，切削加工之前，其目的是消除工件因锻造而产生的内应力，并降低工件的硬度。又如，淬火必须安排在车削、铣削、刨削、钻等半精加工之后，磨削、研磨、电火花等最终精加工之前，因为如果将淬火安排在半精加工之前，则零件淬硬后将难以进行切削加工；如果将淬火安排在磨削、研磨、电火花加工后，则会由于淬火热处理所产生的工件变形而破坏最终精加工的精度。

(4) 凸模和凹模的切削加工路线　凸模和凹模是模具的关键工作零件，凸模与凹模刃口之间的间隙对冲裁件的质量有着直接影响。为了获得预期的尺寸精度和表面质量，必须认真、详细地制订凸模和凹模的加工工艺路线。

在传统的模具制造中，模具零件绝大部分的加工是利用车削、铣（刨）削、磨削等工艺完成的。淬火后，圆形凸模和凹模的切削刃可采用磨削量较大的磨削加工达到最后的精度要求。所以圆形凸模和凹模的加工较容易，其中圆形凹模的传统加工路线为：备料→粗车→划线，钻、攻螺纹孔，钻、铰销孔→淬火→回火→磨削端面→磨削凹模切削刃，达到尺寸要求并保证其与凸模切削刃的配合达到合理间隙。

在没有电火花加工机床等特种加工设备的条件下，非圆形冲裁件的凸模和凹模的刃口只能用粗铣和钳工锉修等方法进行加工，然后进行淬火、回火，最后采用去除量很少的研磨工艺达到最终尺寸精度的要求。采用这种方法的凹模加工路线为：备料→锻造→退火→铣（刨）方形毛坯→磨削上、下（端）面和两垂直侧面→划刃口轮廓线和孔中心线→钻、攻螺孔，钻、铰销孔→粗铣刃口→钳工锉修凹模刃口→淬火→回火→磨削上、下两底（端）面→研磨凹模刃口并保证它与凸模的配合达到合理间隙。

2. 采用压印锉修方法配制凸模和凹模刃口

在缺少精密模具加工设备的情况下，为了保证达到凸模和凹模的合理配合间隙，最有效的方法是采用钳工压印锉修配制凸模和凹模。落料模中凹模和凸模的刃口的压印锉修过程如下：

1）按切削刃轮廓线锉修凹模型孔，留0.02～0.03mm的研磨余量。

2）淬火、回火。

3）磨削上、下平面，研磨凹模刃口侧面使刃口达到要求尺寸，作为压印凸模的基准。

4）按刃口轮廓线铣削凸模，并留单边压印锉修余量0.10～0.20mm。

5）如图5-6所示，将凸模垂直放置在凹模上平面，并使凸模对正型孔（周边压印余量均匀）。

6）对凸模施以压力，使凸模挤入型孔深约0.2mm，取出凸模并按印痕锉去余量。这样进行多次压印锉修，直至凸模按要求的配合间隙全部插入凹模型孔为止。

7）对凸模进行淬火，磨削两端面及研磨凸模切削刃侧面。

如图5-1所示的落料模中有两个重要配合：一个是凹模和凸模的配合，另一个是凸模和凸模固定板型孔的配合。可以分别采用压印配制的方法进行加工，达到它们所要求的配合精度（间隙值）。图5-7中包含两次压印配制加工过程：一次是凹模和凸模的压印配制过程，另一次是凸模和凸模固定板型孔的压印配制过程。

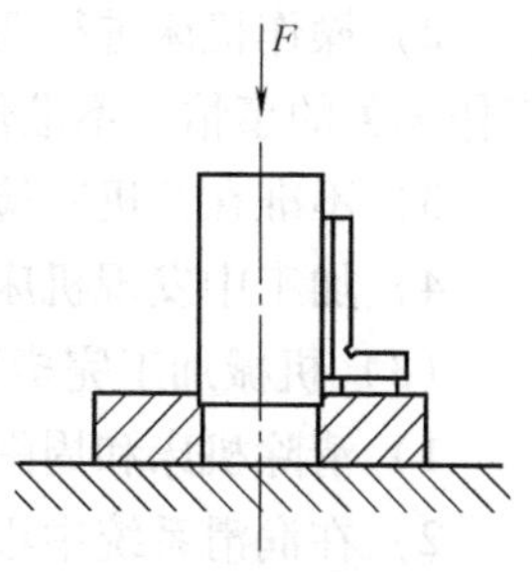

图5-6 凸模的压印

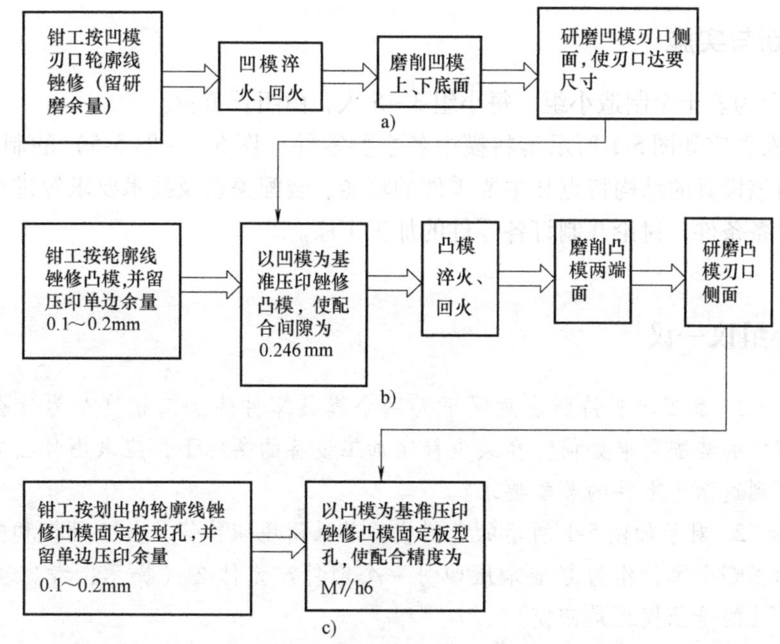

图5-7 压印配制加工过程

a）凹模型孔的加工 b）凸模刃口的加工 c）凸模固定板型孔的加工

3. 机加工安全操作规程

操作机床加工零件时，必须遵守下列机械加工安全操作规程，以防止人身和设备事故的发生。

（1）机械加工前的准备工作

1）务必穿戴好规定的劳动防护用具、工作服和工作鞋，戴好工作帽和安全眼镜。

2）接通机床总电源开关和照明开关，检查机床导轨等的润滑系统是否缺乏润滑油，若润滑油不足应及时添加；检查工件和刀具的夹具等装置是否齐备且牢固可靠。

3）起动机床，检查机床的离合器、操纵器是否灵活好用，安全保护罩是否可靠。经指导教师检查批准后方可进行下一步的工作。

（2）机械加工时应遵守的操作规程

1）切削加工前，必须检查工件、刀具是否装夹牢固；然后开动机床，用小切削量进行试车，检查有无异常。有异常时应立即报告指导教师，并停机检查原因和进行纠正。

2）操作机床进行切削时要精神集中，密切注意切削情况，严禁打闹、说笑或做其他与工作无关的事情，不准伸手进入机件运动的危险区域。

3）不准在开机时检查、测量工件的尺寸。

4）加工中发现机床运行不正常时，应立即停机并报告指导教师。

（3）机械加工完毕后的维护工作

1）清除机床和周围的铁屑。

2）在润滑系统中添加润滑油。

3）按规定位置摆放好工具、刀具和夹具。

4）关闭所有电源开关。

二、计划与实施

1）全班分为若干个制造小组，每小组3～5人，由组长负责。

2）教师布置完如图5-1所示落料模中各主要零件（图5-2～图5-5）的制造任务之后，各小组分别对该模具的结构特点和主要零件的功能、装配关系及技术要求等进行分析，结合实习车间的设备条件，讨论并制订各零件的加工工序。

小组议一议

1. 加工时要特别注意保证哪两个模具零件的加工精度？为什么？这两个零件的装配要求如何？在缺少精密加工设备的条件下，应采用什么方法来保证达到这两个零件的装配要求？

2. 对于如图5-1所示的落料模，若采用压印锉修法加工凸模和凹模，应先加工哪个零件作为基准来压印另一个零件？为什么（提示：考虑决定落料件尺寸的是凸模还是凹模）？

3. 采用压印锉修法加工凸模和凸模固定板型孔时，是否可以先加工固定板的型孔作为基准来压印凸模？为什么（提示：考虑采用压印锉修法加工凸模和凸模固定板型孔时，凸模刃口尺寸是否可改变）？

4. 对于图5-1中模具的凸模和凹模刃口，能否在淬火后再将磨削作为最终加工工艺，使它们达到尺寸要求？为什么？淬火后只能采用什么加工方法使它们达到尺寸要求？

3）各小组派代表展示并讲解本小组所编制的这4个零件的加工工艺方案，并对其他小组所编制的加工方案进行评议，最后在教师的指导下，分别评选并确定4个零件的最佳加工方案，作为下一步实际指导机械加工的依据（只要加工方案合理，应允许各小组采用不同的加工方案进行加工）。

4）每个学生可参考评选出的最佳加工方案和下面提供的加工方案，独立编制4个零件最终的具体加工工艺，作为评定个人成绩的依据之一。

5）在加工车间指导教师的指导下，各小组应按4个零件的最佳加工方案或参考方案操纵

机床进行加工。在加工过程中，必须严格遵守知识准备中所列出的机械加工的安全操作规程。

下面列出4个主要零件的机械加工工艺方案，供参考。工序图中“▽⁄”所指的面为本工序的加工面，加工余量可查附表4得到。其余主要零件可根据装配图的细表所标注的规格，查附表或模具手册，经购买或简单加工而得。

1. 凹模（图5-2）**的加工工艺**（表5-1）

表5-1 凹模的加工工艺

工序号	工序名称	工序内容	设备	工序简图
1	备料	锯料 ϕ60mm×102mm，留单面锻造余量4mm	锯床	
2	锻造	锻成长方体毛坯，尺寸为116mm×96mm×23mm，留单面刨削余量3mm	锻锤	23 96 116
3	热处理	退火		
4	粗刨	刨削六面，留单面磨削余量0.5mm	刨床	18 四周 91 111
5	磨削平面	磨上、下平面和相邻两侧面，保证各面的垂直度要求，留单面精磨余量0.3mm	平面磨床	17.6 四周 90.6 110.6

（续）

工序号	工序名称	工序内容	设备	工序简图
6	钳工划线	划出型孔中心线和各孔位置线，然后划出型孔轮廓线		
7	型孔粗加工	在型孔轮廓线内钻孔，粗铣型孔，留单边修锉余量 0.8mm	立式铣床	0.8　四周
8	型孔锉修加工	钳工锉修型孔，留单边研磨余量 0.05mm（可用型孔样板检查），然后锉出漏料斜度		四周
9	加工螺孔和销塞孔	1. 按工序 6 所划线钻 4 × ϕ6.5mm 螺钉通孔 2. 按划线位置钻、铰 2 × ϕ10mm 销塞孔和挡料销固定孔 ϕ4mm	钻床	A—A　4×ϕ6.5　$\phi4^{+0.015}_{0}$　2×$\phi10^{+0.02}_{0}$　A

（续）

工序号	工序名称	工序内容	设　备	工序简图
10	热处理	淬火、回火，硬度为 60 ~ 64HRC		
11	研磨	1. 研磨型孔侧刃面达到尺寸要求，然后研磨挡料销孔 2. 研磨 2 × ϕ10mm 定位销塞孔，并按紧配合打入定位销塞，以备装配时钻定位销孔		四周
12	磨削上、下面	磨削上、下平面达到要求	磨床	

2. 凸模（图 5-3）的加工工艺（表 5-2）

表 5-2　凸模的加工工艺

工序号	工序名称	工序内容	设　备	工序简图
1	备料	锯料，尺寸为 ϕ60mm × 42mm，留单面锻造余量 4mm	锯床	
2	锻造	锻造成长方体毛坯，尺寸为 46mm × 26mm × 86mm，留单面刨削余量 3mm	锻床	26　86　46
3	热处理	退火		
4	粗刨毛坯	刨削六面尺寸至 42mm × 22mm × 82mm，留单面铣削余量 1mm	刨床	22　82　42
5	磨平面	磨削上、下端面及两相邻侧面，保证各面相互垂直	平面磨床	

项目五　制造落料模

（续）

工序号	工序名称	工序内容	设　备	工序简图
6	钳工划线	划出凸模切削刃型孔轮廓线		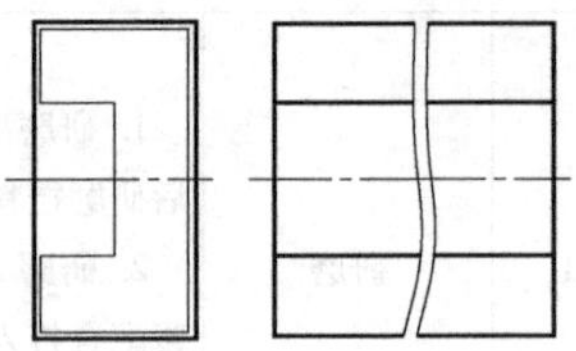
7	刨削刃口形状	按划线刨削切削刃形状，留单面锉修余量0.8mm	刨床	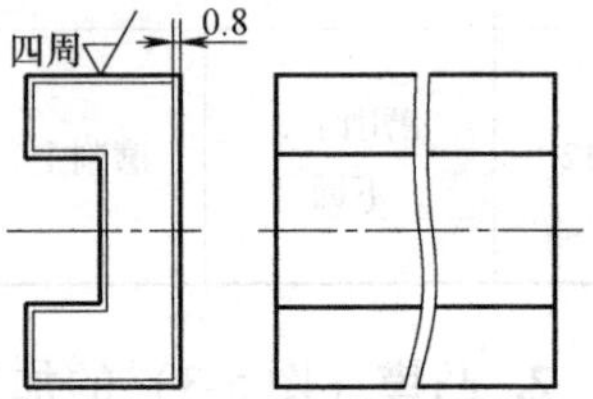 四周 0.8
8	钳工修整及压印锉修	1. 钳工按划线用锉修整，使周边余量均匀，留单边压印余量0.2mm 2. 用已加工好的凹模对凸模进行压印锉修，并留单边研磨余量0.02mm		
9	加工螺纹孔	1. 把凸模放在垫板上，按中心线找正凸模位置后夹紧，然后倒过来在垫板底面上划出两螺纹孔中心线，然后钻两螺纹底孔，孔直径$\phi3.2$mm 2. 拆开后在凸模上攻2×M4内螺纹，在垫板上扩$\phi4.5$mm孔和沉头螺孔		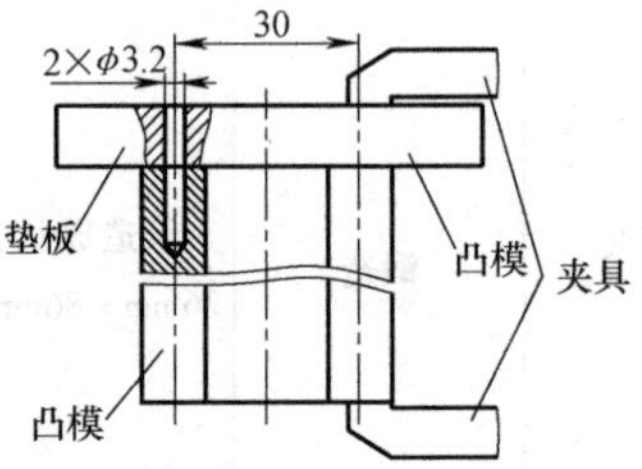 30　2×$\phi3.2$　垫板　凸模　夹具　凸模
10	热处理	淬火、回火，硬度为56～60HRC		
11	磨削端面	磨削两端面，注意保证端面和侧面的垂直度	平面磨床	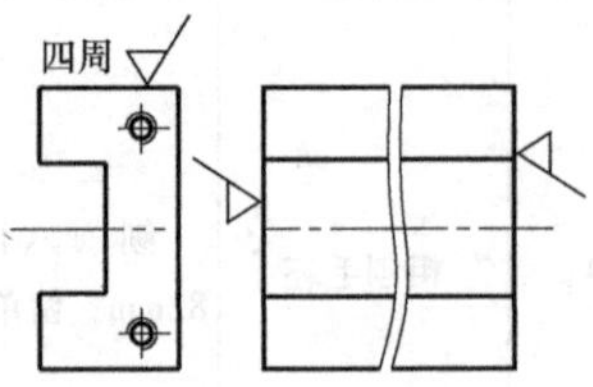 四周
12	研磨	研磨切削刃侧面，保证凸模与凹模的双面配合间隙小于0.246mm		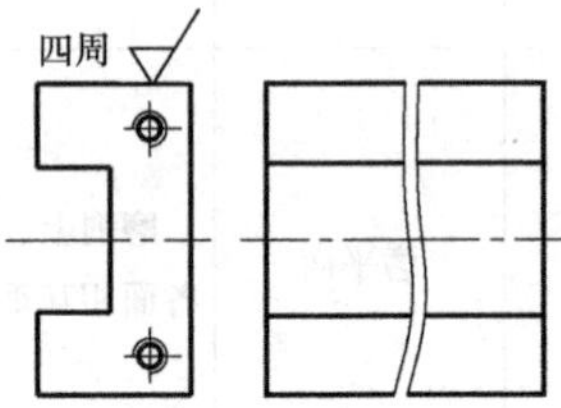 四周

3. 凸模固定板（图5-5）加工工艺（表5-3）

表5-3　凸模固定板的加工工艺

工序号	工序名称	工序内容	设　备	工序简图
1	备料	锯板料116mm×96mm×21mm，留单面刨削余量3mm	锯床	21 96 116
2	粗刨	刨削六面，留单面磨削余量0.5mm	刨床	16 91 四周 111
3	磨削平面	磨削上、下平面（单面留磨削余量0.3mm）和相邻两侧面，保证各面达到垂直度要求	平面磨床	15.6 90.6 110.6
4	钳工划线	划出中心线、螺纹孔位置线和型孔轮廓线		
5	粗加工型孔	在型孔轮廓线内钻孔，粗铣型孔，留单边锉修余量0.8mm	立式铣床	0.8 四周

（续）

工序号	工 序 名 称	工 序 内 容	设　备	工 序 简 图
6	锉修型孔和压印锉修	1. 按划出的轮廓线对型孔进行锉修，留单边压印余量0.2mm 2. 用已加工好的凸模对型孔压印锉修，保证其配合为M7/h6		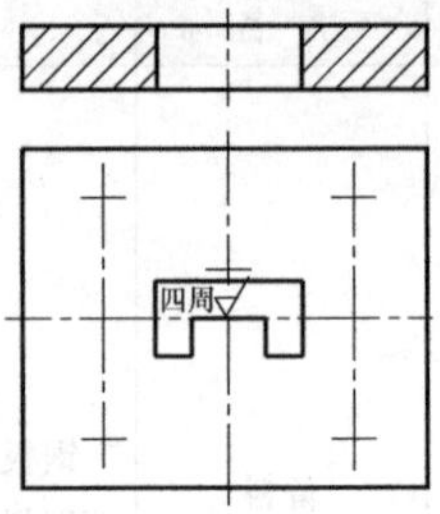 四周

4. 刚性卸料板（图5-4）的加工工艺（表5-4）

表5-4　刚性卸料板的加工工艺

工序号	工 序 名 称	工 序 内 容	设　备	工 序 简 图
1	备料	锯板料，毛坯尺寸为116mm×96mm×25mm，留单面刨削余量3mm	锯床	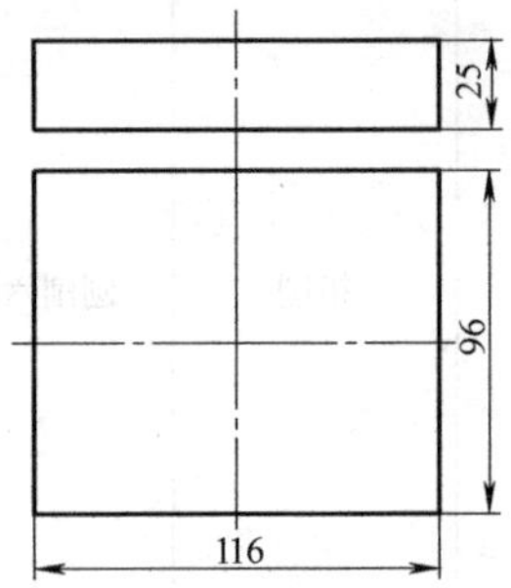 25 96 116
2	粗刨	刨削六面，留单面磨削余量0.5mm	刨床	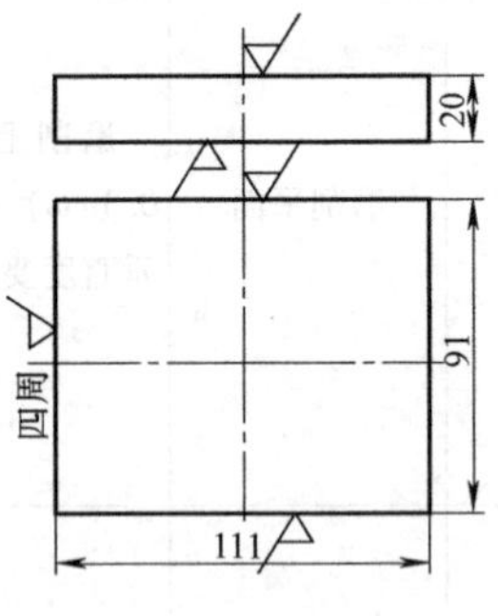 20 91 四周 111
3	磨削平面	磨削上、下平面和相邻两侧面，保证各面达到垂直度要求	平面磨床	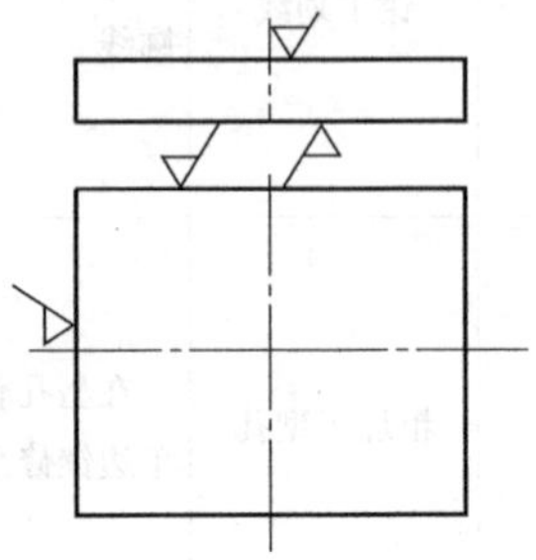

（续）

工序号	工序名称	工序内容	设备	工序简图
4	钳工划线	划出中心线、螺孔线、型孔轮廓线和送料槽两面线		
5	铣削型孔和送料槽	1. 按划线铣削送料槽，留单边锉修余量0.8mm 2. 在型孔轮廓线内钻孔，按划线粗铣型孔，留单边锉修余量0.8mm	立式铣床	A—A A A 四周
6	钳工锉修型孔和送料槽	按图样要求尺寸锉修型孔和送料槽		

三、任务评价

完成零件加工任务后，按表5-5进行评价，总评成绩可分为5个等级，即优、良、中、及格和不及格。

表5-5 加工落料模主要零件评价表

评价项目	评价标准	配分	评价结果		
			自评	互评	教师评价
零件机械加工工艺制订的合理性	机械加工方法和加工程序能结合实习车间的设备，并保证工件的加工质量	30			
	工艺方案具有良好的经济效益和可操作性	10			
	工艺方案简洁明了，制订的工序尺寸合理	10			
零件机械加工质量和工作态度	按时、按质完成零件机械加工任务	20			
	操作较熟练，能不断想办法提高加工质量和效率	10			
	能经常与他人交流加工方法和操作经验，协作精神好	10			
	遵守安全操作规程	10			
综合评价	评语（优缺点及改进措施）：	合计			
		总评成绩（等级）			

任务二　装配落料模

任务描述

1. 将任务一中加工出来的模具零件和购得的相关标准件，按图5-1的装配技术要求总装成模具。

2. 将装配好的模具安装在压力机上，调整好凹模和凸模的周边间隙，然后试冲出图5-1右上角所示的合格的制件。

学习目标

1. 掌握用螺钉-定位销将凸模和凹模等零件安装在模座上的具体方法。
2. 熟练掌握多板连接的钻、攻螺纹孔，钻、铰定位销孔的配作装配技术。
3. 掌握将无导柱模安装在压力机上，并调整凸模和凹模相对位置的技巧。

一、知识准备

本模具是无导柱模架的敞开模，装配较简单，装配过程大致为：清洗和检查所有模具零件→组件装配→模具总装→将模具安装在压力机上并调整凸模和凹模周边间隙→试冲落料件。

上述第一环节比较简单，就是用煤油清洗加工后的零件，锉除加工毛刺，然后对照零件图检查零件尺寸。“调整凸模和凹模周边间隙”的环节是在把模具安装在压力机上时进行的，将在后面的“计划与实施”中做详细介绍。下面仅介绍“组件装配”和“模具总装”两个环节。

1. 组件装配

单工序冲裁模的组件装配主要是凸模与凸模固定板的装配。下面介绍三种常用的机械式固定凸模的结构和装配要点。

（1）螺钉紧固式　如图5-8所示，螺钉紧固式固定方法利用垫板上的螺钉拉紧凸模，以防止冲裁时凸模脱落。由于凸模侧面为直壁，故方便铣削、刨削等加工。凸模与凸板固定板型孔的定位配合一般采用M7/h6或R7/h6，凸模的螺孔要在凸模淬火前加工出来。组件的安装过程如下：

1）将凸模垂直压入凸模固定板型孔内，然后在平台和凸模固定板下面放置两等高垫块，在凸模下端放置可调高垫块，调整凸模下端可调垫块的高度，使凸模上端面与凸模固定板上底面平齐，如图5-9所示。

2）把垫板放置在凸模固定板上面并调整两板对齐，然后用夹具夹紧两板。

3）在垫板上划出的螺孔中心位置钻螺孔底孔，直至达到凸模孔的深度。

4）拆开，在凸模孔处攻螺纹，在垫板上钻（扩）通孔及沉头孔。

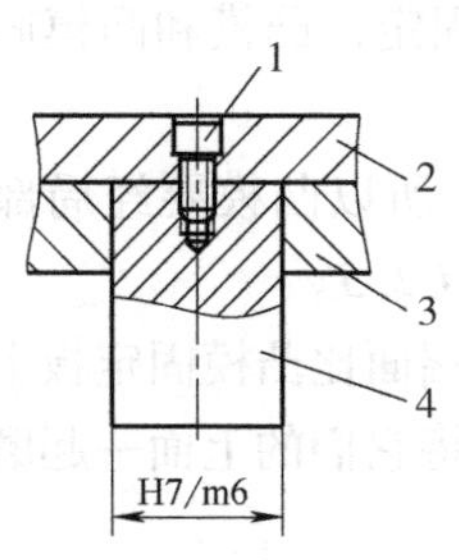

图 5-8　螺钉紧固式凸模组件

1—螺钉　2—垫板

3—凸模固定板　4—凸模

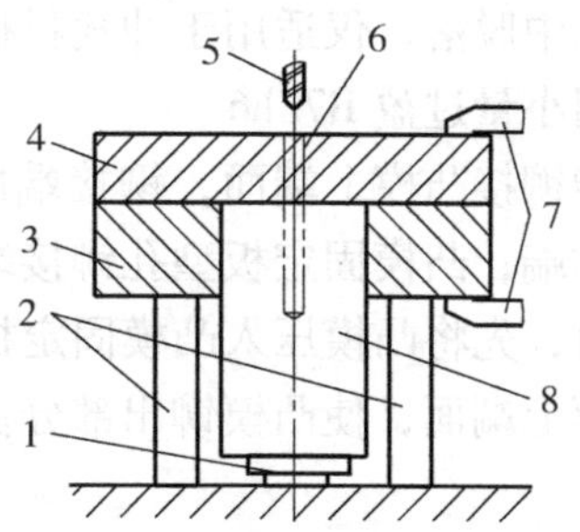

图 5-9　钻垫板和凸模螺孔底孔

1—可调垫块　2—等高垫块　3—凸模固定板

4—垫板　5—钻头　6—待钻孔　7—夹具　8—凸模

5）用螺钉按图 5-8 所示将凸模和凸模固定板等连接起来。

（2）凸肩固定式　如图 5-10a 所示，凸肩固定式固定方法利用凸肩防止冲裁时凸模脱落。凸模与凸模固定板孔的定位配合采用 M7/h6、R7/h6，凸肩结构尺寸为 $H>\Delta D$（$\Delta D=1\sim4$mm，$H=3\sim8$mm）。组件的安装过程如下。

1）将凸模垂直压入凸模固定板型孔，直到凸模凸肩下面接触到型孔台阶端面为止。

2）将凸模上端面与凸模固定板上面一起磨平，如图 5-10b 所示。

凸肩固定式的特点是连接牢固可靠，但刨削和铣削加工凸模时纵向进给不方便。

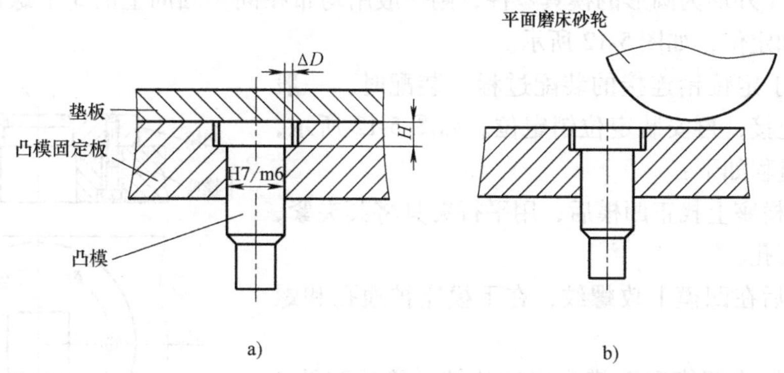

图 5-10　凸肩固定式凸模组件

a）凸肩固定式结构　b）磨平凸模固定板上面和凸模上端面

（3）铆接式　如图 5-11a 所示，铆接式固定方法利用铆大凸模上端面来阻止凸模从凸模

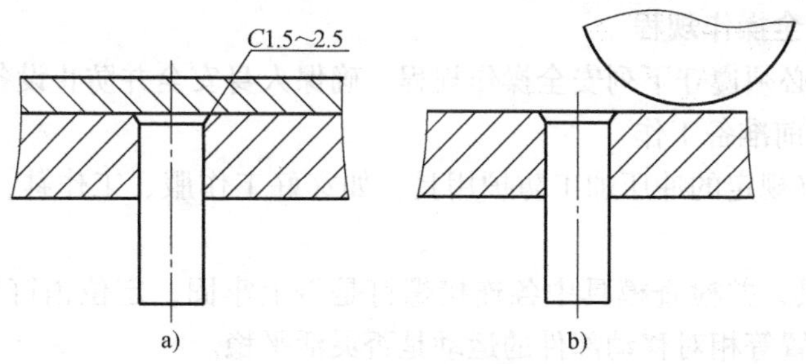

图 5-11　铆接式固定凸模

a）结构图　b）磨平凸模固定板和凸模上端面

固定板型孔中脱落，仅适用于冲裁料板厚 $t<2\text{mm}$ 的凸模的固定，凸模和凸模固定板型孔的配合常采用小量过盈 R7/h6。

为了能铆接凸模上端面，铆接端的硬度应小于 30HRC，所以凸模要经局部淬火，仅淬硬冲裁工作端；凸模固定板型孔铆接端的周边倒角为 $C1.5\sim C2.5$。

装配时，先将凸模压入凸模固定板型孔内，并使凸模上端面比凸模固定板上面稍高，然后铆打凸模上端面，使凸模铆出部分占据型孔的倒角，最后将它们的上面一起磨平，如图 5-11b 所示。

2. 模具总装配

装配冲裁模的关键是将凸模、凹模及其他零件牢固地安装在上模座或下模座中，在冲制过程中，要保持凸模和凹模相对位置的准确，即使受到冲压力的作用，它们之间也不应产生位移。

对于无导柱模具，凸模与凹模的相对位置是将模具安装在压力机上时才进行调整的。本套模具为无导柱模具，所以装配时，仅将凸模、凹模及其他零件分别牢固地安装在上模座或下模座上即可，无需调整凸模和凹模的相对位置。

下面介绍把凹模（或凸模固定板）安装在模座上的常用形式——螺钉-定位销连接。

（1）螺钉-定位销连接的形式　将模具零件安装在模座上，常采用螺钉连接和定位销定位的方法。对于外形为方形的凹模，一般在四角各布置 1 个螺钉和两个或 4 个定位销，如图 5-1 所示；对于外形为圆形的模具零件，则一般用均布在同一圆周上的 3 个螺钉和 3 个定位销进行连接和定位，如图 5-12 所示。

（2）螺钉-定位销连接的装配过程　装配时，一般先安装螺钉连接，再安装定位销定位。如图 5-12 所示，下模的安装过程如下：

1）在下模座上找正凹模后，用平行夹具将其夹紧，钻 3 个螺钉底孔。

2）拆开后在凹模上攻螺纹，在下模座扩通孔和螺钉头沉头孔。

3）用螺钉将凹模和下模座紧密连接，然后配钻 3 个定位销孔底孔。

4）配铰定位销孔。

5）打入定位销。

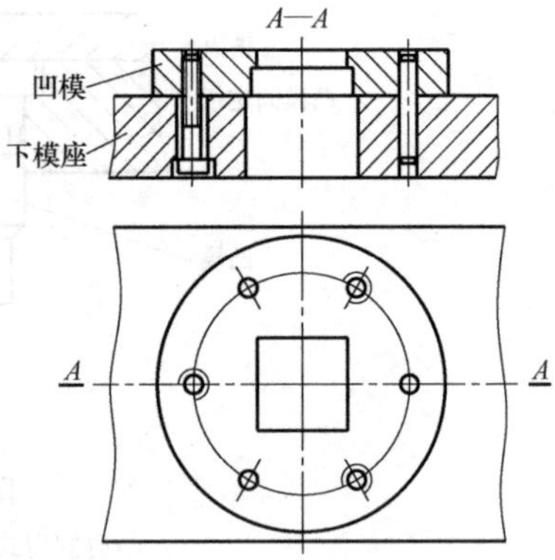

图 5-12　圆形凹模安装在下模座上

3. 冲压试模安全操作规程

冲压试模时，必须遵守下列安全操作规程，确保人身安全并防止设备的事故发生。

（1）冲压试模前准备工作

1）务必穿戴好规定的冲压加工防护用具，如穿好工作服、工作鞋，戴上工作帽、工作手套和安全眼镜。

2）擦干净模具，并检查模具中各连接螺钉是否上牢固；定位销钉是否全部压入到位；导柱导套，顶件装置等相对移动部件的运动是否灵活平稳。

3）清理压力机工作台面和工作周围的废料和杂物，检查安全操作工具（如工件夹持器）和压力机防护罩是否完好齐全，若不是，则要及时处理和补全。

4）接通压力机总电源开关和照明开关；检查滑块导轨等的润滑系统是否缺乏润滑油，若不是则及时添加；试机检查压力机的离合器，制动器按钮脚踏开关，拉杆是否灵活好用，若有故障，要及时报告老师，进行维修。

（2）冲压试模的安全操作规程

1）冲压试模过程中要集中精神，严禁打闹、说笑或做其他与工作无关的事。

2）安装模具时，必须将压力机电器开关转动手动位置，严禁使用脚踏开关操作压力机滑块运行，尽量用手扳动压力机大轮来操纵滑块上下移动，先使滑块下到死点准确位置后，再开始调整安装模具。

3）注意压力机滑块运行方向，当滑块运行时，严禁手伸入冲模内；不准用手扶在打料杆，导柱等危险区域；往冲模内送单个毛坯或从冲模内取走制件时，必须使用安全夹持工具（电磁吸具、镊子、空气吸盘、钳子和钩子）。

4）在冲压试模期间，如发现压力机运行不正常，要立即停机，并报告老师。

（3）冲压试模完毕后维护工作

1）清除压力机工作台上的制件和废料。

2）在压力机润滑系统中添加润滑油，在模具工作部位和相对运动部位涂上全损耗系统用油。

3）按规定位置放置好夹持工具和安装模具的元件。

4）关闭电源开关。

二、计划与实施

1）全班分为若干个安装小组，每小组3～5人，由组长负责。

2）在教师指导下，各小组对如图5-1所示的模具装配图进行分析，讨论其装配方法和顺序，并制订出本小组的装配工艺方案。

小组议一议

1. 本套模具的装配关键是什么？

2. 能否采用焊接等不可拆连接方式将凸模或凹模安装在模座上？为什么（提示：分析是否容易更换？是否易于调整间隙？焊接是否会变形）？

3. 能否采用多个螺钉而不用定位销将凸模或凹模安装在模座上？为什么？用多个螺钉和一个定位销呢（提示：分析螺钉连接能否作为定位？一个定位销能否约束两连接板的相对转动）？

4. 由定位销连接的多个板件，能否把每个板分开单独钻、铰加工定位销孔？（提示：分析当各板分开单独进行钻、铰加工时，能否保证所有板上相应的各孔都准确对准）？

5. 本套模具为什么要在凹模上增加定位销塞？若在凹模上直接加工出定位销孔，则应在哪个工序之前将定位销孔加工好？为什么（提示：分析淬火后是否便于进行定位销的切削加工）？

3）各小组派代表介绍本小组的装配方案，并对其他小组的装配方案进行评议，最后在教师的指导下，确定一个最佳装配方案，作为各小组进行实际操作的指导方案（在能保证装配质量的前提下，允许各小组按不同的装配方案进行操作）。

4）每个学生可参考最佳装配方案或本书提供的装配方案，独立编制具体的装配方案，作为评定个人成绩的依据之一。

5）方案确定后，各小组要用煤油清洗所有模具零件，并对照图样检查各零件的尺寸，锉除加工时留下的毛刺，然后把这些零件装配成合格的模具（在装配过程中，要注意遵守安全操作规程）。最后，把装配好的模具安装在压力机上试冲出合格制件。在安装过程中，要注意遵守冲压模安全操作规程。

下面是图 5-1 所示落料模中上模和下模的装配工艺方案，仅供参考。

1. 上模装配工艺

1）在凸模固定板 7 的下平面上划出螺孔和销孔的中心位置，然后将凸模 6 压入凸模固定板 7 的型孔内，并使两者的上端面平齐。

2）将垫板 8 放置在凸模 6 和凸模固定板 7 的上端面，用螺钉 12 将工件 6、7、8 紧密连接。

3）将由工件 6、7、8 组成的组件倒放在上模座 10 的下底面上，找正后用平行夹具夹紧，在凸模固定板 7 上划出的各孔中心位置上配钻 4 个 $\phi5.2$mm 的螺钉孔底孔，如图 5-13 所示。

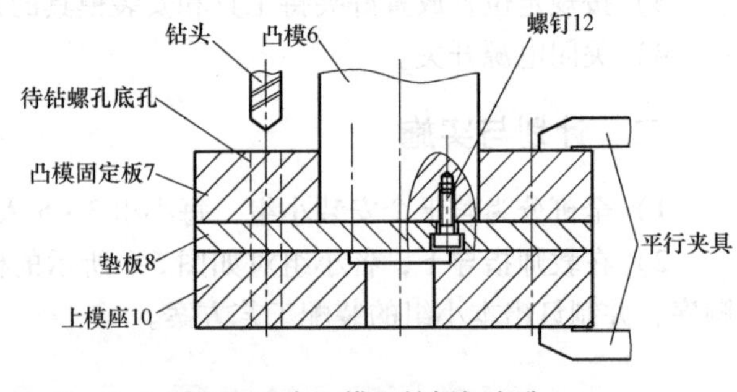

图 5-13　在上模配钻螺钉底孔

4）拆开后，在凸模固定板 7 上攻螺纹 M6，在垫板 8 和上模座 10 上扩孔 $4\times\phi6.5$mm；在上模座 10 上端面扩沉孔 $4\times\phi10.5$mm，深 6.5mm。

5）将模柄 11 压入上模座 10 的中心孔内，磨平下底面。

6）用螺钉将凸模固定板、垫板和上模座紧密连接，然后配钻销孔底孔 $\phi5.8$mm。

7）在凸模固定板、垫板和上模座组合件上配铰销孔 $2\times\phi6$mm。

8）在上模中压入定位销，上模即装配完成。

2. 下模装配工艺

1）把凹模 3 倒放在刚性卸料板 4 上，将凸模 6 同时插入凹模 3 和刚性卸料板 4 的型孔中。在刚性卸料板 4 和凸模固定板 7 之间放置等高垫铁，调整好刚性卸料板型孔与凸模的周边间隙后，用平行夹具夹紧凹模 3 和垫板 8，再用 $\phi6.5$mm 钻头通过凹模 3 上的螺钉通孔，在刚性卸料板 4 上引钻出锥窝，如图 5-14 所示。

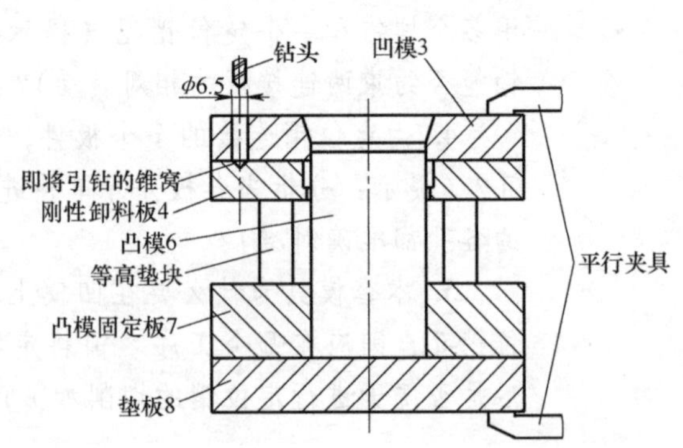

图 5-14　在刚性卸料板上引钻螺钉底孔的锥窝

2）拆开后，在刚性卸料板 4 上的锥窝处钻螺纹孔底孔 $4\times\phi5.2$mm，再攻螺纹

4×M6。

3）把凹模3放在下模座1上，找正后用平行夹具夹紧，通过凹模型孔在下模座划出漏料孔轮廓线，通过凹模螺钉通孔在下模座引钻出锥窝。

4）拆开后，在下模座锥窝处钻4×ϕ6.5mm的螺钉通孔；在下端扩沉头孔ϕ10.5mm，深6.5mm；在下模座铣出漏料孔，漏料孔周边比凹模型孔大1~1.5mm。

5）用螺钉2将刚性卸料板4、凹模3和下模座1连接稍紧，调整刚性卸料板型孔与凹模型孔，对准后拧紧连接螺钉，接着配钻、铰4×ϕ6mm销钉孔。

6）在刚性卸料板4、凹模3和下模座1上压入定位销钉14，下模即装配完成。

3. 检查、打标记、试模

上、下模装配好后，还要检查模具的装配质量，确定其是否能冲出合格零件。

（1）检查模具　检查模具的螺钉是否上牢，定位销是否上好；检查模柄相对于上模座的垂直度、凸模相对于上模座上平面的垂直度，以及凹模上平面相对于下模座下平面的平行度是否达到要求。

（2）打标记　在所有模板前侧面同一方位打出各图号数字标记，以备拆开重装时辨认。

（3）试模　如图5-15所示，将按图5-1装配好的模具放置在压力机工作台上，在上、下模之间放置等高垫块，并使上模的凸模6插入下模的凹模3的型孔，深2~3mm。移动模具使模柄11对准压力机滑块上的孔，然后使压力机滑块下降到最低点，调节其下端面紧贴上模座10的上平面后，拧紧滑块孔的夹紧螺钉，使其夹紧模柄11。用压紧螺栓-螺母将下模座稍压紧在工作台上后，将灯泡放置在压力机工作台的下漏料孔中。观察凸模和凹模的周边配合间隙，用锤子敲击下模座1，将周边间隙调节均匀后，拧紧压紧螺母使下模座紧固在工作台上。用纸作为冲压材料，用手扳动压力机飞轮，使滑块带着上模冲裁出纸制件。观察纸制件的毛刺是否均匀，如间隙均匀，可用10钢材料冲裁出制件；如不均匀，应稍松开压紧下模座的螺钉，重新调整间隙。

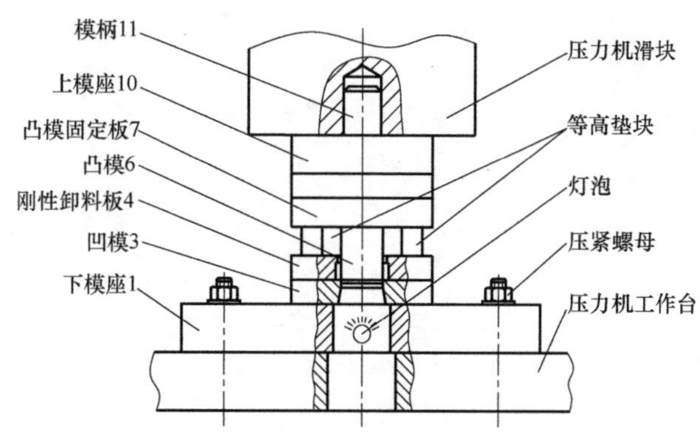

图5-15　在压力机上调整凸模与凹模的周边间隙

三、任务评价

完成安装任务后，按表5-6对学习成果进行评价，总评成绩可分为5个等级，即优、良、中、及格和不及格。

表 5-6　装配落料模评价表

评价项目	评价标准	配分	评价结果		
			自评	互评	教师评价
模具装配质量	装配方案合理，凸模和凹模周边间隙均匀（可检查试冲出纸片周围的毛刺情况）	30			
	螺钉连接、销钉定位牢固可靠	10			
	垂直度、平行度误差达到要求	10			
个人的装配操作表现	能按时、保质完成装配任务，有创新意识	20			
	能遵守装配操作规程，装配熟练	20			
	能主动与他人协商解决装配中遇到的难题	10			
综合评价	评语（优缺点与改进措施）：	合计			
		总评成绩（等级）			

项目六 制造冲孔-落料连续模

任务描述

1. 编制图 6-1 ~ 图 6-10 所示的主要模具零件的加工工艺方案，然后在车间教师的指导下，遵守安全操作规程，操作机床，按制订的加工工艺方案把这些零件加工出来。

2. 按照该模具总装图的技术要求，编制出装配工艺路线，然后把加工出来的零件和购买的零件装配成能冲裁出图 6-1 右上角所示的合格制件的模具。

学习目标

1. 了解数控电火花线切割加工的工作原理，掌握用数控电火花线切割机床加工连续模的凸模和凹模的工艺方法。

2. 了解用环氧树脂或低熔点合金粘接固定凸模的工艺过程，掌握用环氧树脂粘接固定多凸模的工艺方法。

3. 了解连续模的制造过程，掌握其零件机械加工和模具装配的工艺方法，具有制造两工序连续模的技能。

一、知识准备

1. 数控电火花线切割机床的加工原理及应用

连续模冲裁件内外形的相对位置精度主要取决于各凹模孔与定位元件安装孔的相对位置精度。当连续模为多凸模和凹模孔的模具时，要使所有凸模和相应凹模都准确对合，必须使所有凸模固定板固定孔的中心距与相应凹模孔的中心距保持一致。为达到此目的，各凹模孔和各凸模固定孔必须有较高的相对位置精度。为此，必须在统一基准的情况下，用精密机床加工所有凹模孔、凸模固定孔和定位元件安装孔。而数控电火花线切割机床正好具有在统一坐标（基准）下加工各孔的功能，所以它常被用来加工连续模的凹模孔、凸模固定孔和定位元件安装孔。

（1）数控电火花线切割机床的加工原理　图 6-11 所示是数控电火花线切割机床的加工原理简图。右边的高频脉冲发生器向工件（正极）和电极丝（负极）施加高频脉冲电压，工作台可带动工件相对电极丝作水平移动。当工件表面距电极丝为 0.01 ~ 0.1mm 时，两者表面之间放电，瞬时温度达到 10 000 ~ 12 000℃，使靠近电极丝的工件表面金属层迅速熔化，

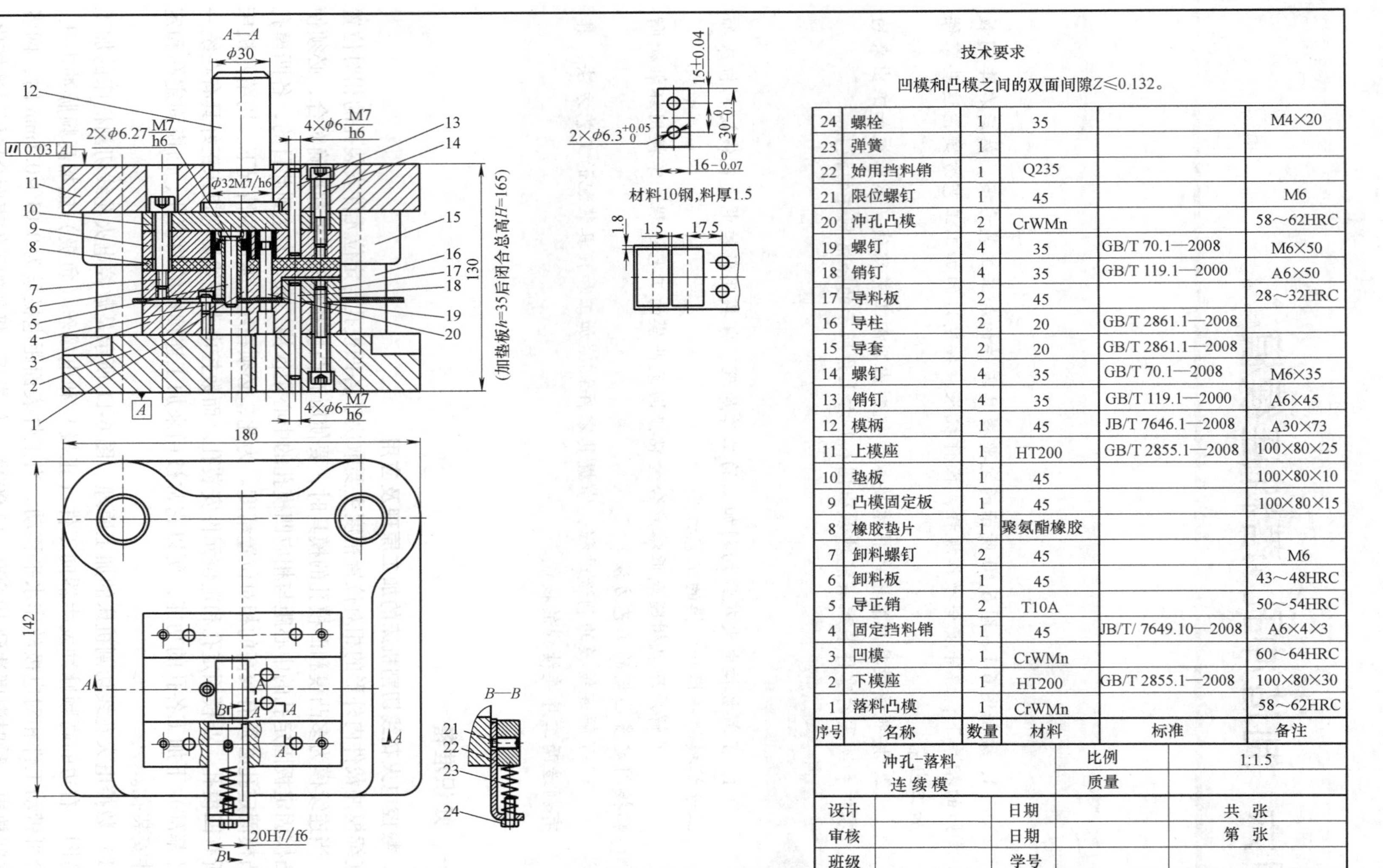

序号	名称	数量	材料	标准	备注
24	螺栓	1	35		M4×20
23	弹簧	1			
22	始用挡料销	1	Q235		
21	限位螺钉	1	45		M6
20	冲孔凸模	2	CrWMn		58～62HRC
19	螺钉	4	35	GB/T 70.1—2008	M6×50
18	销钉	4	35	GB/T 119.1—2000	A6×50
17	导料板	2	45		28～32HRC
16	导柱	2	20	GB/T 2861.1—2008	
15	导套	2	20	GB/T 2861.1—2008	
14	螺钉	4	35	GB/T 70.1—2008	M6×35
13	销钉	4	35	GB/T 119.1—2000	A6×45
12	模柄	1	45	JB/T 7646.1—2008	A30×73
11	上模座	1	HT200	GB/T 2855.1—2008	100×80×25
10	垫板	1	45		100×80×10
9	凸模固定板	1	45		100×80×15
8	橡胶垫片	1	聚氨酯橡胶		
7	卸料螺钉	2	45		M6
6	卸料板	1	45		43～48HRC
5	导正销	2	T10A		50～54HRC
4	固定挡料销	1	45	JB/T/ 7649.10—2008	A6×4×3
3	凹模	1	CrWMn		60～64HRC
2	下模座	1	HT200	GB/T 2855.1—2008	100×80×30
1	落料凸模	1	CrWMn		58～62HRC

冲孔-落料连续模		比例	1:1.5
		质量	
设计	日期		共 张
审核	日期		第 张
班级	学号		

图6-1　冲孔-落料连续模装配图

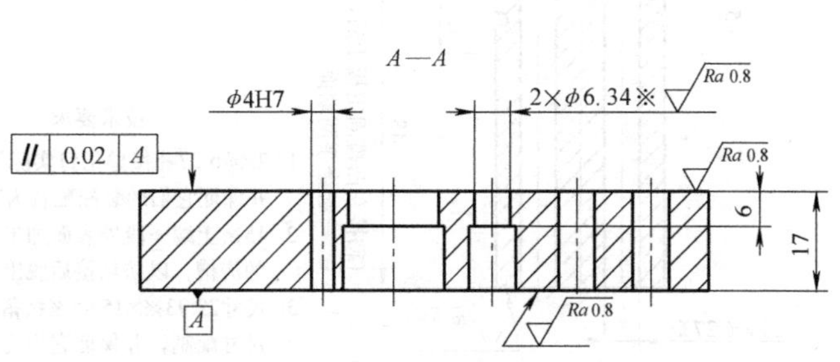

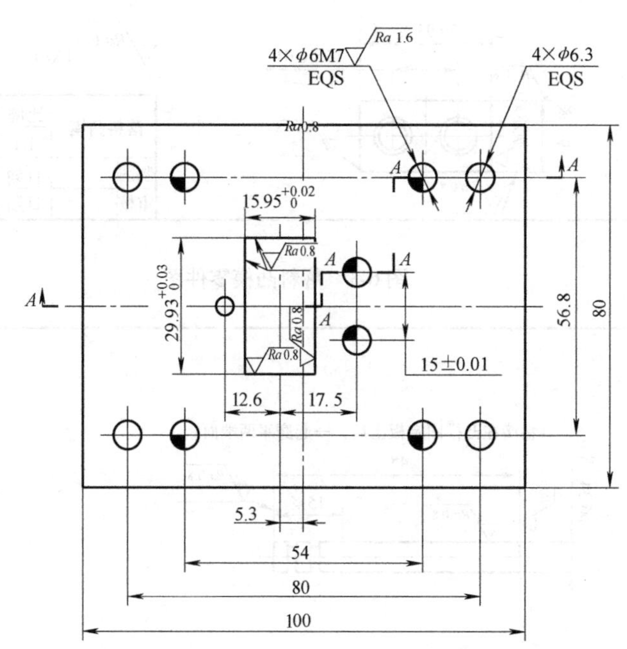

技术要求

1. 冲孔凹模2×ϕ6.34※孔按冲孔凸模实际尺寸配制，并保证它们之间的双边间隙Z_{min}=0.132。
2. 采用酸蚀法使凹模漏料孔单边扩大0.5～1。
3. 热处理后硬度为60～64HRC。

Ra 6.3 (√)

凹模		比例	数量	材料	图号
		1:1	1	CrWMn	3
制图		日期			
审核		日期			

图 6-2　凹模零件图

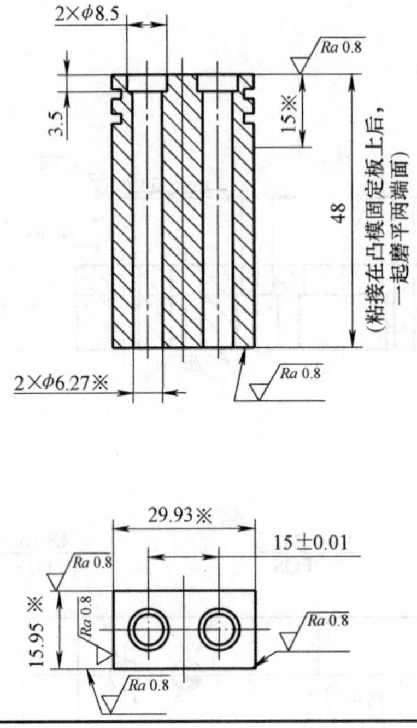

技术要求

1. 2×ϕ6.27孔按导正钉实际尺寸配制，并保证它们的装配配合为M7/h6。
2. 15※上端一段外表面加工约2×2的沟槽，以防粘接后脱出。
3. 尺寸29.93※×15.95※按落料凹模的实际尺寸配制，并保证它们之间的双面间隙Z_{min}= 0.132。
4. 热处理硬度为58～62HRC。

Ra 6.3 (√)

落料凸模	比例	数量	材料	图号
	1:1	1	CrWMn	1
制图	日期			
审核	日期			

图 6-3　落料凸模零件图

技术要求

1. 15※端一段外表面加工约2×1.5的环形凹槽，以防粘接后脱出。
2. 热处理硬度为58～62HRC。

Ra 6.3 (√)

冲孔凸模	比例	数量	材料	图号
	1:1	2	CrWMn	20
制图	日期			
审核	日期			

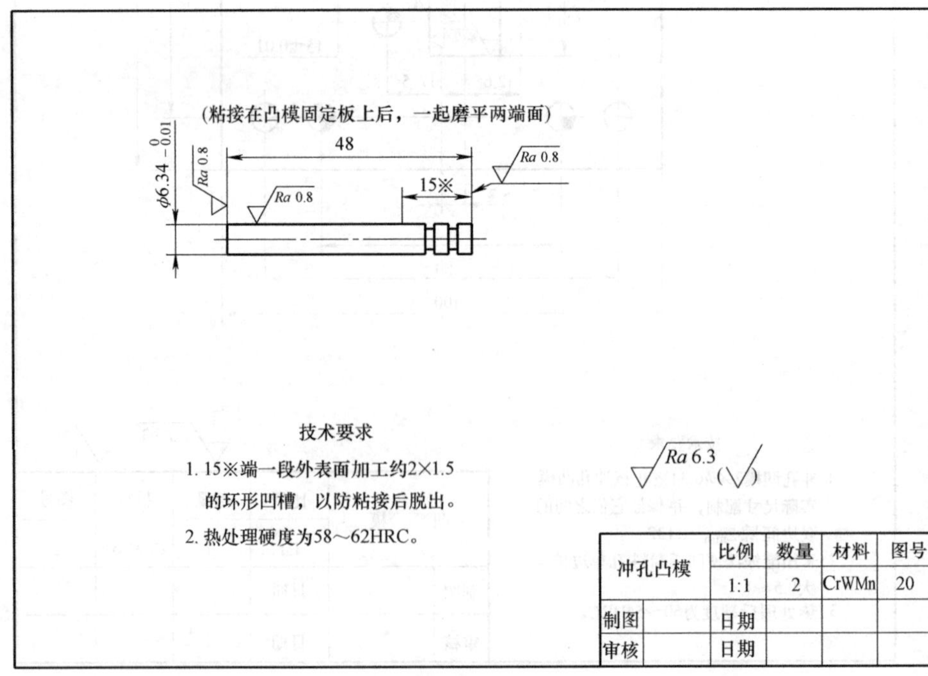

图 6-4　冲孔凸模零件图

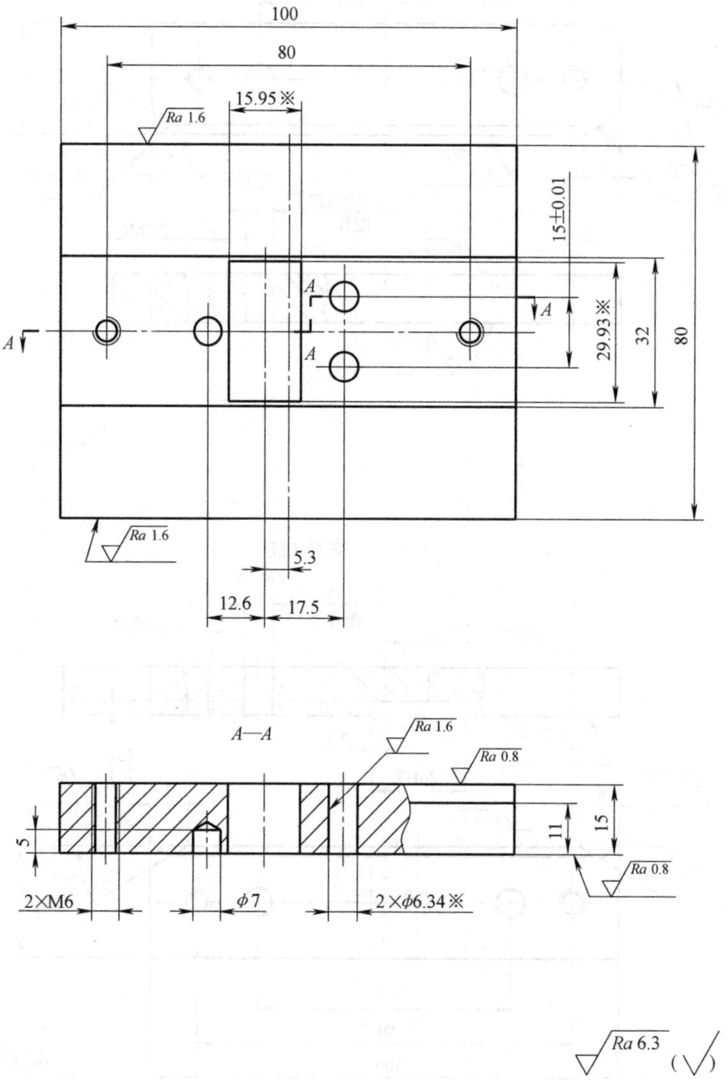

技术要求

15.95※×29.93※、ϕ6.34※的两孔按相应凸模的实际尺寸配制，并保证它们之间的间隙为0.15～0.25。

卸料板		比例	数量	材料	图号
		1:1	1	45	6
制图		日期			
审核		日期			

图 6-5　卸料板零件图

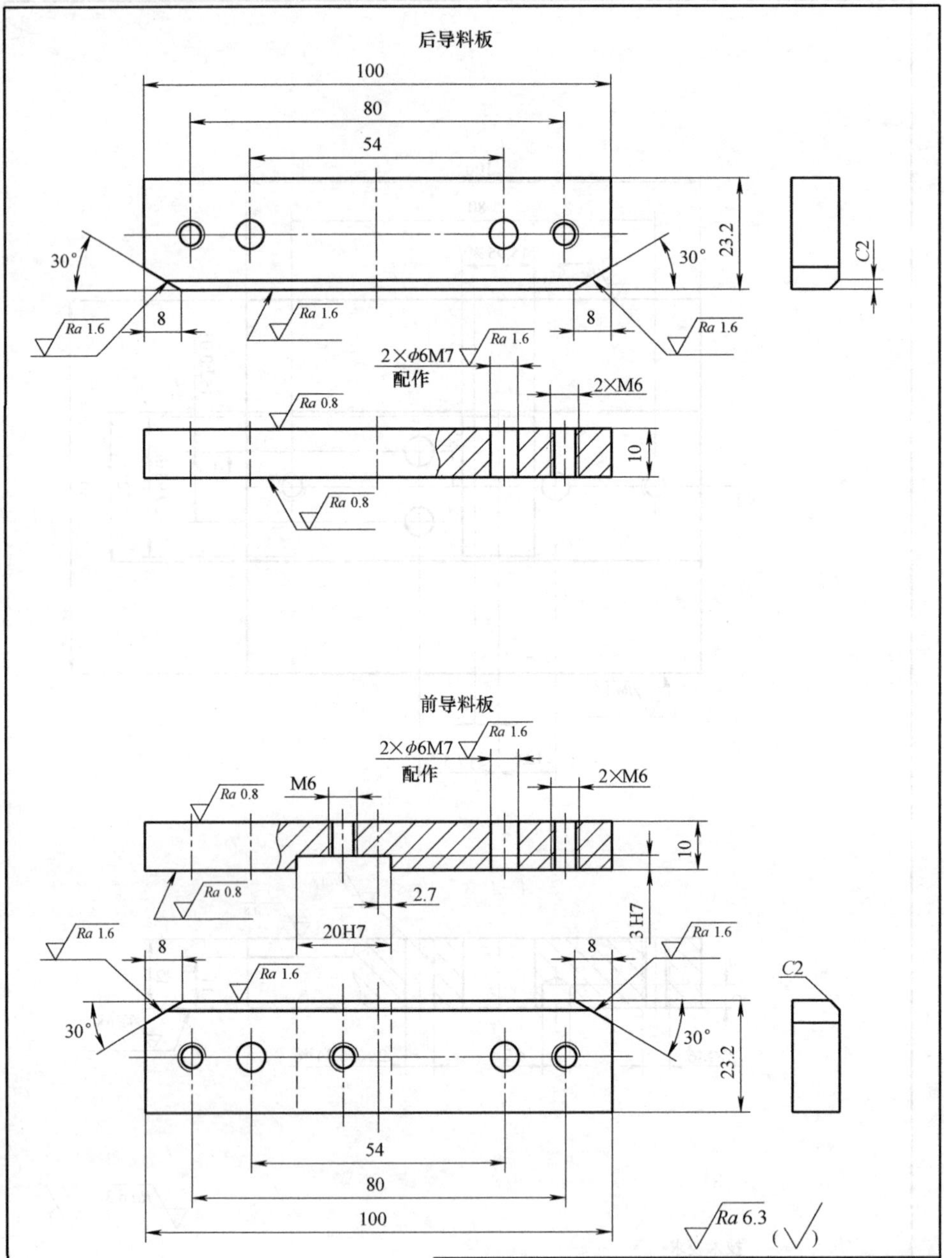

技术要求

热处理硬度为28～32HRC。

导料板		比例	数量	材料	图号
		1:1	2	45	17
制图		日期			
审核		日期			

图6-6 导料板零件图

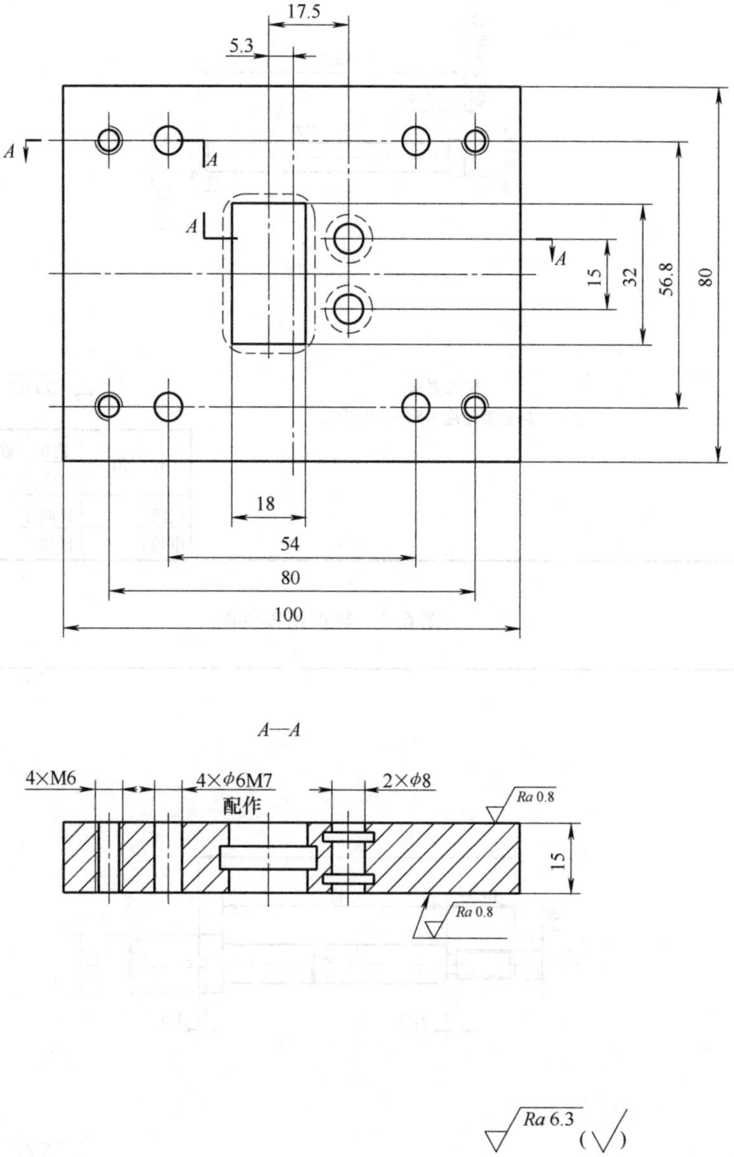

技术要求

固定凸模孔内加工出深×宽=2×5的环形槽，以防粘接后受力脱落。

凸模固定板		比例	数量	材料	图号
		1:1	1	45	9
制图		日期			
审核		日期			

图 6-7　凸模固定板零件图

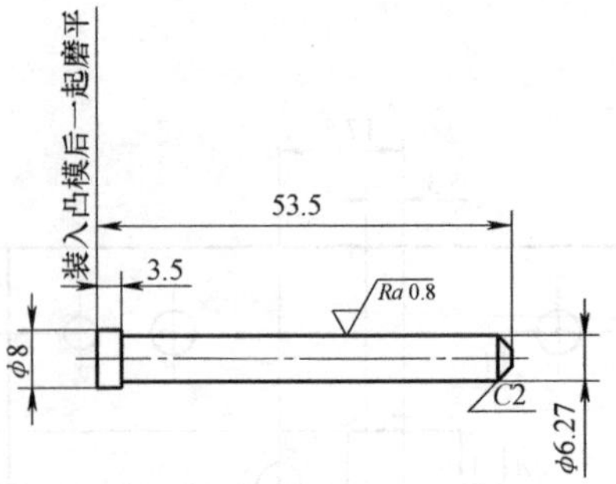

装入凸模后一起磨平
53.5
3.5
Ra 0.8
φ8
C2
φ6.27

技术要求
热处理硬度为50～54HRC。

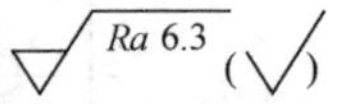

Ra 6.3
(√)

导正销	比例	数量	材料	图号
	1:1	2	T10	5
制图		日期		
审核		日期		

图 6-8　导正销零件图

63
14.5
43
M6
φ8
1.4
φ12
2×1
1.6

Ra 6.3
(√)

卸料螺钉	比例	数量	材料	图号
	1:1	2	45	7
制图		日期		
审核		日期		

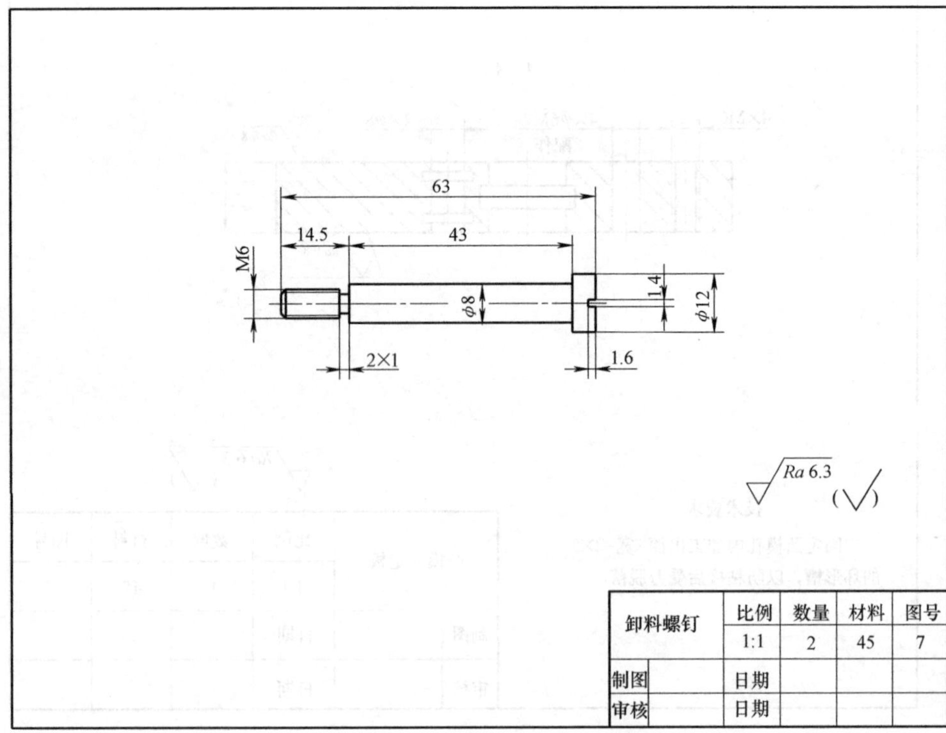

图 6-9　卸料螺钉零件图

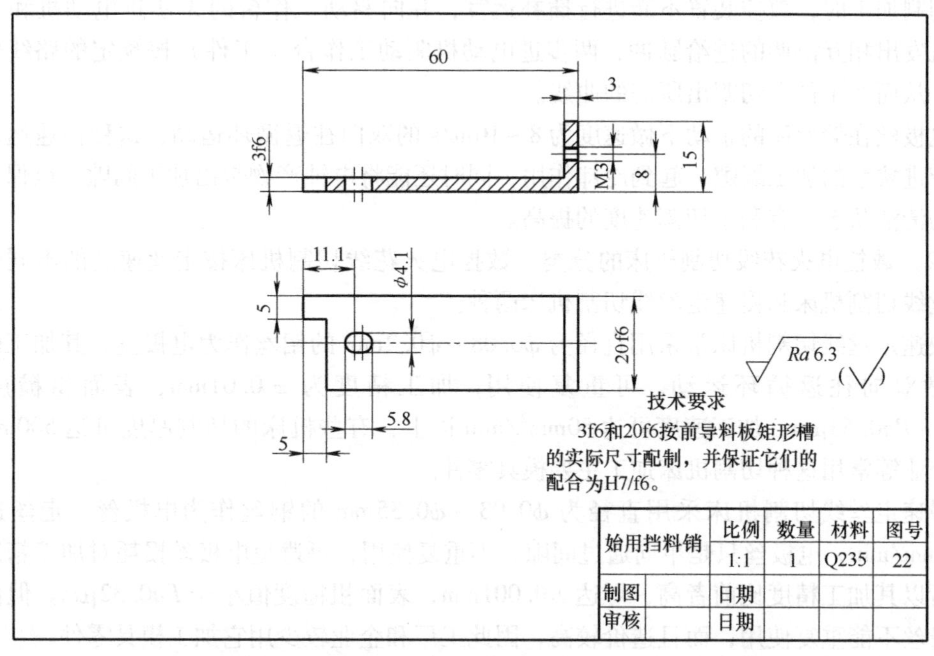

图 6-10　始用挡料销零件图

甚至汽化。两极之间放电产生强热，使工作液和金属的气液混合体突然膨胀爆炸，爆炸力将熔化和汽化的金属抛离工件表面后，金属受到喷嘴射出的工作液的冷却作用，形成微小金属颗粒。

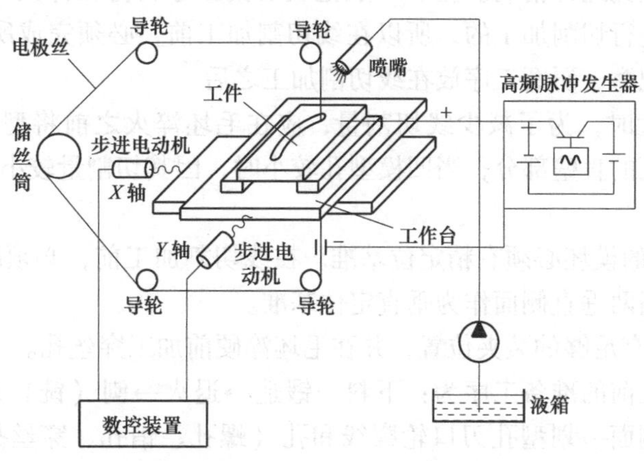

图 6-11　数控电火花线切割机床加工原理简图

靠近电极丝工件表面的金属被熔化、汽化并被爆炸抛离后，工件表面就形成了比电极丝稍大的沟槽，此时电极丝与工件表面的距离大于放电距离，放电立即停止。然后工作台带动工件移动，使工件表面靠近电极丝，当它们之间的距离达到放电距离时，又产生新的放电……就这样，利用电极丝与工件表面的连续瞬时放电对工件进行切割加工。

为了能切割出具有各种曲线形状的工件，必须控制工作台相对电极丝作预定的连续移动，而控制工作台作预定移动的就是数控装置。

在线切割加工之前，首先应根据所切割工件的形状曲线编好程序，并将其输入数控装置。切割加工时，数控装置不断进行插补运算，并向驱动工作台的 X 步进电动机和 Y 步进电动机发出相互协调的进给脉冲，两步进电动机驱动工作台（工件）按预定的路线作水平移动，从而在工件上切割出所需的曲线。

电极丝在储丝筒的带动下做速度为 8～10m/s 的双向往返循环运动，这种快速运动将工作液带进狭窄的加工缝隙，起到冷却作用，同时还能将电蚀产物带出加工间隙，以保持加工间隙的清洁状态，有利于切割速度的提高。

（2）数控电火花线切割机床的分类　数控电火花线切割机床按走丝速度的不同分为快速走丝线切割机床和慢速走丝线切割机床两种。

快速走丝线切割机床常采用直径为 ϕ0.08～ϕ0.2mm 的钼丝作为电极丝，其加工时，电极丝做双向往返循环运动，可重复使用，加工精度为 ±0.01mm，表面粗糙度值为 Ra2.5～Ra0.63μm，加工速度可达 50mm^2/min 以上，有些机床的切割厚度可达 500mm，工厂、企业等常用这种切割机床加工主要模具零件。

慢速走丝线切割机床采用直径为 ϕ0.03～ϕ0.35mm 的铜丝作为电极丝，走丝速度为 3～12mm/min，电极丝只是单向通过间隙，不重复使用，可避免电极丝损耗对加工精度的影响，所以其加工精度比前者高，可达 ±0.001mm，表面粗糙度值小于 Ra0.32μm。但由于它的电极丝不能重复使用，而且造价较高，因此工厂和企业较少用它加工模具零件。

（3）线切割加工前的模坯准备　进行线切割加工前要做好下面的工作。

1）加工前，必须对工件进行淬火热处理，且必须完成所有切削量较大的切削加工。如果把线切割加工安排在淬火热处理之前，则由淬火热处理引起的工件变形会破坏线切割加工的工件精度，为了避免此种情况发生，一般把线切割工序安排在淬火-回火工序之后。而工件在淬硬后是不能进行切削加工的，所以在线切割加工前，必须完成所有车、刨、铣、钻、铰等切削加工，仅把磨、研磨工序放在线切割加工之后。

当凹模型孔较大时，为了减少线切割量，应在毛坯淬火之前将型孔漏料部分铣（车）出，只切割凹模型孔的直壁部分；当凹模型孔较小时，因其切割量较小，可待线切割后用酸腐蚀法扩大漏料孔。

2）线切割加工的模坯必须有精定位基准。在线切割加工前，必须磨削模坯两底面作为支承定位基准，磨削两垂直侧面作为垂直定位基准。

3）毛坯上应留有足够的装夹位置，并在毛坯淬硬前加工穿丝孔。

凹模线切割加工前的准备工序为：下料→锻造→退火→刨（铣）六面体→磨削上、下平面及相邻两垂直侧面→划型孔刃口轮廓线和孔（螺孔、销孔、穿丝孔）的中心线→加工型孔扩大部分（漏料孔）→加工螺孔、销孔、穿丝孔→淬火—回火→磨削上、下平面及相邻两垂直侧面。

（4）数控电火花线切割加工的特点和应用场合

1）电火花线切割可加工各种金属材料制成的工件，甚至可加工特硬的硬质合金和淬硬钢工件。特别是能加工淬硬钢工件这一特点，对模具制造有很大好处。用传统机械加工模具零件时，一般先切削加工出凹模型孔或凸模外形，并使其刃口达到合理间隙，然后进行淬火热处理。由于淬火会导致工件产生内应力而引起凹模型孔和凸模发生变形，致使凸模和凹模刃口的配合间隙变大，凸模和凹模的配合精度大大降低。而应用电火花线切割加工时，可以先把工件毛坯淬硬后再进行切割加工，这样就可以避免因淬火热处理的变形影响到工件的最

终加工精度。

2）在传统的切削加工中，刀具与工件接触将引起相互作用的切削力，而大的切削力在加工时将致使它们之间产生相当大的位移；在电火花线切割加工中，电极丝与工件在加工过程中不接触，两者间的相互作用力很小，因此两者的相对位移极小，故工件的加工精度极高，而且便于加工包含小孔、窄缝的零件，而不受电极丝和工件刚度的限制。

3）由于是利用电热能和自动控制进行加工，对机床输入控制程序之后，便可全自动加工出形状复杂的工件。

4）不能加工素线为非直线段的旋转体的表面和不通孔。

电火花线切割广泛用于加工硬质合金、淬火钢模具零件、样板及各种形状复杂的细小零件及窄缝等。

2. 酸腐蚀法扩大凹模漏料孔的工艺过程

酸腐蚀法是将凹模切割型孔的漏料孔部分浸于腐蚀液体中，使其表面在发生腐蚀化学反应后型孔扩大的一种加工方法，具体过程如下。

1）把凹模倒置放入盛有热熔石蜡的容器中，石蜡的深度为凹模型孔的直壁高度 h。冷却后，石蜡就把凹模上底面和型孔直壁部分封闭。然后在螺孔和销孔中注入热熔石蜡，冷却后将螺孔和销孔封闭。为了使凹模型孔的下部在放入腐蚀液后能顺利地排出反应气体，必须在凹模型孔上部的石蜡中心处钻出一个工艺孔，如图 6-12a 所示。

2）将凹模翻转过来浸于腐蚀液中，腐蚀液的深度稍高于漏料孔的高度 H，如图 6-12b 所示，浸蚀时间可根据腐蚀速度和需要腐蚀的深度计算得出。常用腐蚀液的配方中，各种配料的质量分数为硫酸 5%、硝酸 20%、盐酸 5%、水 70%，腐蚀速度为 0.08～0.12mm/min。

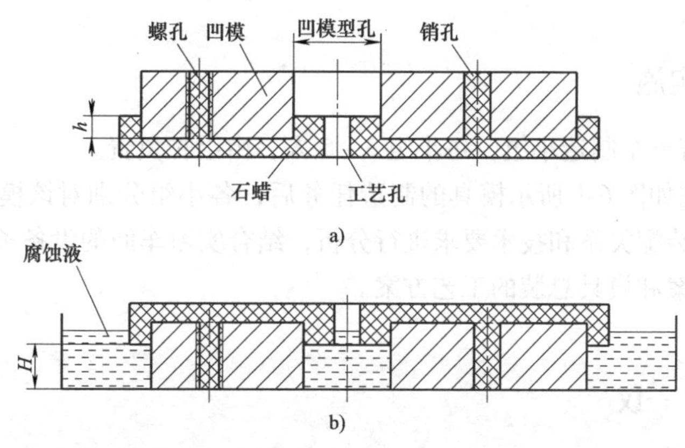

图 6-12　腐蚀扩大凹模漏料孔过程

3）取出凹模，在清水内清洗后吹干，再将凹模加热，熔去孔中的石蜡。

3. 保证多凸模与相应凹模型孔准确对合的工艺方法

连续模是多凸模的模具，制造多凸模模具的难题在于如何保证各凸模都能准确对准相应凹模型孔，下面介绍解决这一难题的两种方法。

（1）加工时使凸模固定板各凸模固定孔的中心距与相应凹模型孔的中心距保持一致　常用精密坐标机床，如数控线切割机床在统一基准（坐标）下加工凹模各型孔和凸模固定板的各固定孔，加工后将所在凸模压入凸模固定板的孔，这样才可以准确对准相应的凹模型孔。

（2）以各凹模型孔对相应凸模进行定位后粘结固定凸模　先扩大凸模固定板的固定孔，使它与凸模的单边间隙为0.5～1mm，如图6-13所示。为防止凸模在粘结后脱出，可在固定孔壁和凸模粘结处加工出小沟槽。用丙酮或汽油将固定孔和凸模粘接处清洗干净，然后把凹模、固定板、垫板倒放，在凹模和固定板之间放置等高垫块，使各凸模通过固定板的孔垂直插入凹模3～5mm，在凸模和凹模型孔周边之间放置垫片或涂层使周边间隙均匀，并用平行夹具将三板夹紧。最后把调配好的环氧树脂浇入固定孔和凸模之间的间隙，24h固化后即可使用。

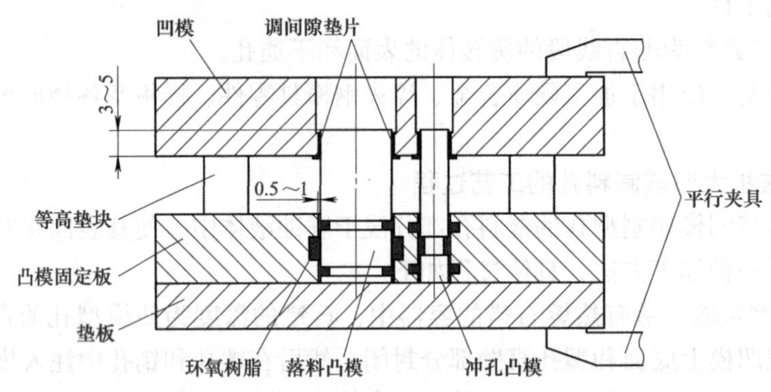

图6-13　用环氧树脂粘结固定凸模

常用环氧树脂粘结剂的配方中各配料的质量分数分别为：6101环氧树脂（43%）、磷苯二甲酸二丁酯（9%）、铁粉（43%）、乙二胺（5%）。配制时，先将环氧树脂加热（不能超过80℃），使其流动性增加，然后依次加入铁粉、磷苯二甲酸二丁酯和乙二胺，搅拌均匀后即可供浇注使用。

二、计划与实施

1）全班分为若干个制造小组，每小组3～5人，由组长负责。

2）教师布置完如图6-1所示模具的制造任务后，各小组分别对该模具的结构特点和其主要零件的功能、装配关系和技术要求进行分析，结合实习车间的设备条件，讨论并制订各零件的加工工艺方案和模具总装的工艺方案。

小组议一议

1. 加工连续模的凹模时，采取什么措施才能有效提高各凹模型孔和定位元件的相对位置精度？
2. 怎样才能保证多凸模模具中的各凸模都准确对准相应凹模型孔？
3. 为什么应把车、铣、刨、钻等切削加工工序安排在电火花线切割加工工序之前？
4. 线切割加工前，应做哪些模坯准备工作？
5. 数控线切割电火花加工模具有哪些特点？
6. 常用哪两种方法加工凹模漏料孔？

3）各小组派代表展示并讲解本小组所编制的模具主要零件的加工方案和模具总装工艺方案，并对其他小组所编制的制造方案进行评议，最后在教师指导下评出一个最佳方案，作为下一步实际指导该模具制造的工艺方案（只要制造方案合理，允许各小组采用不同的制造方案）。

4）每个学生可参考最佳制造方案和下面提供的制造方案，独立编制详细的模具主要零件的加工方案和模具总装方案，作为评定个人成绩的依据之一。

5）在实习车间教师的指导下，各小组按制订的制造方案操纵机床，把模具的主要零件加工出来，然后将加工出来的零件和购置的零件装配成合格的模具。

下面是如图6-1所示冲裁—落料连续模的制造工艺方案之一，仅供参考。

1. 加工主要模具零件

各零件的加工工艺过程见表6-1～表6-6，工序简图中，"▽/"所指的面为本工序的加工面，加工余量可查附表4得到。

挡料销（图6-10）的加工是单一的钳工工序，其加工过程是在板料上画线、剪切、钻孔和锉修，导正销和卸料螺钉可根据图6-8和图6-9车出。由于此过程比较简单，在此不详细编写它们的加工工艺过程。对于其余的非主要零件，可根据装配图的明细表所标注的规格去查附表或模具手册，经购买或简单加工而得。

（1）凹模（图6-2）的加工工艺（表6-1）

表6-1　凹模零件的加工工艺

工序号	工序名称	工序内容	设备	工序简图
1	备料	锯料 ϕ80mm×17mm，留单面锻造余量4mm	锯床	ϕ80；17
2	锻造	锻成长方体106mm×86mm×23mm，留单面刨削余量3mm	锻床	106；23；86
3	热处理	退火		
4	粗刨	刨削长方体101mm×81mm×18mm，留单面磨削余量0.5mm	刨床	101；18；81

（续）

工序号	工序名称	工序内容	设备	工序简图
5	磨削平面	磨削上、下两底面和相邻两垂直侧面，保证各面相互垂直，留单面精磨余量0.3mm	磨床	
6	钳工划线和钻穿丝孔	1. 划出各孔中心线和凹模型孔轮廓线 2. 在凹模型孔中心和挡料销安装孔中心钻 $\phi3$mm 的穿丝孔		
7	配作螺孔和定位销孔	1. 将导料板、凹模和下模座找正后夹紧，钻 $4\times\phi5.2$mm 的螺孔底孔。拆开后，在导料板上攻 $4\times$M6 的螺孔，在凹模和下模座上扩 $4\times\phi6.3$mm 的螺孔，在下模座的下端扩沉孔 $\phi10.5$mm（深6.5mm） 2. 用螺钉把导料板、凹模和下模座连接紧，钻 $4\times\phi5.8$mm 底孔，然后用 $\phi6$mm 铰刀铰孔	钻床	
8	热处理	拆出凹模进行淬火-回火，使硬度达到60～64HRC		
9	磨削	磨削上、下底面	平面磨床	
10	电火花线切割	数控电火花线切割加工凹模型孔和挡料销固定孔，其中凹模型孔留单面研磨余量0.02mm	电火花线切割机床	
11	腐蚀凹模漏料孔	先用石蜡把凹模型孔直壁和螺孔、销孔封闭住，然后翻面放入腐蚀液，腐蚀扩大漏料孔，使孔单面扩大1mm		
12	研磨	研磨落料凹模刃口达规定尺寸，研磨冲孔凹模刃口，保证其与冲孔凸模的双边配合间隙为0.132mm		

（2）落料凸模（图6-3）的加工工艺（表6-2）

表6-2　落料凸模的加工工艺

工序号	工序名称	工序内容	设备	工序简图
1	备料	锯削棒料 ϕ60mm×33mm，留单面锻造余量3mm。凸模周边留单面切割余量3mm，长度方向留20mm为切割时的夹持长度	锯床	φ60 33
2	锻造	锻成长方体61mm×27mm×53mm，留单面刨削余量2.5mm，留线切割周围单边余量3mm	锻床	61 27 53
3	热处理	退火		
4	粗刨	刨削长方体至57mm×23mm×49mm，留单面磨削余量0.5mm	刨床	57 23 49
5	磨削	磨削上、下端面和两相邻垂直侧面，保证它们相互垂直	平面磨床	

（续）

工序号	工序名称	工序内容	设备	工序简图
6	划线和钻孔	1. 划出夹持长度20mm和凸模轮廓线，周边留3mm的切割余量 2. 划出导正钉安装孔的中心线，然后钻2×ϕ4mm穿丝孔，并在上端扩2×ϕ8.5mm的凸肩孔	钻床	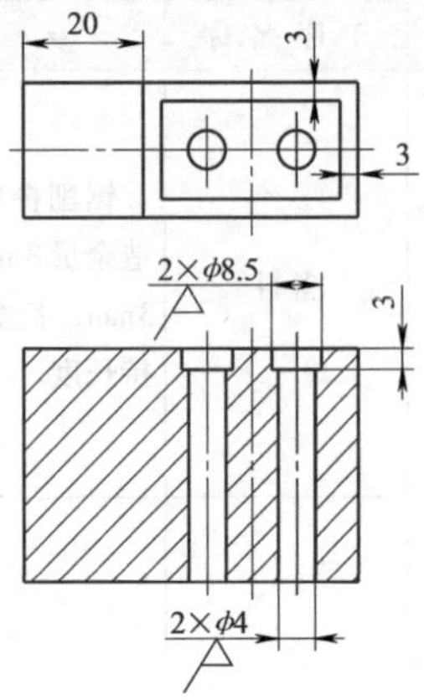 20 3 3 2×ϕ8.5 3 2×ϕ4
7	热处理	淬火—回火，硬度达58～62HRC		
8	磨削	磨削两端面	平面磨床	
9	电火花线切割	数控电火花线切割凸模外形和导正钉安装孔，留单面研磨余量0.02mm	电火花线切割机床	
10	钳工、研磨	1. 在粘结处磨出1～2mm深的任意沟槽 2. 研磨凸模刃口与落料凹模型孔，双边配合间隙为0.132mm 3. 研磨导正钉安装孔，与导正钉配合为M7/h6		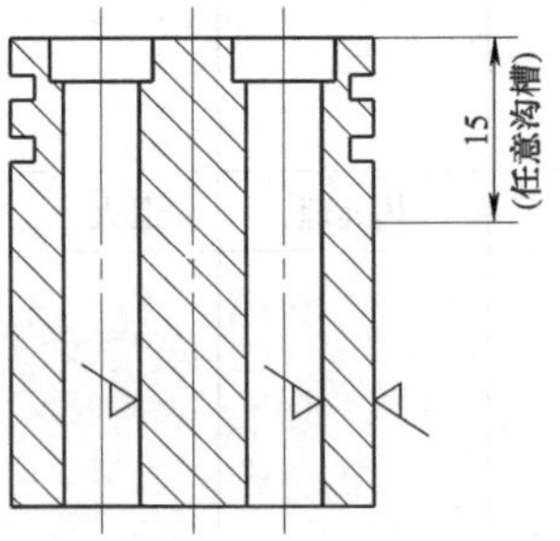 15 (任意沟槽)

（3）冲孔凸模（图6-4）的加工工艺（表6-3）

表6-3　冲孔凸模的加工工艺

工序号	工序名称	工序内容	设备	工序简图
1	下料	锯棒料ϕ12mm×54mm，长度方向和径向都留单面车削余量3mm	锯床	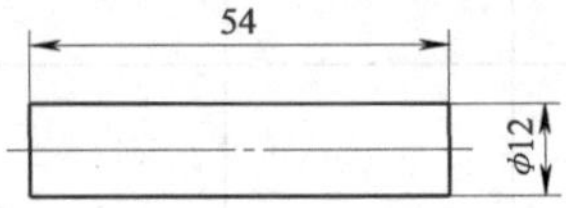 54 ϕ12
2	车削	1. 夹持一端，车平另一端面；车削外圆为ϕ6.64mm，并在粘结处车削约2mm×2mm的环形槽 2. 掉头夹紧另一端，车削外圆ϕ6.64mm，留单面磨削余量0.15mm；车削端面使总长为48.5mm，留单面磨削余量0.25mm	车床	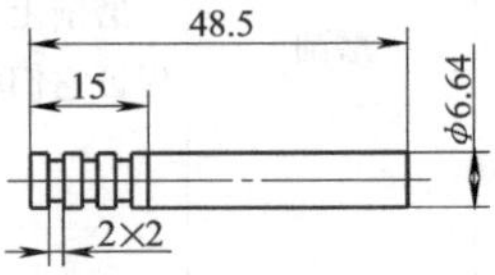 48.5 15 ϕ6.64 2×2

（续）

工序号	工序名称	工序内容	设　备	工序简图
3	热处理	淬火-回火，使硬度达58～62HRC		
4	磨削外圆	夹紧粘结部分，磨削外圆达尺寸$\phi 6.34_{-0.01}^{0}$mm	平面磨床	39 $\phi 6.34_{-0.01}^{0}$

（4）卸料板（图6-5）的加工工艺（表6-4）

表6-4　卸料板的加工工艺

工序号	工序名称	工序内容	设　备	工序简图
1	下料	锯棒料ϕ80mm×43mm，留单面锻造余量4mm	锯床	ϕ80 43
2	锻造	锻造长方体至106mm×86mm×21mm，留单面刨削余量3mm	锻床	106 21 86
3	热处理	退火		
4	粗刨	刨削长方体至101mm×81mm×16mm，留单面磨削余量0.5mm	刨床	101 16 81

（续）

工序号	工序名称	工序内容	设备	工序简图
5	磨削平面	磨削上、下底面和相邻两垂直侧面，保证各面相互垂直	平面磨床	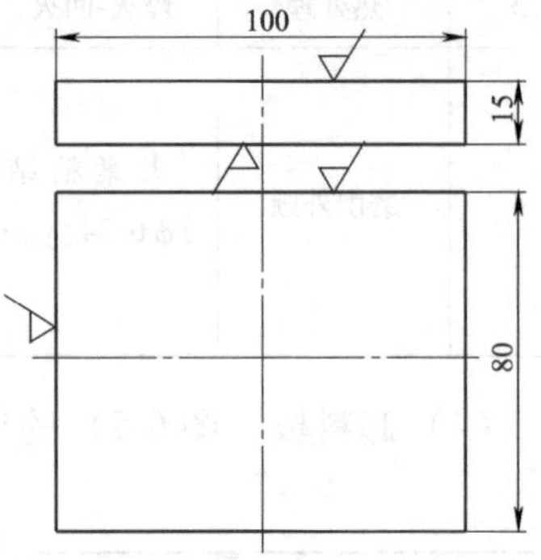100 15 80
6	钳工划线	划出各孔的中心线和凸台轮廓线，然后划出方孔轮廓线		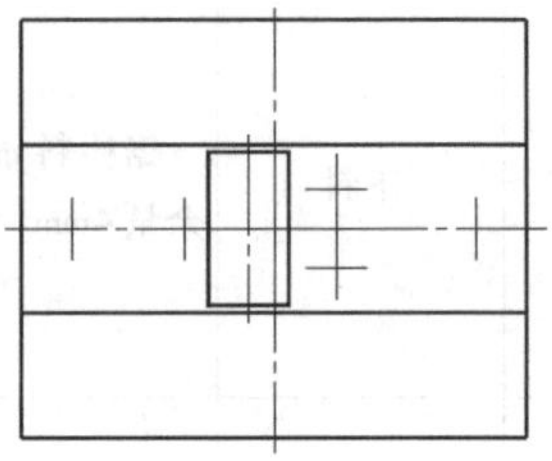
7	钻孔和铣削	1. 钻 ϕ7mm 孔和 2 × ϕ6.34mm 孔 2. 粗铣方形型孔，留单面锉修余量 0.5mm 3. 铣削凸台	立式铣床	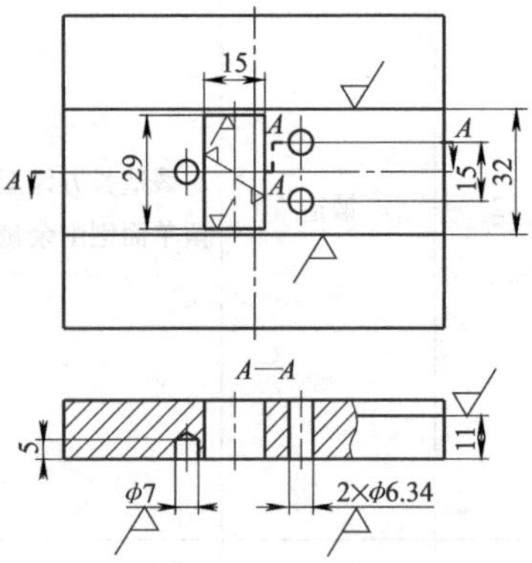15 29 A A 15 32 A—A 5 11 φ7 2×φ6.34
8	钳工锉修	锉修方形型孔，使型孔与落料凸模的双边配合间隙为 0.15 ~ 0.25mm		

（5）凸模固定板（图 6-7）的加工工艺（表 6-5）

表 6-5　凸模固定板的加工工艺

工序号	工序名称	工序内容	设备	工序简图
1	下料	锯削棒料 ϕ80mm × 43mm，留单面锻造余量 4mm	锯床	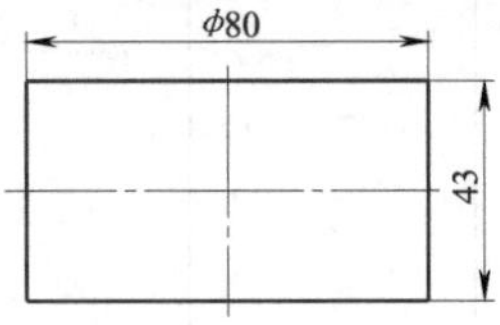φ80 43

6 PROJECT

（续）

工序号	工序名称	工序内容	设备	工序简图
2	锻造	锻造长方体至106mm×86mm×21mm，留单面刨削余量3mm	锻床	
3	热处理	退火		
4	粗刨	刨削长方体至101mm×81mm×16mm，留单面磨削余量0.5mm	刨床	
5	磨削平面	磨削上、下底面和相邻两垂直侧面，达到各面垂直度要求	平面磨床	
6	钳工划线	划出销孔和螺孔的中心线，然后划出凸模固定孔中心线和落料凸模固定孔的轮廓线		

（续）

工序号	工序名称	工序内容	设备	工序简图
7	钻孔和铣削方形孔	钻两冲孔凸模固定孔 ϕ8mm，铣削落料凸模固定孔 32mm×18mm，并在孔壁上加工深 1～2mm 的任意沟槽	立铣床	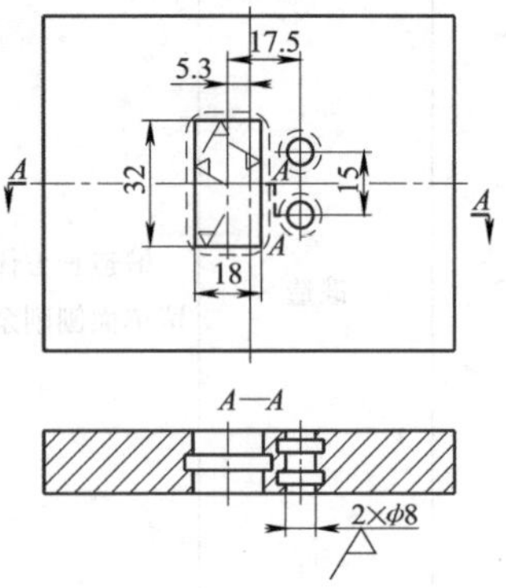17.5 5.3 32 15 18 A A A—A 2×ϕ8

（6）导料板零件（图6-6）加工工艺（表6-6）

表 6-6　导料板的加工工艺

工序号	工序名称	工序内容	设备	工序简图
1	下料	锯削两个棒料 ϕ30mm×85mm，留单面锻造余量 4mm	锯床	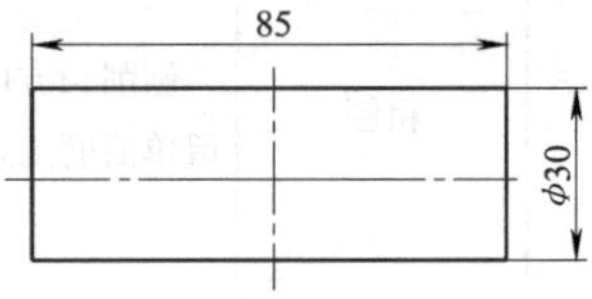85 ϕ30
2	锻造	锻造两个长方体至 106mm×29mm×16mm，留单面刨削余量 3mm	锻床	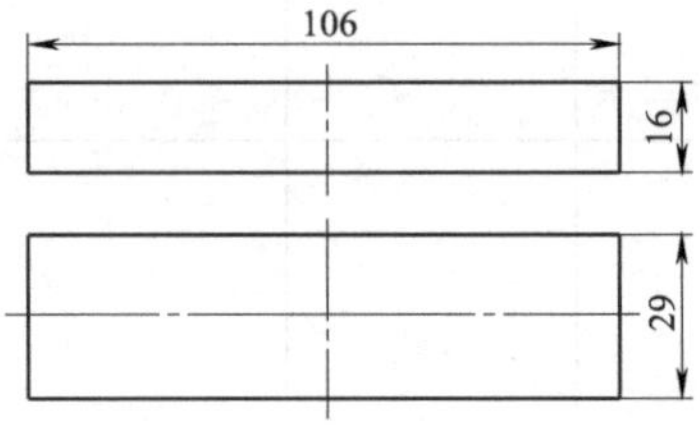106 16 29
3	热处理	退火		
4	粗刨	刨削两个长方体至 101mm×24mm×11mm，留单面磨削余量 0.5mm	刨床	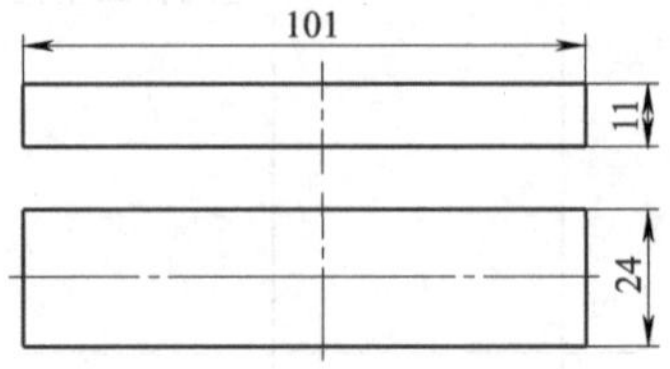101 11 24
5	磨削平面	磨削两导料板上、下底面和侧面达尺寸要求	平面磨床	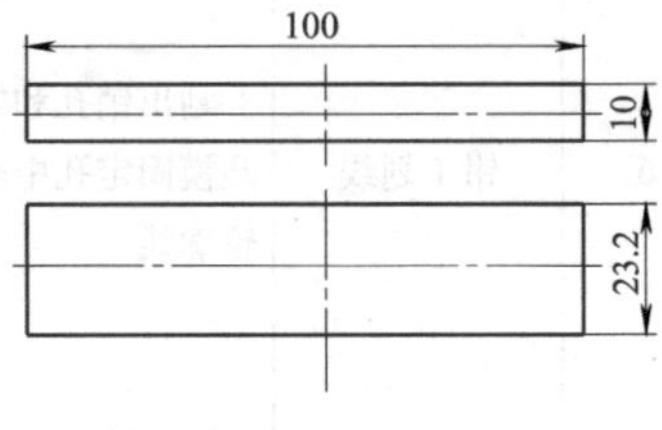100 10 23.2

6 PROJECT

（续）

工序号	工序名称	工序内容	设　备	工序简图
6	钳工划线	1. 划出两导料板螺孔和销孔中心线 2. 划出两导料板倒角轮廓线 3. 在前导料板上划出始用挡料销活动槽的轮廓线，并钻-攻 M6 限位螺钉的螺孔		M6
7	刨削	1. 刨削加工两导料板的倒角 2. 在前导料板上刨削加工始用挡料销的活动槽	刨床	2.7　20H7　3H7　8　30°　30°　8　C2

2. 冲孔-落料连续模的装配

（1）凸模与凸模固定板的粘结

1）用丙酮或汽油清洗凸模 1、20 和凸模固定板 9 固定孔的粘结部分。

2）按图 6-13 所示，把垫板 10、凸模固定板 9、凹模 3 依次倒放，在凹模和凸模固定板之间放置等高垫块，将各凸模分别插入两凸模固定板型孔内，使各凸模插入凹模型孔深 3～5mm。然后凹模型孔和凸模之间放置垫片，使各凸模与凹模型孔周边间隙均匀，最后用平行夹具把凹模、垫块、凸模固定板一起夹紧。

3）向凸模和固定孔之间浇注已配制好的环氧树脂粘结液，待 24h 固化后拆出并清除多余环氧树脂。

4）在落料凸模 1 的两孔中压入两导正销 5，然后把凸模和导正销的上端面与凸模固定板上平面一起磨平。

（2）下模座漏料孔的加工（加工凹模时已将下模连接螺钉和销孔加工好）

1）用螺钉把下模座 2、凹模 3 和导料板 17 连接紧，然后按各凹模型孔在下模座上划出相应的漏料孔轮廓。

2）拆开后，在下模座钻或铣出漏料孔，使漏料孔比相应的型孔单边大 1～2mm。

（3）上模的装配

1）把凹模 3 放置在下模座 2 上，找正后打入定位销，用螺钉和螺母把凹模压紧在下模座上，如图 6-14 所示。

2）把凸模固定板 9 上的凸模分别插入凹模型腔内，在凸模固定板和凹模之间放置等高垫块，使凸模插入凹模 2～4mm 深。通过导柱—导套导向，在凸模固定板上放置垫板 10 和上模座 11，找正后用平行夹具把凸模固定板、垫板和上模座一起夹紧，如图 6-14 所示。

3）把夹紧的上模取出并翻转过来，按在凸模固定板上划出的螺孔中心位置，在上模三板上一起配钻 4×M6mm 螺孔的底孔 ϕ5.2mm。

4）按垫板外轮廓，在上模座的下底面上划出模板的外形，以备找出模柄孔的位置。

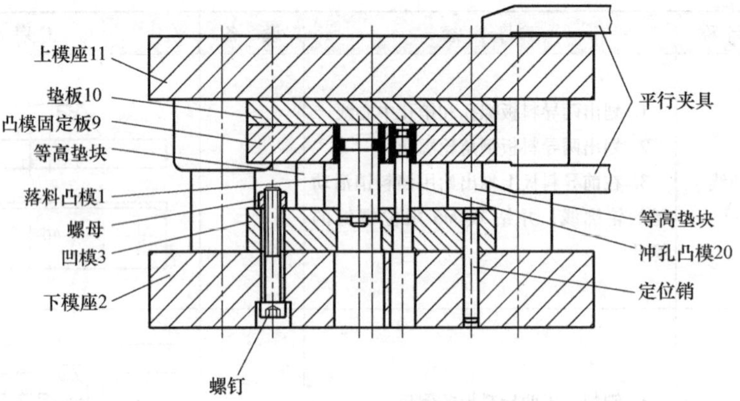

图 6-14　配钻上模的螺孔底孔

5）拆开后，在凸模固定板上攻 4×M6mm 螺孔，在垫板和上模座上扩 4×ϕ6.3mm 螺纹通孔，再在上模座上端扩沉头孔 4×ϕ10.5mm（深 6.5mm）。

6）按上模座划出的模板外轮廓线找出模柄中心孔位置，加工 ϕ32mm 的孔，并保证其与模柄的配合为 M7/h6。接着加工凸肩孔，把模柄压入上模座孔内后，一起磨平下底面。

7）在前面已装的下模上面放置等高垫块，将凸模固定板上的凸模分别插入凹模型孔，深 2～4mm，在上模放置垫板和上模座后，用螺钉将上模三板稍连接紧。然后在下模座漏料孔处放置灯泡，如图 6-15 所示，从上面观察凸模与凹模型孔周边间隙，通过用锤子轻敲击凸模固定板来调整凸模和凹模周边间隙。周边间隙均匀后，拧紧连接螺钉，取走等高垫板，在凹模上面放置纸片，用锤子敲击上模，冲裁出纸制件，根据所冲出制件的毛刺情况来判断周边间隙是否均匀。如周边间隙不均匀，应稍松连接螺钉，重新调整间隙；如周边间隙均匀，则可在上模三板上一起钻-铰 4×ϕ6mm 的定位销孔，然后压入定位销。

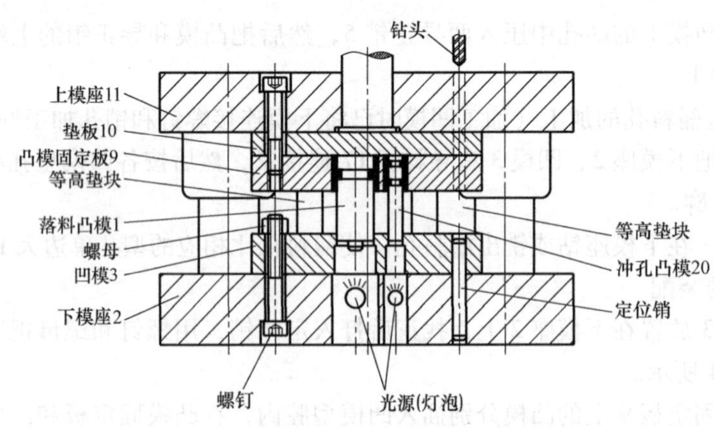

图 6-15　利用透光法调整凸模和凹模的周边间隙

（4）卸料板的装配　把卸料板 6 套入已装配的上模凸模，并调整卸料板，使其与凸模的周边间隙均匀，如图 6-16 所示。然后用夹具把卸料板和上模夹紧，在 4 个板上配钻卸料螺纹孔的底孔 2×ϕ5.2mm。

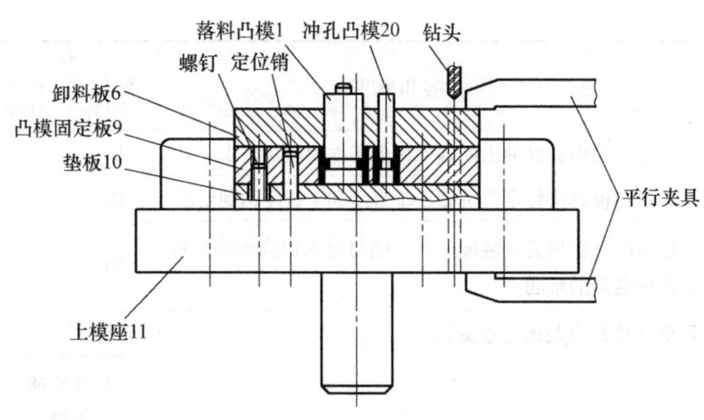

图 6-16　卸料板的装配

拆开后，在卸料板上攻 2×M6 螺纹孔，在垫板 10 和凸模固定板 9 上扩 2×ϕ8.5mm 通螺纹孔，在上模座上面扩沉孔 2×ϕ12.5mm。

用卸料螺钉 7 把卸料板 6 和橡胶 8 安装在上模上，上模即装配完成。

（5）导料板和下模的装配　拆开装配时用于压紧凹模和下模座的螺母和螺钉，在凹模中压入固定挡料销 4。把限位螺钉 21 和始用挡料销 22 装入前导料板中，然后用螺钉和定位销连接下模、导料板、凹模和下模座，下模即装配完成。

（6）试冲　把已装配好的连续模安装在压力机上。剪出厚度为 1.5mm，宽 33.6mm 的 10 钢条料，把条料放在下模上，利用两导料板导向，先用手按压始用挡料销，使其伸出并对条料进行定位，然后用手扳动压力机飞轮，使压力机滑块带着上模进行第一次冲裁。第一次冲裁在条料上冲出两个孔，然后放开始用挡料销，使其缩回导料板内，接着把条料前端推到顶着固定挡料销的位置上定位后，再进行第二次冲裁。在第二次冲出的制件上，即可检查出该制件是否达到图 6-1 所示的制件精度要求。

三、任务评价

完成制造任务后，按表 6-7 对学习成果进行评价，总评成绩可分为 5 个等级，即优、良、中、合格和不合格。

表 6-7　制造冲孔-落料连续模评价表

评价项目	评价内容和标准	配分	评价结果		
			自评	互评	教师评价
模具制造工艺方案的合理性	编制机械加工零件方案合理且结合车间实际，切实可行	20			
	制订装配工艺条理清晰，便于操作	10			
	能与他人共同研究制造方案，方案具有先进性，有创意，能按时完成编制工艺任务	10			
零件机械加工的质量和工作态度	按时、保质完成零件机械加工任务，操作机床熟练	15			
	遵守安全操作规程，能与他人交流加工方法和操作经验	10			

（续）

评价项目	评价内容和标准	配分	评价结果		
			自评	互评	教师评价
模具装配质量和工作态度	用装配的模具试冲出的制件达到图样的质量要求	15			
	装配的模具连接定位可靠，垂直度和平行度达到要求	10			
	能按时、保质完成装配任务，能与他人协商解决装配过程中遇到的难题	10			
综合评价	评语（优缺点与改进意见）：	合计			
		总评成绩（等级）			

项目七　制造U形弯曲模

任务描述

1. 制订弯曲模（图7-1）中各零件（图7-2～图7-7）的机械加工工艺路线，同时制订将这些零件装配成弯曲模的装配路线。

2. 在车间教师的指导下，操纵机床按已制订的机械加工工艺路线把这些模具零件加工出来，然后将其装配成能压制出符合图7-1工件图要求的弯曲件的弯曲模。

学习目标

1. 了解凸模和凹模的镶拼结构形式和特点。

2. 熟练掌握铣、刨、磨等各种机械加工弯曲模具零件的工艺过程和技能。

3. 掌握装配弯曲模的基本方法。

一、知识准备

1. 镶拼凹模的结构形式和特点

如图7-1所示，弯曲凹模采用的是镶拼结构。这种结构常用于解决模具零件加工困难或因热处理造成工件变形等问题。

镶拼结构一般有两种形式：一种是拼接，它是将整体凹模分割成若干块后再拼接起来，如图7-1（凹模）和图7-8a～c所示；另一种是镶嵌，它是将局部凸出或凹入部分单独制成一块制件，再将其镶嵌入凹模的基本体内，如图7-8d所示。

（1）镶拼凹模的固定方法

1）热套法。如图7-8a所示，其框套件的内孔尺寸比拼合件的外形尺寸稍小，为了能将拼合体装入套内，必须对框套加热，使其内孔胀大，然后套在拼合体上，经过冷却，框套内孔的收缩就会紧箍着拼块。这种拼合体很牢固，拼合缝小，但热套时拼块受热，将引起附加退火而降低凹模的硬度，且制造较为麻烦。

2）螺钉紧固法。图7-1中的凹模和如图7-8b所示的拼接结构属于这种形式。这种拼合不够牢固，但制造较易且装拆方便。

3）环氧树脂和低熔点合金浇注法。如图7-8c所示的拼接结构就是利用在框套和拼合体之间浇注环氧树脂或低熔点合金而使拼合块固定的。

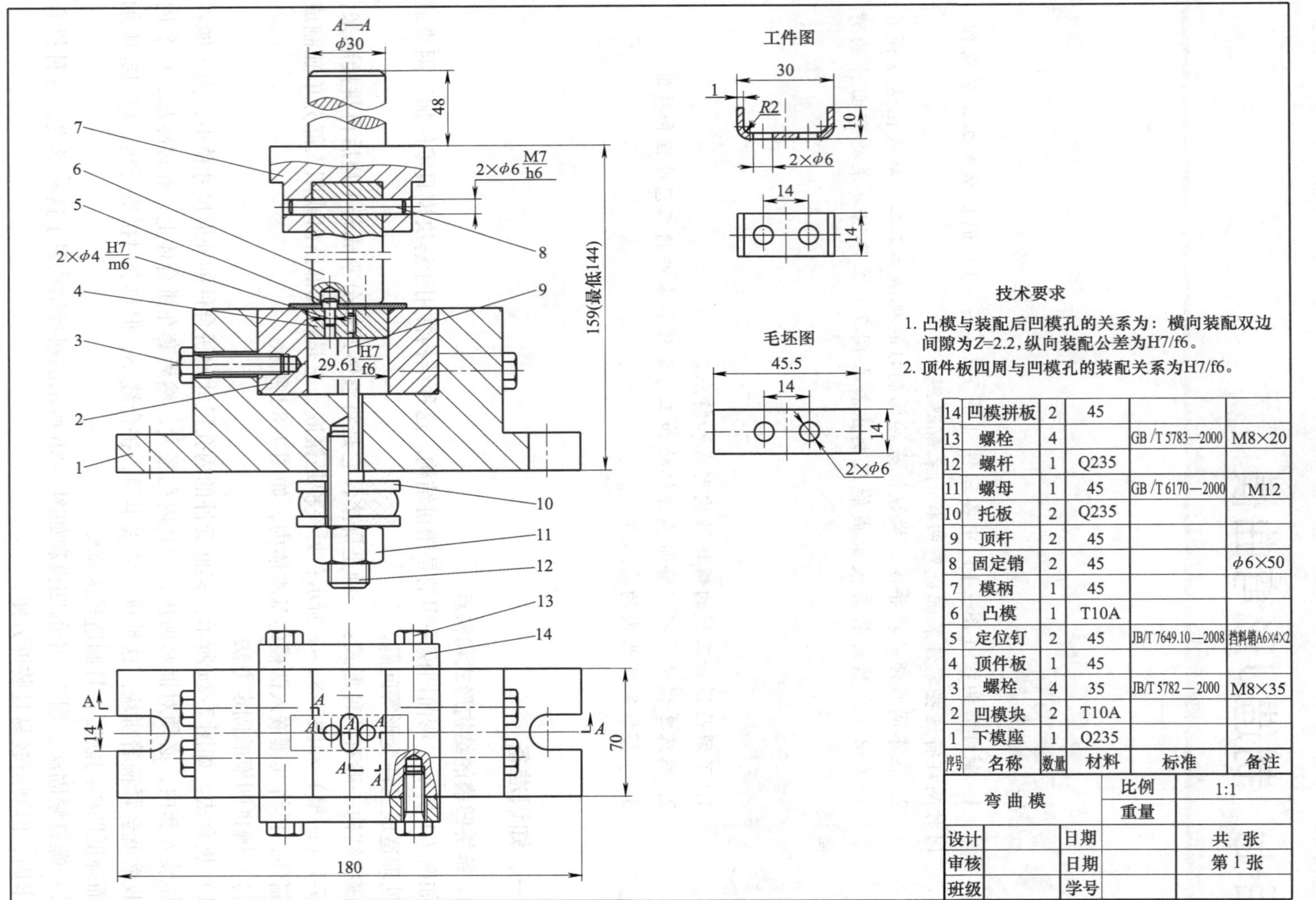

序号	名称	数量	材料	标准	备注
14	凹模拼板	2	45		
13	螺栓	4		GB/T 5783—2000	M8×20
12	螺杆	1	Q235		
11	螺母	1	45	GB/T 6170—2000	M12
10	托板	2	Q235		
9	顶杆	2	45		
8	固定销	2	45		φ6×50
7	模柄	1	45		
6	凸模	1	T10A		
5	定位钉	2	45	JB/T 7649.10—2008	挡料销A6×4×2
4	顶件板	1	45		
3	螺栓	4	35	JB/T 5782—2000	M8×35
2	凹模块	2	T10A		
1	下模座	1	Q235		

弯曲模		比例	1:1
		重量	
设计		日期	共 张
审核		日期	第 1 张
班级		学号	

图7-1　弯曲模装配图

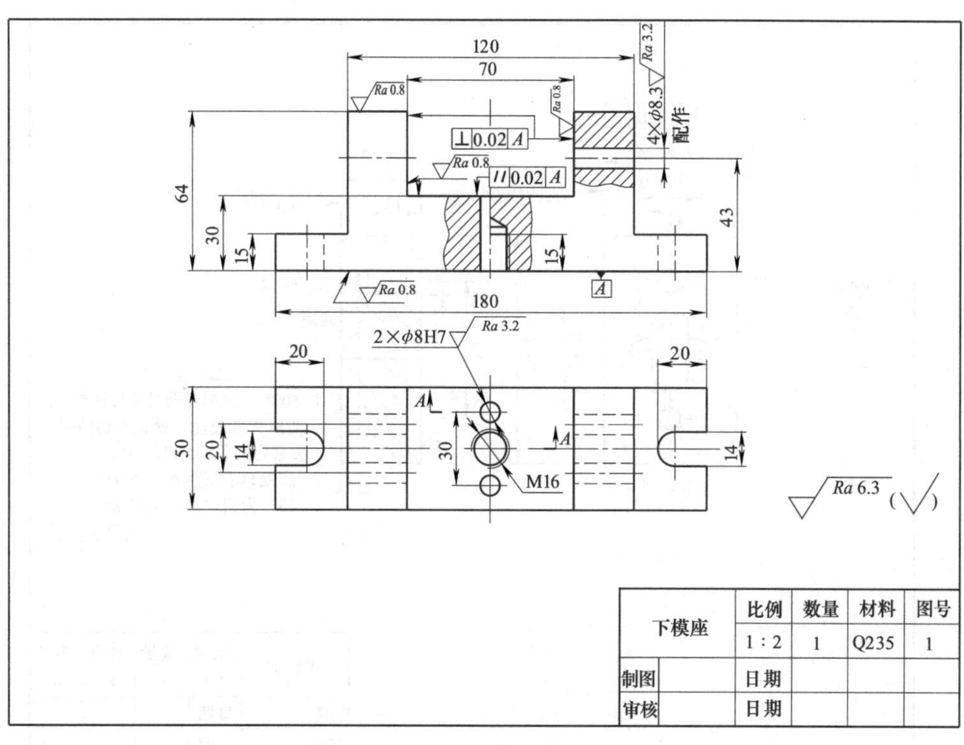

图 7-2　下模座零件图

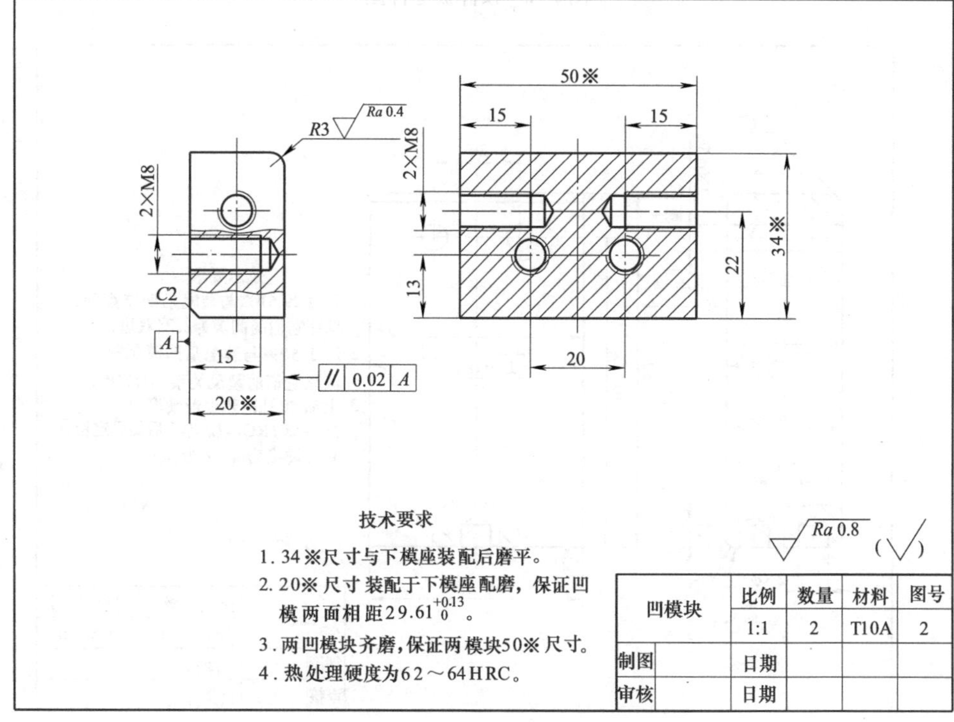

图 7-3　凹模块零件图

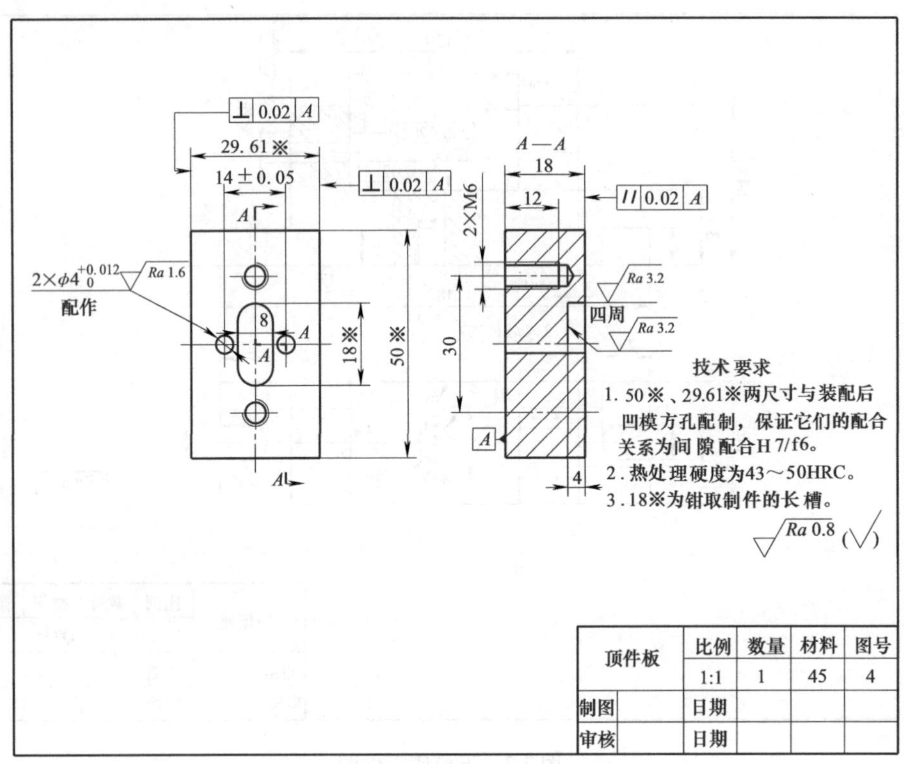

图 7-4　顶件板零件图

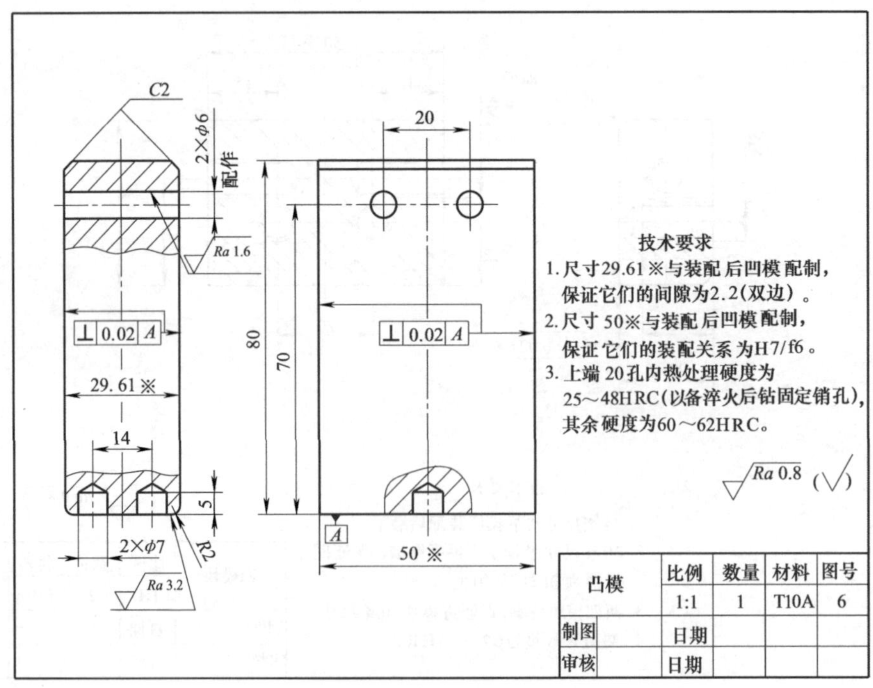

图 7-5　凸模零件图

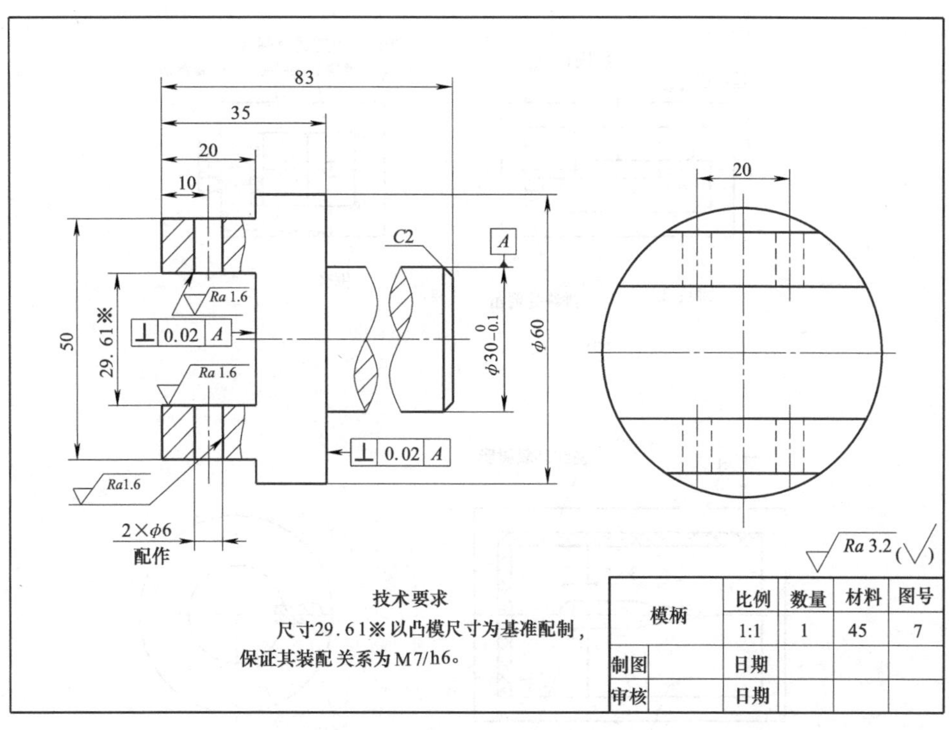

图 7-6　模柄零件图

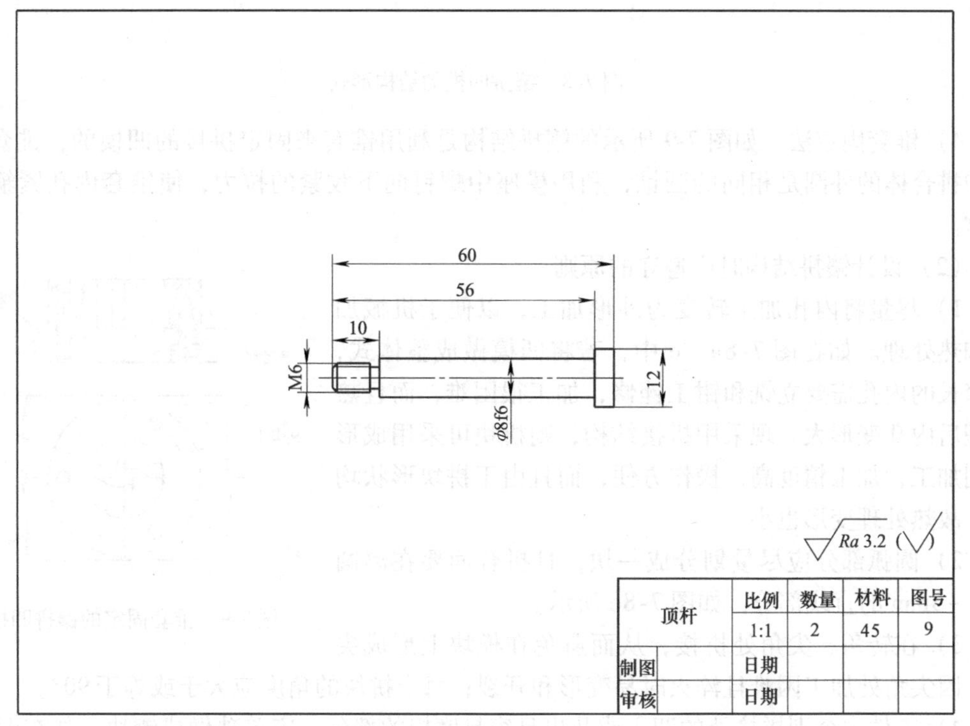

图 7-7　顶杆零件图

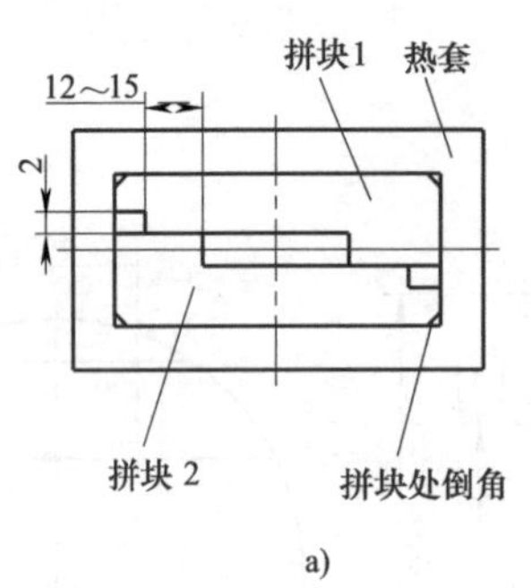

a)

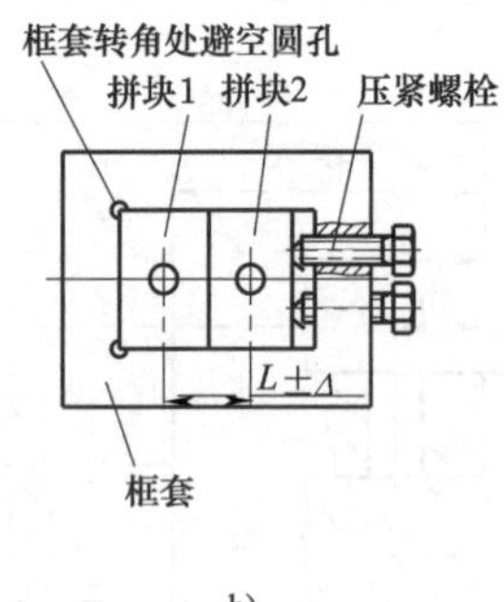

b)

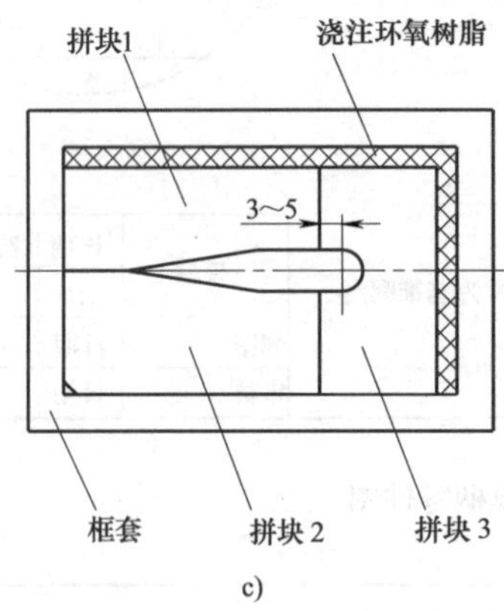

c)

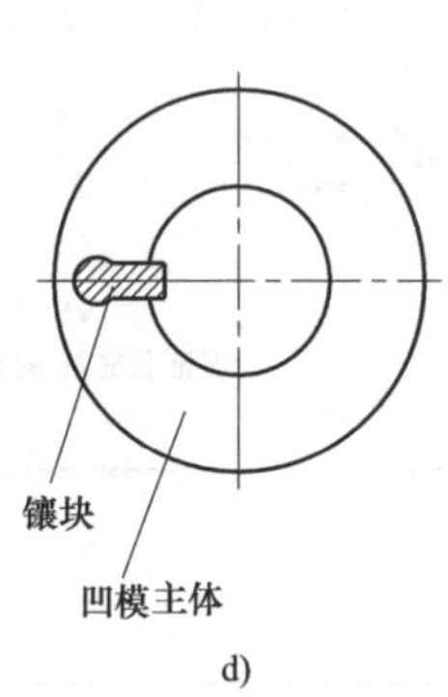

d)

图 7-8　镶拼凹模的结构形式

4）锥套固定法。如图 7-9 所示的镶拼结构是利用锥套来固定拼接的凹模的，锥套的内孔和拼合体的外圆是相同的圆锥，利用模座中螺钉向下收紧的拉力，使锥套内孔紧箍住拼合体。

（2）设计镶拼结构时应遵守的原则

1）尽量将内孔加工转变为外形加工，以便于机械加工和热处理。如在图 7-8a、c 中，若将凹模做成整体式，则窄长的内孔需要立铣和钳工锉修，加工很困难，而且热处理后内孔变形大。现采用拼接结构，则拼块可采用成形磨削加工，加工精度高，操作方便，而且由于拼块形状均匀，故热处理变形也小。

2）圆弧部分应尽量划分成一块，且拼合面要在离圆弧 3～5mm 的直线部分，如图 7-8c 所示。

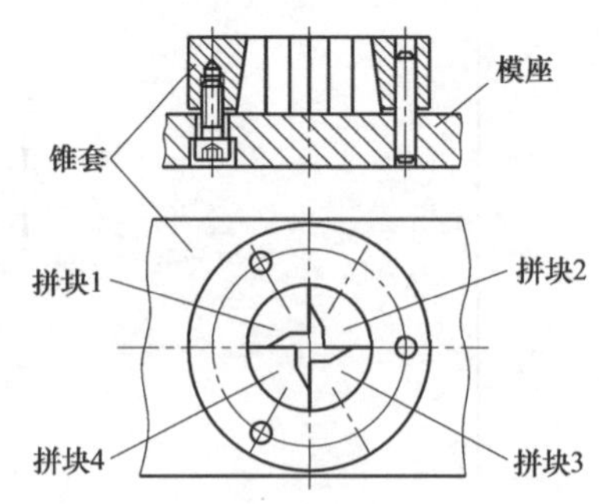

图 7-9　锥套固定的镶拼凹模

3）在转角、尖角处拼接，从而避免在模块上形成尖角，因尖角处加工困难且淬火时易变形和开裂；每个拼块的角度应大于或等于 90°。

4）工件中个别拼接处的凹入或凸出且容易磨损的部分，应单独做成镶块。如在图 7-8d 中，把伸出圆孔的凸块做成镶块，然后把它镶嵌入圆孔凹模的槽内。这样不但便于机械加

工，解决了凸块淬火易裂的难题，而且凸块在长久使用磨损后可以更换，不用将整个凹模报废。

5）应尽量沿轴线或对称中心线进行分割，以便得到形状和尺寸相同的拼块，从而可以一同进行磨削加工。例如，图 7-1 中的凹模和如图 7-8a、图 7-9 所示的拼接零件，被分割成若干块形状和尺寸相同的拼块，这样可以一起进行铣削和磨削加工。

6）尽量减少拼接接触面积，以便减少加工工作量和使拼合紧密，拼接面的合适长度为 12 ~ 15mm，如图 7-8a 所示。

7）套装时，为了避免因转角顶起而致使框套内壁面与拼块处平面不能很好地接触，常在拼块装配的转角处倒角或在框套转角处加工出圆孔，如图 7-8a 中拼块转角处的倒角和图 7-8b 中框套转角处的圆孔。

（3）镶拼凹模的结构特点

1）大型凹模分割成较小的拼块后，方便采用现有较小型设备进行零件的锻造、机械加工和热处理。

2）带有尖角或小孔的凹模分割成外形加工的拼块后，便于进行刨削、铣削和磨削加工，这样便于操作和提高工件的加工精度。而且由于拼块断面均匀，可以减少其热处理时的变形和开裂。

3）选取易损坏的凸出部分作为镶嵌块，既方便加工，减少或消除热处理时的变形，也便于维修与更换。

4）便于通过控制拼块的磨削量，达到凹模孔的高精度要求。如在图 7-8b 中，可以通过控制两接合面磨削余量或调节垫片厚度，使两孔距（$L \pm \Delta$）达到很高的精度。

5）一般镶拼凹模的体积较为庞大，零件数目较多，拼块的尺寸要求较为严格，工艺较为复杂。

2. 镶拼凹模孔尺寸精度的控制

上述镶拼结构的优点之一，是可以通过控制拼块的磨削余量来达到镶拼凹模孔的尺寸精度要求。下面以图 7-1 所示的拼合凹模为例，介绍如何控制磨削工序尺寸，才能达到镶拼凹模孔尺寸精度的要求。

该凹模孔纵向尺寸精度的要求不高，将凹模块的前、后端面一起磨平即可。而孔的横向尺寸 $29.61^{+0.13}_{0}$mm 的精度要求较高，需要通过控制磨削拼块厚度 X 来达到这一精度要求。为了更清楚地了解它们之间的关系，画出凹模横向尺寸的结构，如图 7-10 所示。

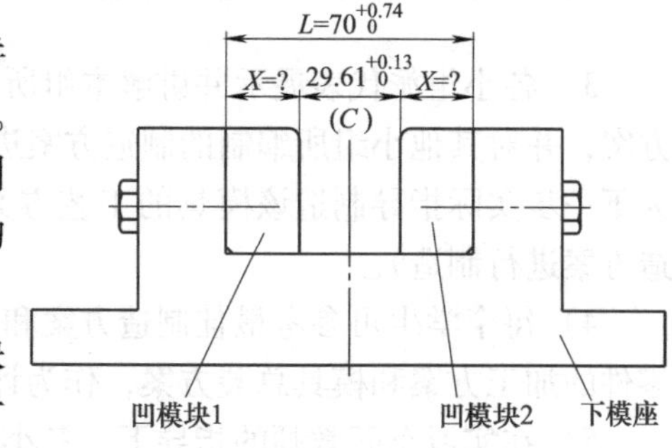

图 7-10　凹模横向尺寸的结构

下模座零件图中的 U 形口宽 $L = 70$mm，没有标注公差，按 IT14 取公差值为 0.74mm，即 $L = 70^{+0.74}_{0}$mm。假设下模座加工后的实际宽度 $L = 70.30$mm，下面根据图 7-10 计算保证装配后两凹模块的横向距离 $C = 29.61^{+0.13}_{0}$mm，磨削工序尺寸 X 的范围。

1）当工序尺寸取最大值 X_{max} 时，装配后两凹模块的距离为最小值 C_{min}，所以最大工序尺寸为

$$X_{max} = 0.5(L - C_{min}) = 0.5 \times (70.30 - 29.61)\text{mm} \approx 20.35\text{mm}$$

2）当工序尺寸取最小值 X_{min} 时，装配后两凹模块的距离为最大值 C_{max}，所以最小工序尺寸为

$$X_{min} = 0.5(L - C_{max}) = 0.5 \times (70.30 - 29.74)\text{mm} = 20.28\text{mm}$$

所以磨削凹模时，只要控制磨削工序尺寸 X 在 20.28～20.35mm 的范围中，即可以保证装配后两凹模的距离 $C = 29.61^{+0.13}_{0}$ mm。

二、计划与实施

1）全班分为若干个制造小组，每小组3～5人，由组长负责。

2）教师布置完如图7-1所示弯曲模的制造任务后，各小组分别对该模具的结构特点和其主要零件的功能、装配关系和技术要求进行分析，结合实习车间的设备条件，讨论并制订各零件的加工工艺方案和模具总装的工艺方案。

小组议一议

1. 对于本任务中标注外形尺寸的U形弯曲件，在制造弯曲模时应该先加工凸模还是凹模？为什么？

2. 图7-1中弯曲凹模孔在哪个方向上的尺寸精度要求较高？如采用本设计拼合模，则加工时应采用什么方法来保证其精度要求？

3. 本设计的凹模拼块能否都采用螺栓连接固定？为什么？

提示：分析横向两凹模块如仅用螺栓连接固定，两凹模块能否承受弯曲时横向挤压力而不发生位移？

3）各小组派代表展示并讲解本组所编制的该模具主要零件的加工方案和模具总装工艺方案，并对其他小组所编制的制造方案进行评议，最后在教师指导下评出一个最佳方案，作为下一步实际指导制造该模具的工艺方案（只要加工方案合理，允许各小组根据不同的制造方案进行制造）。

4）每个学生可参考最佳制造方案和下面提供的制造方案，独立编制详细的该模具主要零件的加工方案和模具总装方案，作为评定个人成绩的依据之一。

5）在实习车间教师的指导下，各小组按制订的制造方案，操纵机床，把模具的主要零件加工出来，然后把加工出来的零件和购置的零件装配成合格的模具。

下面是图7-1所示弯曲模的制造工艺方案之一，仅供参考。

1. 加工模具主要零件

各主要模具零件的加工工艺见表7-1～表7-6，工序简图中“$\bigtriangledown$”所指的面为本工序的加工面，加工余量见附表4。对于其他非主要模具零件，可根据装配图中明细表所标注的规格去查附表或模具手册，经购买或简单加工而得。

（1）下模座（图7-2）的加工工艺（表7-1）

表 7-1　下模座的加工工艺

工序号	工序名称	工序内容	设　备	工序简图
1	备料	棒料 $\phi80mm \times 87mm$，留单面锻造余量4mm	锯床	87; $\phi80$
2	锻造	锻成长方体毛坯，留单面刨削余量3mm	锻锤	126; 64; 70; 37; 21; 186; 56
3	热处理	退火		
4	刨削平面	刨削各面，磨削处留单面磨削余量0.5mm，保证零件图中要求的平行度和垂直度	刨床	120; 70; ⊥ 0.02 A; // 0.02 A; 65; 30.5; 15; A; 180; 51
5	钳工划线	划出安装槽、各孔位置线		
6	铣削	铣削两安装槽 14mm × 20mm		20; 14

（2）凹模块（图 7-3）的加工工艺（表 7-2）

表 7-2　凹模块的加工工艺

工序号	工序名称	工序内容	设　备	工序简图
1	下料	锯两件棒料，尺寸为 $\phi48mm \times 56mm$，留单边铣削余量为3mm	锯床	56; $\phi48$

（续）

工序号	工序名称	工序内容	设备	工序简图
2	铣削长方体	1. 铣削两长方体，尺寸为 20.8mm×34.8mm×50.8mm，留单边磨削余量 0.4mm 2. 铣削 $R3$mm 圆角（用半径样板检测），倒角 $C2$	铣床	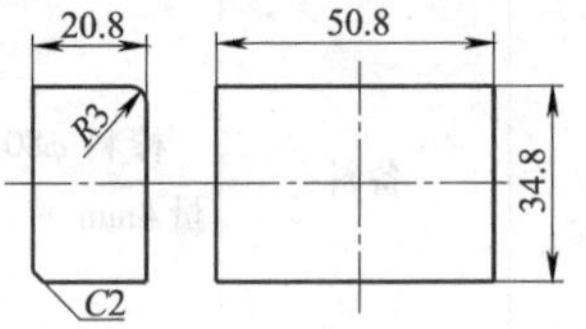 20.8 50.8 R3 34.8 C2
3	加工两凹模块与下模座连接螺孔	1. 加工左凹模块与下模座的连接螺孔 （1）使左凹模块的底面和侧面分别与下模座两面紧贴，找正后夹紧 （2）用 ϕ6.8mm 钻头在下模座左侧面和左凹模块上钻两个螺纹孔的底孔 （3）拆开，在下模座上扩 ϕ8.5mm 通螺孔，在左凹模块上攻 M8 螺孔 2. 用上面的方法加工出右凹模块与下模座的连接螺孔 3. 分别在凹模块和下模座的对应位置处打上字码，以便以后装配时分辨左右模块	钻床	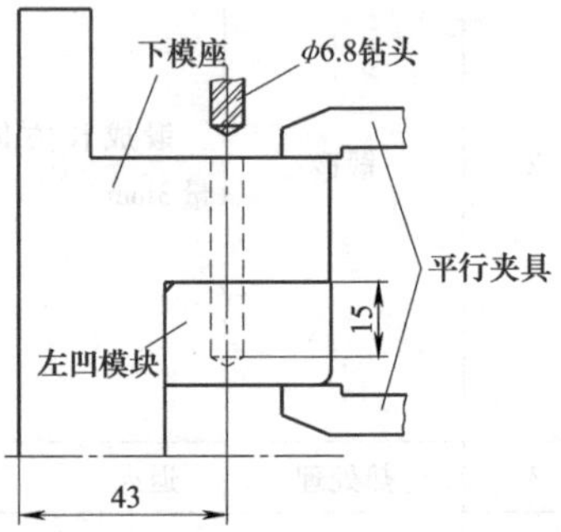 下模座 ϕ6.8钻头 平行夹具 15 左凹模块 43
4	加工凹模块与凹模拼板连接螺孔	1. 用螺栓将两凹模块稍紧连接在下模座内，对齐调正后拧紧螺栓 2. 在凹模两端分别放置前、后凹模拼板并调正后，用平行夹具将两拼板压紧在两凹模两端 3. 在拼板和凹模块上一起钻 ϕ6.8mm 的螺纹孔底孔 4. 拆开后，在两拼板上扩 4×ϕ8.5mm 通孔，在凹模块上攻 4×M8 螺纹孔	钻床	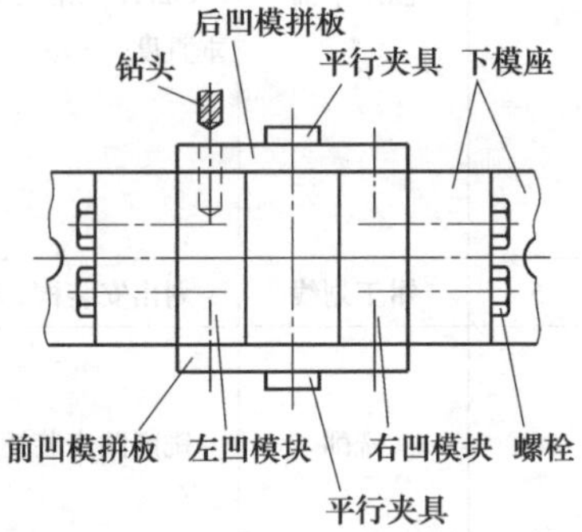 后凹模拼板 钻头 平行夹具 下模座 前凹模拼板 左凹模块 右凹模块 螺栓 平行夹具
5	热处理	淬火-回火，硬度达 62～64HRC		
6	精修圆角	研磨精修 $R3$mm 圆角（用样板检测），并抛光达表面粗糙度要求 Ra0.4μm		
7	磨削凹模块	1. 两凹模块一起磨削下底面 2. 两凹模块一起磨削左、右两侧，保证底面与侧面垂直，且将两凹模块放置在下模座中时，其两侧面的距离为 $29.61^{+0.13}_{0}$mm	平面磨床	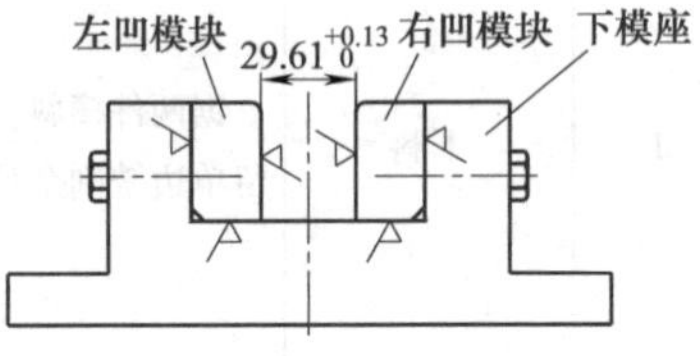 左凹模块 $29.61^{+0.13}_{0}$ 右凹模块 下模座

（续）

工序号	工序名称	工序内容	设备	工序简图
8	磨削凹模块和下模座的上、下平面及前、后侧面	1. 用螺栓将两凹模块稍紧连接在下模座上，调正后拧紧螺栓 2. 一起磨平已装好的凹模块和下模座的上、下平面及前、后侧面，至尺寸64mm和50mm	平面磨床	64 50
9	安装凹模拼板	用螺栓将两凹模拼块安装在下模座上，弯曲凹模孔29.61mm×50mm形成		

（3）顶件板（图7-4）的加工工艺（表7-3）

表7-3 顶件板的加工工艺

工序号	工序名称	工序内容	设备	工序简图
1	下料	棒料，尺寸为ϕ43mm×56mm，留单面铣削余量3mm	锯床	56 ϕ43
2	铣削六面	铣削六面体，尺寸为50.8mm×30.8mm×18.8mm，留单边磨削余量0.4mm	铣床	30.8 18.8 50.8
3	钳工划线	划出定位销孔的中心位置和钳取制件槽线		

（续）

工序号	工序名称	工序内容	设备	工序简图
4	铣槽和钻孔	1. 铣削钳取制件槽达尺寸 18mm × 8mm × 4mm 2. 钻、铰孔 2 × ϕ4mm	铣床、钻床	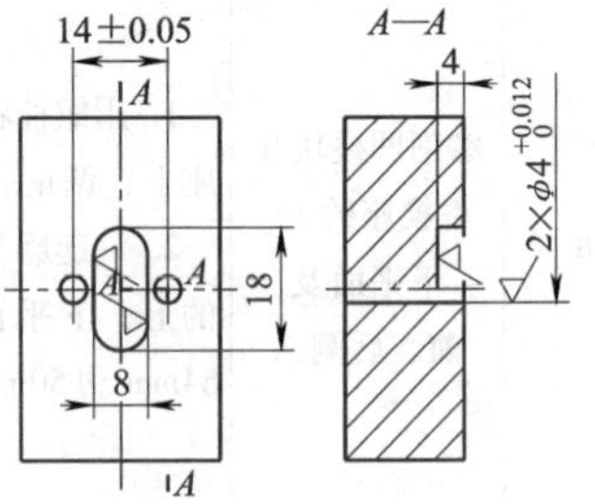
5	热处理	淬火，硬度达 43 ~ 50HRC		
6	磨削	1. 先磨削两底面，达尺寸 18mm 2. 以装配好的凹模孔为基准配磨侧面 29.61mm 和 50mm，保证它们的装配关系为 H7/f6	磨床	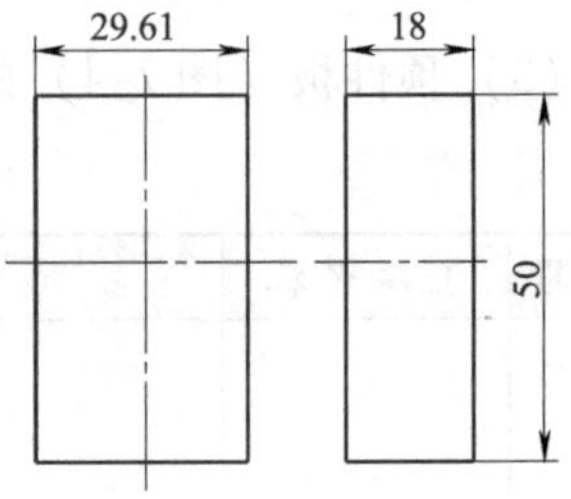

（4）凸模（图 7-5）的加工工艺（表 7-4）

表 7-4 凸模的加工工艺

工序号	工序名称	工序内容	设备	工序简图
1	下料	棒料 ϕ65mm × 86mm，留单面铣削余量 3mm	锯床	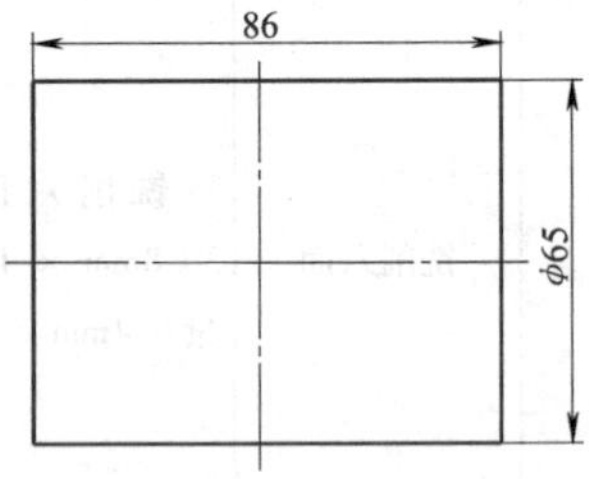
2	铣削长方体	铣削六面，至尺寸 28.8mm × 50.8mm × 80.8mm，留单面磨削余量 0.4mm	铣床	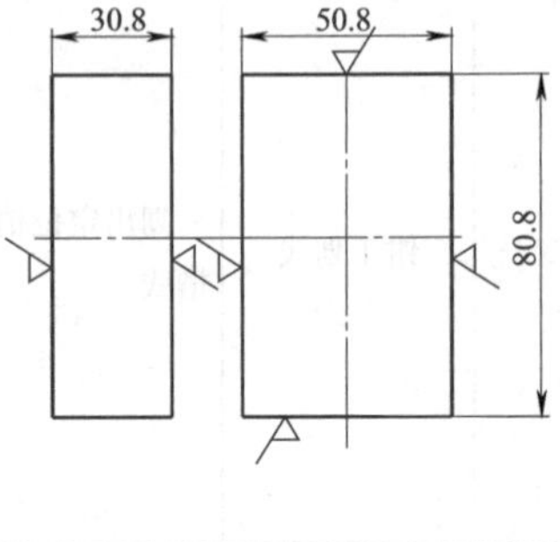

（续）

工序号	工序名称	工序内容	设备	工序简图
3	钳工钻孔和倒角	1. 划线，钻 $2\times\phi7$mm×5mm 孔 2. 精锉 R2mm 圆弧（用样板检查） 3. 倒角 C2	钻床	C2 5 2×φ7 14 R2
4	热处理	淬火、回火，使上端 20mm 孔内硬度为 25～48HRC，其余硬度为 60～62HRC		
5	磨削平面	磨削六面，其中 29.61mm×50mm 是以凹模孔为基准配制的，尺寸 29.61mm 与凹模孔配合的双边间隙为 2.2mm，尺寸 50mm 与凹模孔的配合关系为 H7/f6	磨床	29.61 50 80
6	钳工精修圆角	研磨精修 R2mm 圆角（用样板检测），并抛光达表面粗糙度要求 Ra0.4μm		

（5）模柄（图 7-6）的加工工艺（表 7-5）

表 7-5 模柄的加工工艺

工序号	工序名称	工序内容	设备	工序简图
1	下料	棒料 ϕ66mm×89mm，留单边车削余量 3mm	锯床	89 φ66
2	车削外圆和端面	1. 装夹一端，车削端面和 ϕ60mm×35mm 2. 掉头装夹另一端，车削端面和 ϕ30mm×48mm，倒角 C2	卧式车床	83 35 φ60 $\phi30^{\ 0}_{-0.1}$ C2

（续）

工序号	工序名称	工序内容	设备	工序简图
3	铣削槽和平面	1. 铣槽 29.61mm，保证槽与凸模的装配关系为 M7/h6 2. 铣削两平面，相距 50mm	铣床	20 50 29.61

（6）顶杆（图 7-7）的加工工艺（表 7-6）

表 7-6　顶杆的加工工艺

工序号	工序名称	工序内容	设备	工序简图
1	下料	锯棒料 ϕ18mm × 68mm，径向留单边车削余量 3mm，长度方向留单边车削余量 4mm	锯床	68 ϕ18
2	车削外圆及套螺纹	1. 装夹一头，分别车削两端面及钻中心孔 2. 中心孔定位夹紧，车削外圆、退刀槽及凸肩 3. 夹持 ϕ8mm，用板牙套 M6 螺纹	卧式车床	60 56 10 M6 ϕ12 ϕ8f6

2. 装配弯曲模

（1）装配上模　把凸模上端插入模柄的固定槽内并找正，然后用平行夹具夹紧，如图 7-11 所示；钻、铰 2 × ϕ6mm 定位销孔，然后打入两定位销，上模即装配完成。

（2）装配下模

1）把顶件板放进已装配在下模座上的凹模孔内，用平行夹具通过垫块将其压紧在下模座平面上，并把它们倒放，如图 7-12 所示。在下模座底面上找出两顶杆孔的中心位置，然后按这两个位置在下模座和顶件板上钻 2 × ϕ5.3mm 的螺孔底孔。

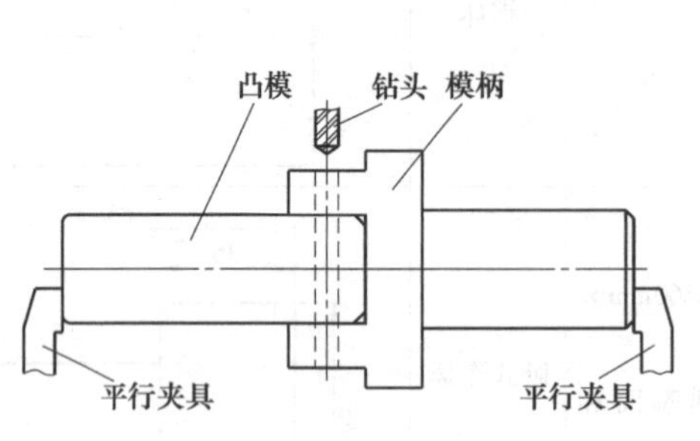

图 7-11　上模的装配

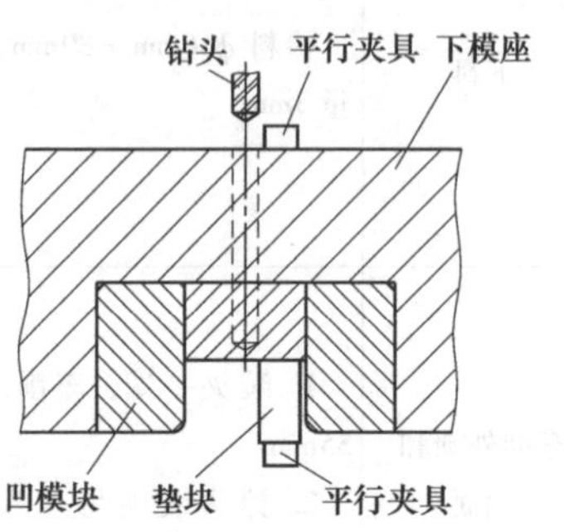

图 7-12　在下模座、顶件板上配钻顶杆螺孔底孔

7 PROJECT

2）拆开后，在顶件板上攻 2 × M6 的螺孔，在下模座上扩 2 × 8.3mm 的孔，再在下模座下底面中心处钻、攻 M12mm 的螺孔。

3）把顶件板放进下模的凹模孔内，从下模座底部将两顶杆旋入顶件板的两螺孔内，在下模座底部装上弹性顶件装置，在顶件板上面两孔内压入两定位销。至此，弯曲模装配完成。

3. 试模并确定毛坯展开长度 L_0

用剪刀剪出如图 7-1 右上所示的毛坯，其中长度 L_0 取前面计算得出的 45.5mm，然后用已装在压力机上的弯曲模对毛坯进行压弯。取出弯曲件对照图 7-1 右上角所示制件，检查两边的长度是否达到要求，如未达到要求，则应改变毛坯长度 L_0，重新制作毛坯进行试压弯，直到弯曲件的尺寸达图样要求后，才可确定毛坯展开长度 L_0。

三、任务评价

完成制造和安装任务后，按表 7-7 对学习成果进行评价，总评成绩可分为 5 个等级，即优、良、中、及格和不及格。

表 7-7　制造 U 形件弯曲模评价表

<table>
<tr><th rowspan="2">评价项目</th><th rowspan="2">评价标准</th><th rowspan="2">配分</th><th colspan="3">评价结果</th></tr>
<tr><th>自评</th><th>组评</th><th>教师评价</th></tr>
<tr><td rowspan="3">零件加工方案和模具装配方案的合理性</td><td>零件的机械加工方案和模具装配方案能保证零件加工及模具装配质量，并能结合实习车间设备的实际状况</td><td>20</td><td></td><td></td><td></td></tr>
<tr><td>工艺方案具有良好的经济效益和可操作性</td><td>10</td><td></td><td></td><td></td></tr>
<tr><td>工艺方案条理清晰，工序尺寸合理</td><td>10</td><td></td><td></td><td></td></tr>
<tr><td rowspan="4">完成任务的速度、质量和工作态度</td><td>按时、保质完成机械加工和装配任务</td><td>30</td><td></td><td></td><td></td></tr>
<tr><td>操作机床和装配较熟练</td><td>10</td><td></td><td></td><td></td></tr>
<tr><td>能与他人交流加工方法和装配经验，协作精神好</td><td>10</td><td></td><td></td><td></td></tr>
<tr><td>遵守车间安全操作规程</td><td>10</td><td></td><td></td><td></td></tr>
<tr><td rowspan="2">综合评价</td><td rowspan="2">评语（优缺点与改进措施）：</td><td>合计</td><td></td><td></td><td></td></tr>
<tr><td>总评成绩（等级）</td><td colspan="3"></td></tr>
</table>

项目八　制造倒装冲孔-落料复合模

任务描述

1. 制订图 8-1 所示复合模各主要零件（图 8-2～图 8-9）的机械加工方案，并拟定将这些零件装配成冲孔-落料倒装复合模（图 8-1）的装配路线。

2. 在实习车间，操纵机床按已制订的最佳加工工艺路线，把上述零件加工出来，然后将这些零件和外购零件按技术要求装配成能冲裁出如图 8-1 右上角所示制件的模具。

学习目标

1. 了解凸凹模的制造是复合冲裁模制造工艺中的关键。

2. 掌握电火花线切割加工凸凹模的工艺过程，熟练掌握复合模的零件加工技能与技巧。

3. 掌握装配中等复杂程度复合模的正确方法。

一、知识准备

1. 凸凹模的制作

冲孔-落料复合模中有一个特殊零件，即凸凹模（图 8-4）。凸凹模把落料凸模和冲孔凹模合二为一，它的端面就是冲裁件的平面形状，它的精度直接影响冲裁件的质量，因此其加工质量和装配精度十分重要。

（1）凸凹模内外形相对位置精度的保证　在连续模中，是通过靠挡料销、侧刃、导正销等对条料进行定位来保证冲裁件内外形相对位置精度的。而在复合冲裁模中，由于凸凹模的外刃口和内刃口分别与落料凹模和冲孔凸模发生相对运动而冲裁出制件的外形和内孔，因此，凸凹模内外形的相对位置精度将直接影响制件内外形的相对位置精度。

所以，要提高制件内外形的相对位置精度，就必须提高凸凹模内外形的相对位置精度。为达此目的，最有效的方法就是在统一基准（或坐标）下加工出凸凹模的内孔和外形。目前，应用最广泛的是采用电火花数控线切割对凸凹模进行加工。因为电火花线切割是在同一坐标下对凸凹模的内外形进行切割加工，所以可以确保凸凹模内外形的相对位置精度，而且电火花线切割加工还可以在零件淬火后进行，从而可以避免因淬火热处理使工件产生变形而破坏工件的最终加工精度。

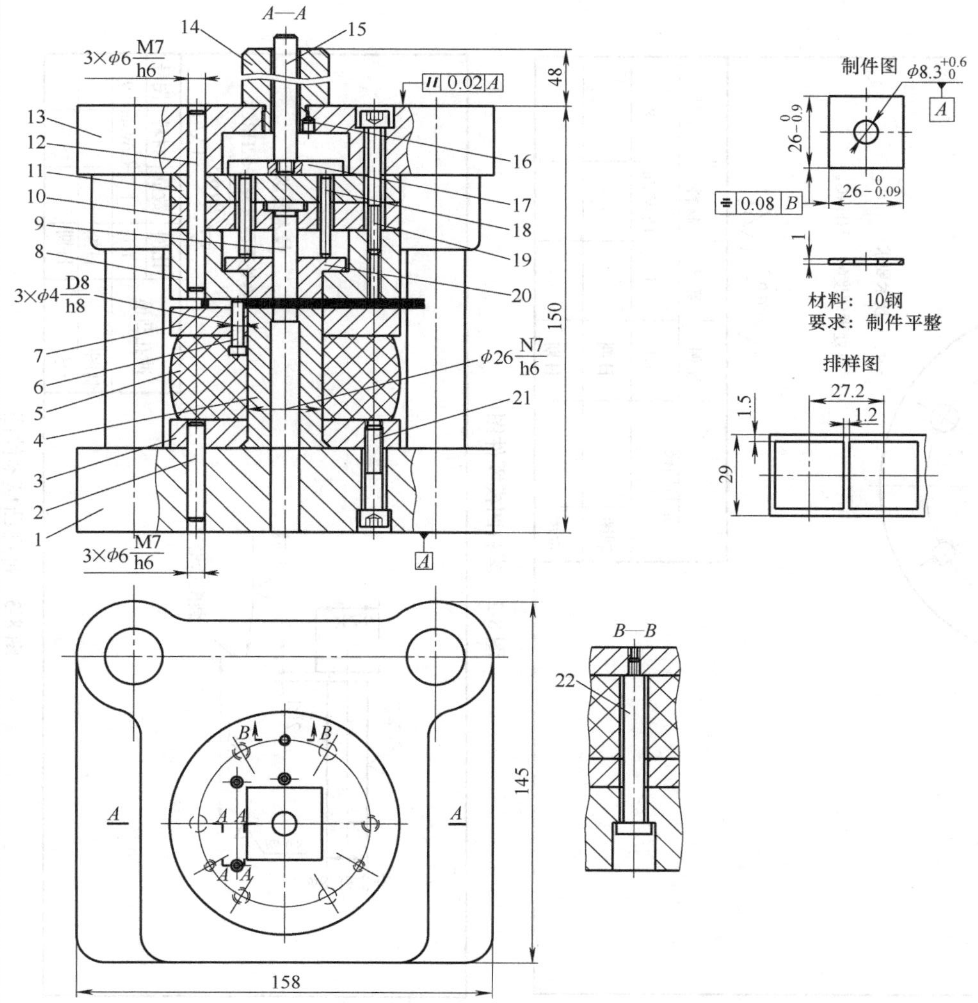

制件图

材料：10钢
要求：制件平整

排样图

技术要求

1. 落料凹模和落料凸模之间的双面间隙$Z \leqslant 0.1$。
2. 冲孔凸模和冲孔凹模之间的双面间隙$Z \leqslant 0.1$。

序号	名称	数量	材料	标准	备注
22	卸料螺钉	3	45		M4
21	螺钉	3	35	GB/T 70.1—2008	M6×35
20	推件块	1	45		43～48HRC
19	螺钉	3	35	GB/T 70.1—2008	M6×60
18	推杆	3	45		ϕ5×30
17	打料块	1	45		ϕ44×7
16	防转销	1	45		ϕ4×5
15	打料杆	1	45		
14	模柄	1	45		
13	上模座	1	HT200	GB/T 23566.1—2009	80×80×25
12	销钉	3	45	GB/T 119.1—2000	A6×60
11	垫板	1	45		ϕ80×10
10	冲孔凸模固定板	1	45		ϕ80×10
9	冲孔凸模	1	CrWMn		58～62HRC
8	落料凹模	1	CrWMn		60～64HRC
7	卸料板	1	45		
6	挡(导)料销	3	45	GB/T 699—1999	ϕ4×16
5	橡胶	1	聚氨酯橡胶		
4	凸凹模	1	CrWMn		58～62HRC
3	凸凹模固定板	1	45		ϕ80×10
2	销钉	3	45	GB/T 119.1—2000	A6×35
1	下模座	1	HT200	GB/T 2855.2—2008	80×80×30

冲孔-落料倒装复合模				比例	1:1.5
				质量	
设计		日期			共 张
审核		日期			第 张
班级		学号			

图8-1　冲孔-落料倒装复合模装配图

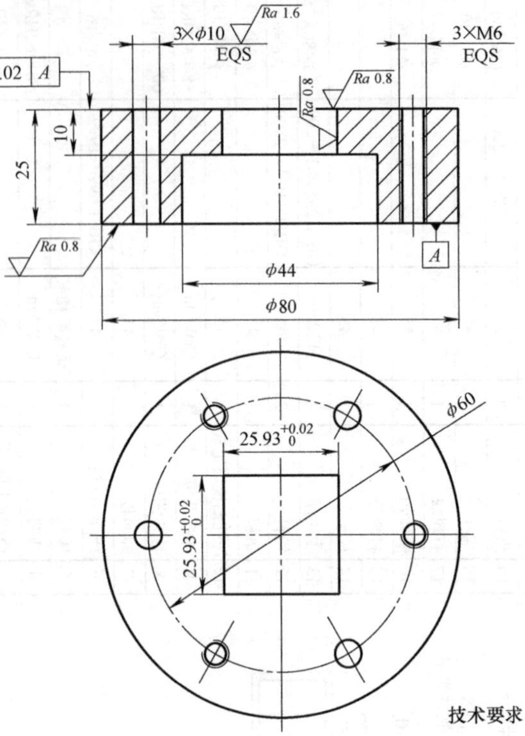

3×ϕ10
EQS
Ra 1.6
3×M6
EQS
0.02 A
Ra 0.8
Ra 0.8
10
25
Ra 0.8
A
ϕ44
ϕ80
ϕ60
25.93+0.02 0
25.93+0.02 0

技术要求

热处理硬度60～64HRC。

Ra 6.3 (√)

落料凹模		比例	数量	材料	图号
		1:1	1	CrWMn	8
制图		日期			
审核		日期			

图 8-2　落料凹模零件图

Ra 0.8
ϕ8.35 0 −0.02
ϕ12.8
Ra 0.8
2×1
3
Ra 0.8
35
装配后磨平

技术要求

热处理硬度58～62HRC。

Ra 6.3 (√)

冲孔凸模		比例	数量	材料	图号
		1:1	1	CrWMn	9
制图		日期			
审核		日期			

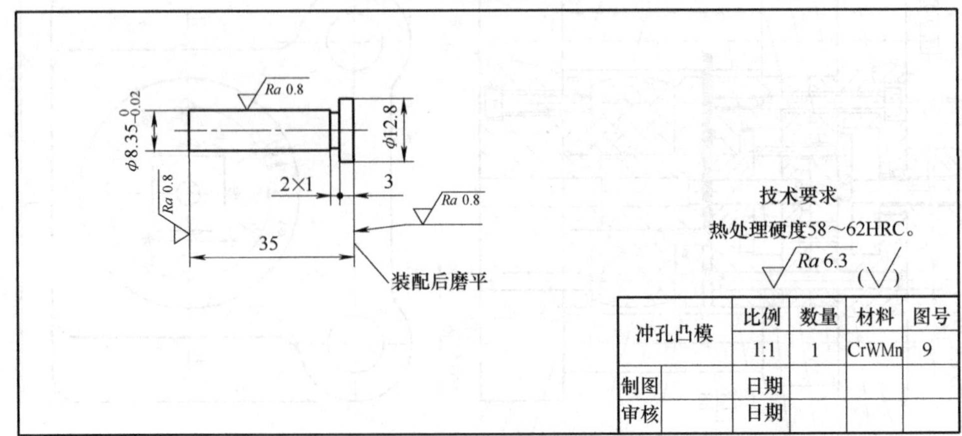

图 8-3　冲孔凸模零件图

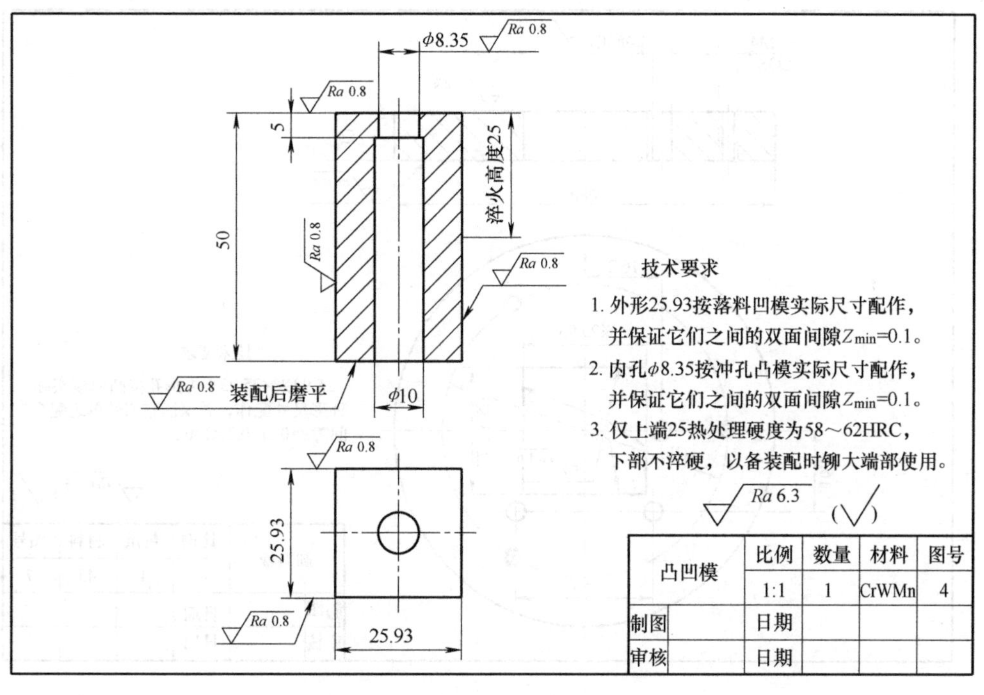

图 8-4　凸凹模零件图

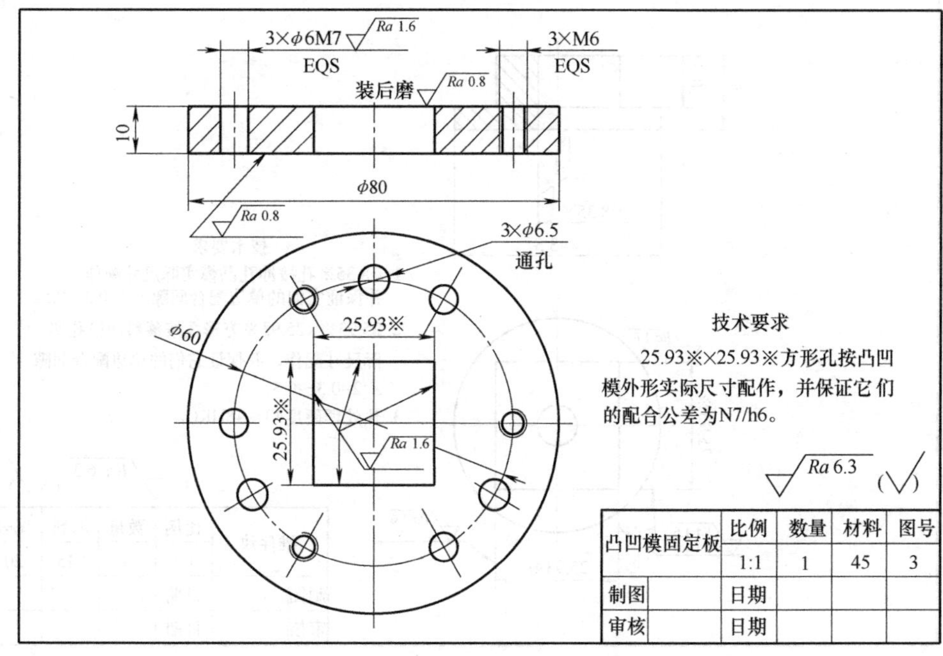

图 8-5　凸凹模固定板零件图

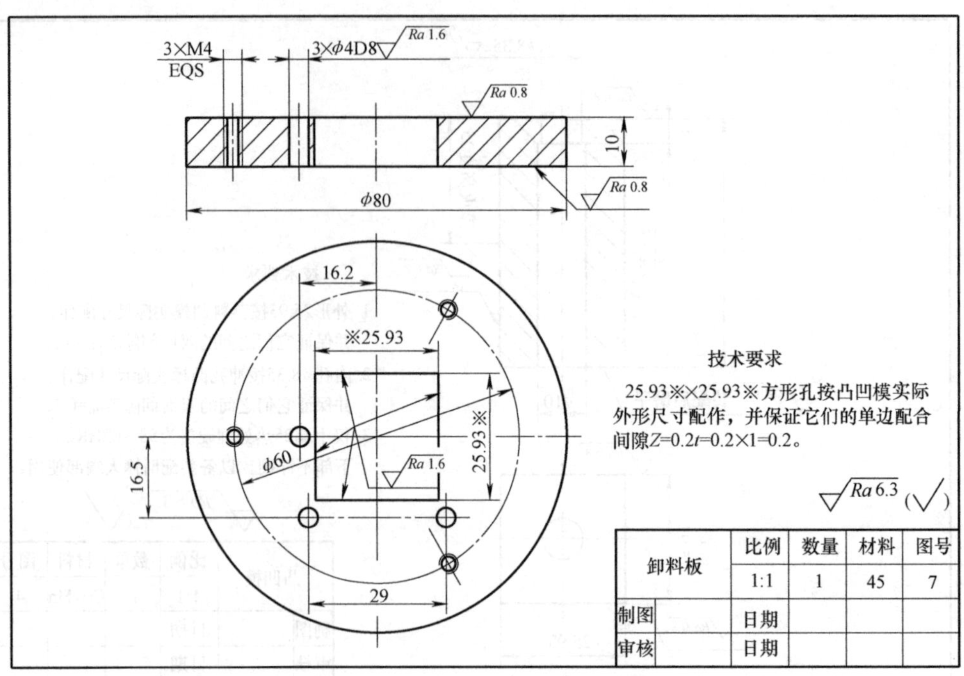

图 8-6 卸料板零件图

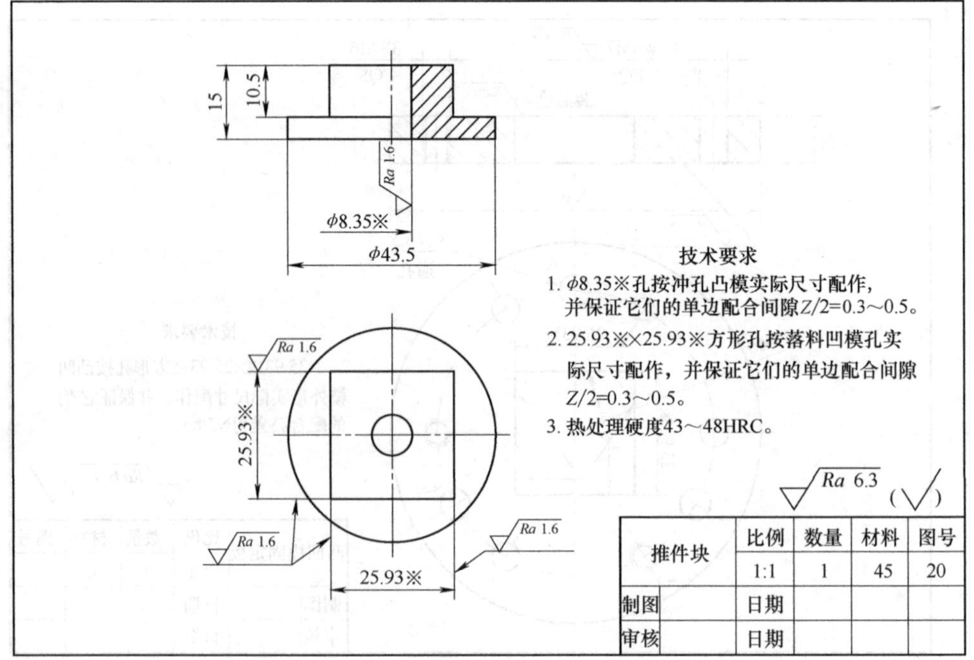

图 8-7 推件块零件图

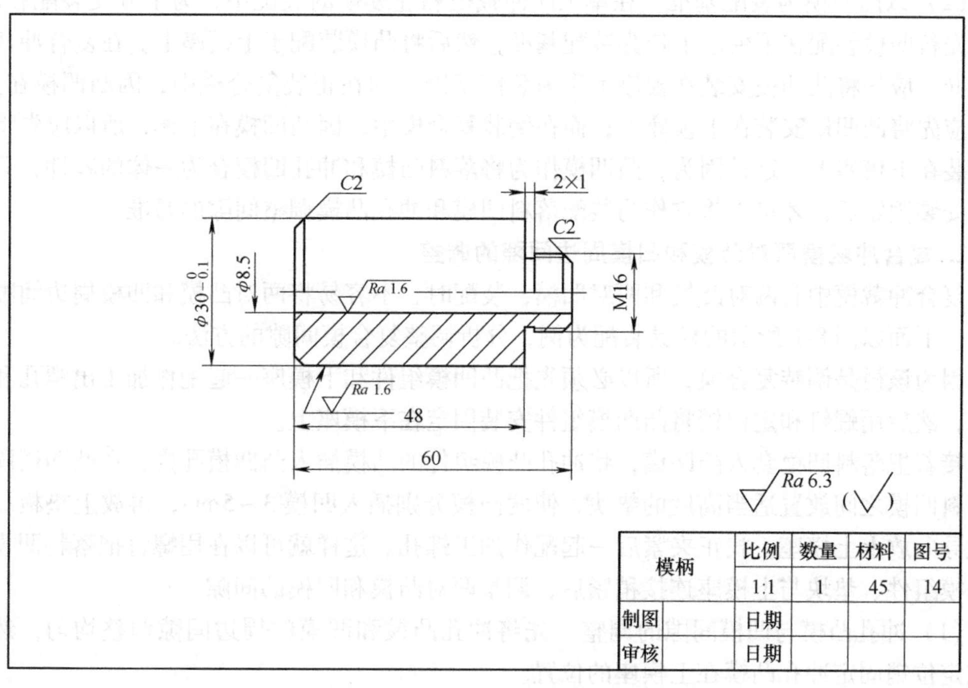

图 8-8　模柄零件图

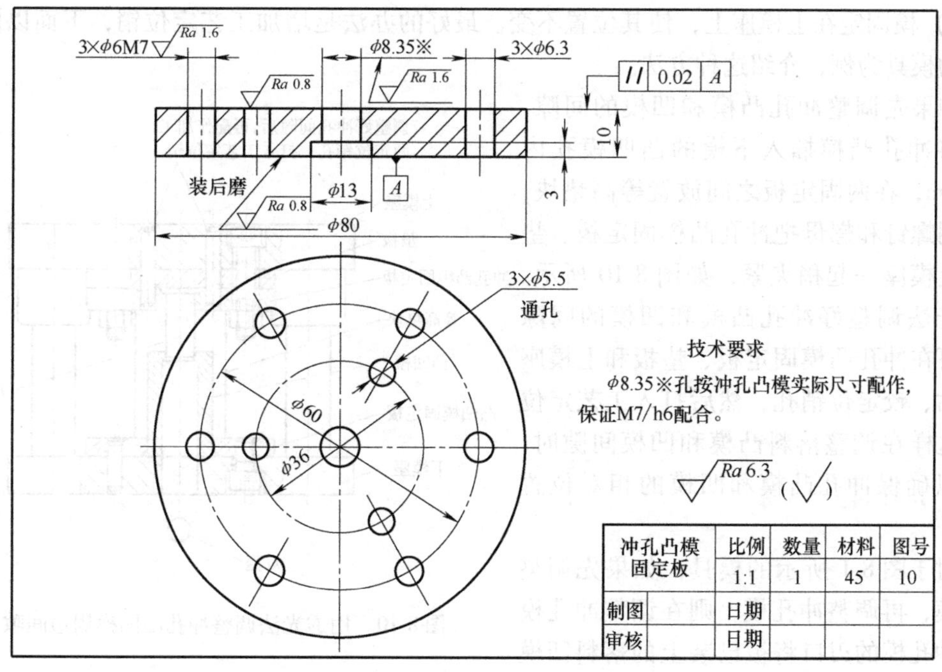

图 8-9　冲孔凸模固定板零件图

（2）以凸凹模为装配基准　在单工序冲裁模和连续模的装配中，为了方便装配和调试，往往先将凹模装配在下模座上作为装配基准，然后将凸模装配于上模座上。在复合冲裁模中则不同，应先将凸凹模安装在模座上作为装配基准，即在正装复合模中，因凸凹模在上模，所以应先将凸凹模安装在上模座上；而在倒装复合模中，因凸凹模在下模，所以应先将凸凹模安装在下模座上。这是因为，凸凹模作为将落料凸模和冲孔凹模合为一体的零件，只有先将它安装固定后，才可以将它作为装配落料凹模和冲孔凸模调整间隙的基准。

2. 复合冲裁模两对凸模和凹模周边间隙的调整

复合冲裁模中有两对凸模和两对凹模，装配时，不容易将两对凸模和凹模周边间隙调整均匀。下面以图 8-1 所示的模具装配为例，分析调整复合模间隙的方法。

因为该模是倒装复合模，所以必须先把凸凹模组件和下模座一起配作加工出螺孔和定位销孔，然后用螺钉和定位销将凸凹模组件安装固定在下模座上。

接着把落料凹模套入凸凹模，将冲孔凸模组件的凸模插入凸凹模孔内，在凸凹模固定板和落料凹模之间放置适当高度的垫块，使两凸模分别插入凹模 3～5mm，再放上垫板。通过导柱导向放上上模座，找正夹紧后一起配作加工螺孔。这样就可以在用螺钉把落料凹模、冲孔凸模组件、垫块与上模座连接稍紧后，调整两对凸模和凹模的间隙。

（1）冲孔凸模与凹模间隙的调整　先将冲孔凸模和凹模的周边间隙调整均匀，然后用工艺定位销固定冲孔凸模在上模座的位置。

如果在调整好第一对凸模和凹模的间隙后，再调整第二对，则在调整第二对时，就会改变已调整好的第一对凸模和凹模的相对位置。所以在调好第一对后，必须将第一对的凸（或凹）模固定在上模座上，使其位置不变。最好的办法是增加工艺定位销，下面以图 8-1 所示的模具为例，介绍这种方法。

如果先调整冲孔凸模和凹模的间隙，则应将冲孔凸模插入下模的凸凹模孔内 3～5mm，在两固定板之间放置等高垫块，然后用螺钉和螺母把冲孔凸模固定板、垫板和上模座一起稍夹紧，如图 8-10 所示。用透光法调整好冲孔凸模和凹模的间隙后，可在冲孔凸模固定板、垫板和上模座上配钻、铰定位销孔，然后打入工艺定位销，这样在调整落料凸模和凹模间隙时，就可以确保冲孔凸模和凹模的相对位置不变。

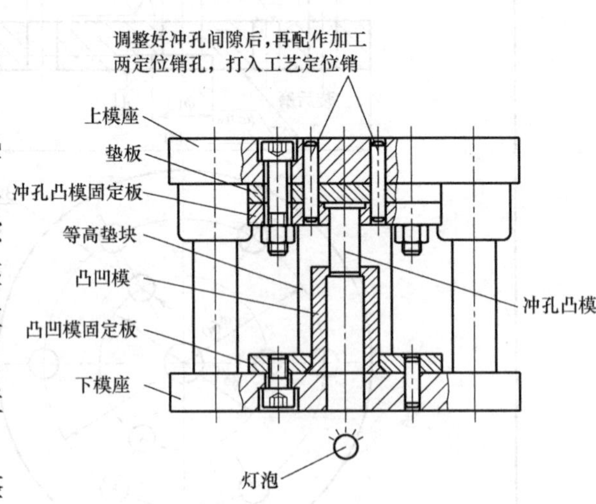

图 8-10　用透光法调整冲孔凸凹模周边间隙

对于图 8-1 所示的模具，如果先调整落料模，再调整冲孔模，则在调整冲孔模时，冲孔模的刃口将被已装上的落料凹模所遮盖，难以观察到冲孔模的间隙状况，所以应先调整冲孔模的间隙。其次，由于冲孔凸模固定板比落料凹模更靠近上模座，所以可方便地利用工艺定位销将冲孔凸模固定板固定在上模座上。

（2）落料凸模与凹模间隙的调整　按图 8-10 所示调整冲孔凸模和凹模使其周边间隙均

匀后，拧紧夹紧螺栓、螺母，在上模座、垫板和冲孔凸模固定板上一起配钻、铰两工艺定位销孔。然后拆去压紧用螺栓和螺母，把落料凹模套入下模的凸凹模3~5mm，压入工艺定位销，用螺钉将落料凹模、冲孔凸模固定板、垫板和上模座连接稍紧，接着便可调整落料凸模和凹模的周边间隙。

由于倒装复合模的落料凹模上端孔口被冲孔凸模固定板所遮盖，所以不便采用透光法精细调整落料模间隙，此时可采用以下两种方法：

1）冲纸法。在下模的凸凹模上面放置纸片，利用导柱导套导向，用锤子敲击上模冲裁出纸片，根据冲裁纸片周边是否切断、有无毛刺等情况来判断间隙分布是否均匀。然后稍松上模连接螺钉，根据间隙分布情况敲打落料凹模的侧面，以调整其周边间隙。

2）涂红丹油法。在凸凹模外刃口上涂上一层薄而均匀的红丹油，通过模架导柱导向，使凸凹模插入落料凹模孔3~5mm，根据凹模刃口抹上红丹油的情况来判断间隙的分布情况。然后稍松上模的连接螺钉，按间隙的分布情况敲打落料凹模的侧面，直到将其周边的间隙调整均匀为止。

在采用上述两种方法之一调整好落料凹模和凸模的周边间隙后，拧紧上模连接螺钉，在上模4块板上一起配钻、铰定位销孔，打入定位销后，上模的装配就此完成。

3. 落料凹模与上模各板螺孔和定位销孔的配作加工

由上文可知，装配到最后时，落料凹模才与上模各板配作加工螺孔和定位销孔，但是在电火花线切割加工之前，落料凹模就已淬火变硬，此时已无法对其进行钻、攻、铰等机械加工。也就是说，凹模在淬硬之前就必须完成钻、攻螺纹和钻、铰销孔的切削加工。

（1）螺孔的加工　淬硬落料凹模之前，应在其上单独钻、攻出螺孔，最后装配时，可以通过凹模上已加工的螺孔，用与螺孔底孔相应的钻头在上模其他各板上引钻出螺孔底孔，拆开后，再扩出螺纹通孔和沉头孔。

（2）定位销孔的加工　定位销孔的加工不能采用上述引钻方法，因为定位销定位不允许板与板之间有偏移，所以装配时一定要将几块板一起配钻、铰销孔。可以采用增加销塞的办法来解决这一问题，即淬硬前先在凹模的定位销孔处钻出比销孔大3~5mm的孔，凹模淬硬后，再在此孔中打入过盈配合的销塞并与凹模底面一起磨平。装配时，可在未淬硬的销塞上配钻、铰定位销孔。

4. 电火花线切割加工冲裁复合模主要零件的工艺路线

复合冲裁模的主要零件包括两对冲裁凸模和凹模、两个凸模固定板和一个卸料板。加工时，要注意其加工顺序和配合要求。

如图8-1所示倒装复合模主要零件的工艺路线图如图8-11所示，供参考。按照图中虚线上箭头所指的工序加工工件时，是以短横线所指的工序加工出来的工件为配合基准的，虚线旁为它们的配合要求。

二、计划与实施

1）全班分为若干个制造小组，每小组3~5人，由组长负责。

2）教师布置完如图8-1所示复合模的制造任务后，各小组分别对该模具的结构特点和其主要零件的功能、装配关系和技术要求进行分析，然后结合实习车间的设备条件，讨论并制订各零件的加工工艺方案和模具总装工艺方案。

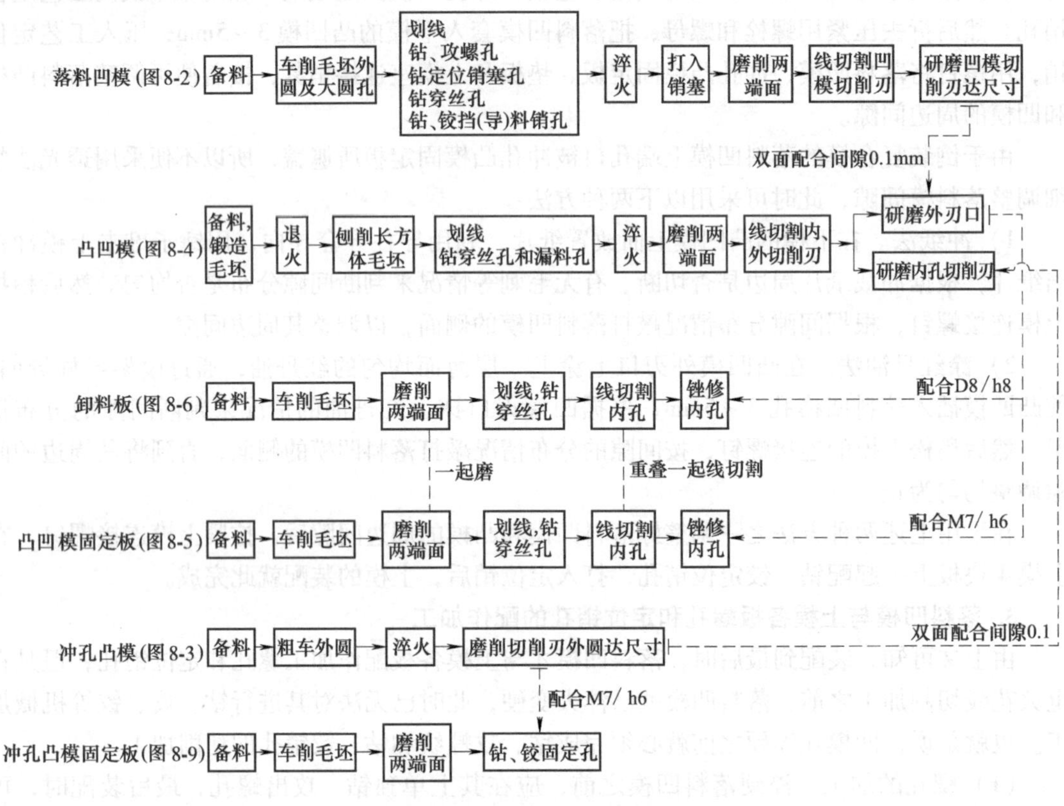

图8-11　复合模主要零件的工艺路线图

小组议一议

1. 影响复合冲裁模所冲制件内外形位置精度的是哪个模具零件？应如何加工这个零件，才能保证制件的内外形位置精度要求？

2. 机械加工模具零件时，要注意哪两对凸凹模的配合？它们的配合间隙有什么要求？它们的配合基准各是什么？应该先加工哪个零件？

3. 凸凹模和凸凹模固定板孔的配合是什么配合？两者之间哪个为配合基准？

4. 凸凹模和卸料板孔的配合是什么配合？两者之间哪个为配合基准？

5. 装配复合冲裁模时，应先把哪个零件安装固定在模座上作为装配基准？为什么？

6. 能否一起调整复合模两对冲裁模的周边间隙？为什么？应如何调整？

3）各小组派代表展示并讲解本小组所编制的模具主要零件的加工方案和模具总装方案，并对其他小组所编制的制造方案进行评议，作为下一步指导该模具制造的工艺方案（只要加工方案合理，允许各小组采用不同的制造方案进行制造）。

4）每个学生可参考最佳制造方案和下面提供的制造方案，独立编制详细的模具主要零件的加工方案和模具总装方案，作为评定个人成绩的依据之一。

5）在实习车间教师的指导下，各小组按制订的制造方案，操纵机床，把模具的主要零件加工出来，然后把加工出来的零件和购置的零件装配成合格的模具。

下面是图 8-1 所示复合冲裁模的制造方案之一，仅供参考。

1. 加工模具的主要零件

各主要零件的加工工艺见表 8-1 ~ 表 8-7，其中工序简图中“▽”所指为本工序的加工面，加工余量见附表 4。对于其余非主要模具零件，可根据装配图中的明细表所标注的规格去查附表或模具手册，经购买或简单加工而得。

（1）落料凹模（图 8-2）的加工工艺（表 8-1）

表 8-1　落料凹模的加工工艺

工序号	工序名称	工序内容	设备	工序简图
1	备料	棒料 ϕ86mm × 31mm，两端和直径都留单面车削余量 3mm	锯床	ϕ86；31
2	车外圆及大圆孔	1. 装夹一端，车削端面和部分外圆 ϕ80mm 2. 调头装夹已车削外圆，车削另一端面和外圆至尺寸 ϕ80mm × 25.6mm，车削内孔 ϕ44mm，端面留单面磨削余量 0.3mm	车床	10.3；25.6；ϕ44；ϕ80
3	钳工划线，钻、攻孔	1. 划出凹模刃口轮廓线、螺孔和定位销孔中心线 2. 钻穿丝孔 ϕ3mm，钻销塞孔 3 × ϕ10mm，钻螺孔底孔 3 × ϕ5.2mm 3. 攻螺孔 3 × M6		ϕ3；3×ϕ10；3×M6；ϕ60

（续）

工序号	工序名称	工序内容	设备	工序简图
4	热处理	淬火、回火，保证硬度60～64HRC		
5	配销塞	在3×ϕ10mm孔内配打入45钢的销塞，使它们的配合为小过盈配合（H7/r6）		销塞 3×ϕ10H7/r6
6	磨削端面	磨削两端面	平面磨床	
7	线切割	电火花线切割型孔，留单面研磨余量0.01mm	电火花线切割机床	25.91 25.91
8	钳工研磨	研磨型孔切削刃达要求尺寸$25.93^{+0.02}_{0}$mm×$25.93^{+0.02}_{0}$mm		

（2）冲孔凸模（图8-3）的加工工艺（表8-2）

表8-2 冲孔凸模的加工工艺

工序号	工序名称	工序内容	设备	工序简图
1	备料	锯棒料ϕ18mm×50mm，长度和径向留单面车削余量2.5mm，夹头端留10mm		50 ϕ18
2	车削外圆	1. 车削夹头端外圆至ϕ12.8mm，车削端面 2. 调头夹持夹头，车削外圆至ϕ8.65mm，留单面磨削余量0.15mm，切退刀槽2mm×1mm，在夹头和凸模之间切槽3mm×ϕ4mm	车床	7 35 3 ϕ8.65 ϕ12.8 2×1 3×ϕ4
3	热处理	淬火、回火，硬度达58～62HRC		
4	磨削外圆	夹持夹头，磨削凸模切削刃至尺寸$\phi 8.35^{\ 0}_{-0.02}$mm	外圆磨床	$\phi 8.35^{\ 0}_{-0.02}$

（3）凸凹模（图8-4）的加工工艺（表8-3）

表8-3　凸凹模的加工工艺

工序号	工序名称	工序内容	设备	工序简图
1	备料，锻造	把棒料锻造成长方体毛坯 50mm × 36mm × 56mm，留单面刨削余量 3mm，留夹持长度 16mm	锻锤	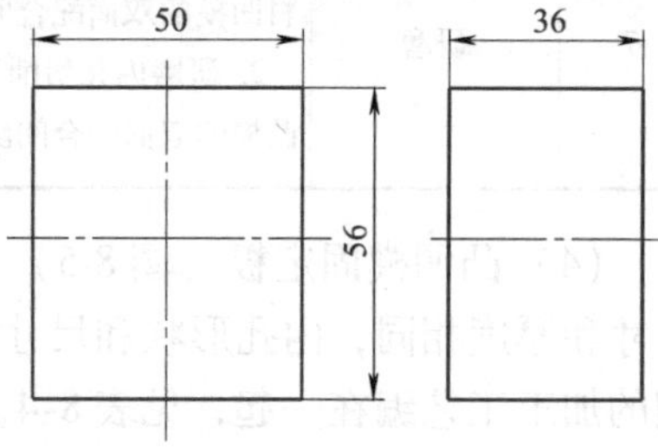 50　36　56
2	刨削毛坯	刨削长方体毛坯 46mm × 30mm × 50.6mm，两端各留单面磨削余量 0.3mm，周边留单面切割余量 2mm	刨床	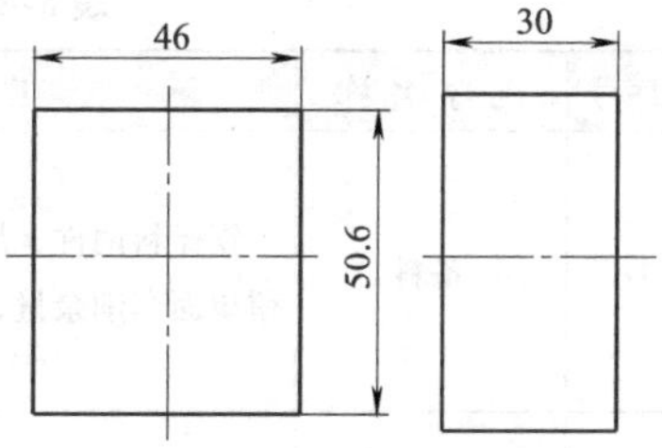 46　30　50.6
3	钳工划线，钻孔	1. 在 50.6mm 的一端面划凸凹模中心线和轮廓线 2. 钻 ϕ10mm 漏料孔和 ϕ3mm 穿丝孔		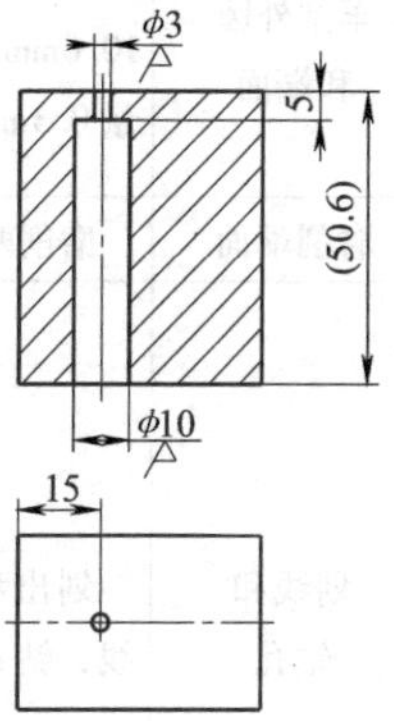 ϕ3　5　(50.6)　ϕ10　15
4	热处理	前端高度的一半（25mm）淬火、回火，硬度达 58～62HRC		
5	磨削平面	磨削两端面	平面磨床	
6	电火花线切割	电火花线切割加工外形至 25.87mm × 25.87mm，加工内孔 ϕ8.41mm，留单边研磨余量 0.02mm	电火花线切割机床	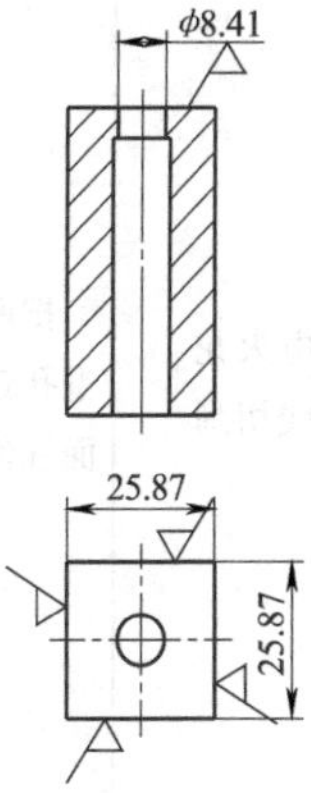 ϕ8.41　25.87　25.87

（续）

工序号	工序名称	工序内容	设备	工序简图
7	研磨	1. 研磨外方形切削刃，保证其与落料凹模的双面配合间隙为0.1mm 2. 研磨内孔切削刃，保证其与冲孔凸模的双面配合间隙为0.1mm		

（4）凸凹模固定板（图8-5）和卸料板（图8-6）的加工工艺　由于这两个零件的外形尺寸和厚度相同，内孔形状和尺寸相近，故可以一起磨削端面和线切割加工内孔，所以把它们的加工工艺编在一起，见表8-4。

表8-4　凸凹模固定板和卸料板的加工工艺

工序号	工序名称	工序内容	设备	工序简图
1	备料	锯棒料两件，尺寸为ϕ86mm×16mm，留单面车削余量3mm	锯床	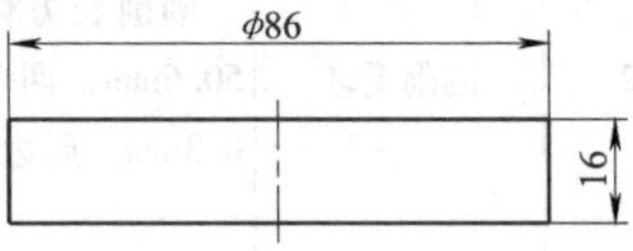 ϕ86 16
2	车削外圆和端面	分别车削外圆两端面达尺寸ϕ80mm×10.6mm，两端面留两单面磨削余量0.3mm	车床	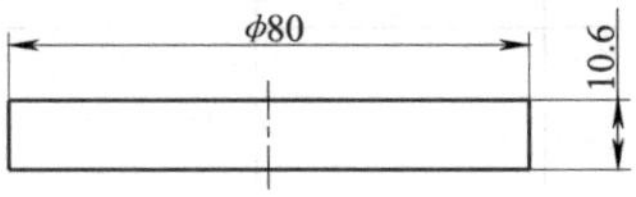 ϕ80 10.6
3	磨削端面	磨削两端面		
4	划线和钻孔	划出型孔轮廓线和螺孔、销孔中心线，钻ϕ3mm穿丝孔		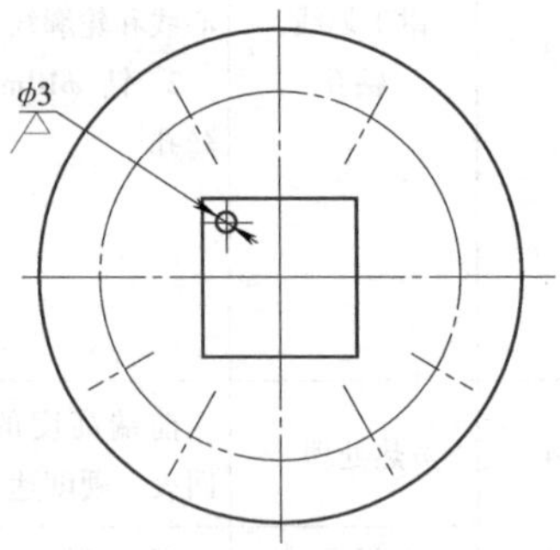 ϕ3
5	电火花线切割	把两毛坯重叠在一起，找正后线切割型孔达尺寸25.87mm×25.87mm，留单面锉修余量0.03mm	电火花线切割机床	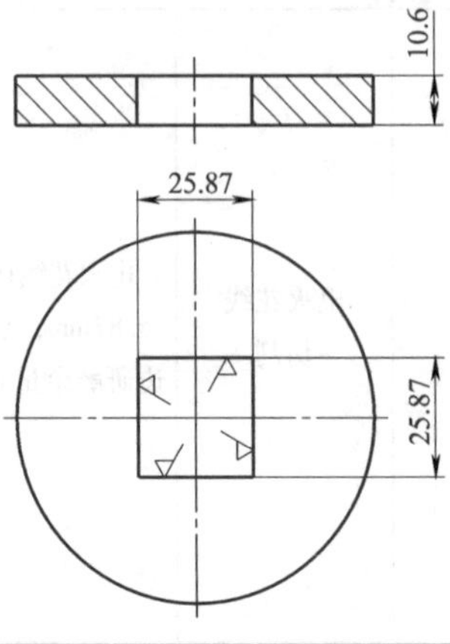 10.6 25.87 25.87

8 PROJECT

（续）

工序号	工序名称	工序内容	设备	工序简图
6	锉修内孔	1. 锉修凸凹模固定板内孔，使其与凸凹模的配合公差为 N7/h6 2. 锉修卸料板内孔，使其与凸凹模的单边配合间隙为 0.2mm		

（5）冲孔凸模固定板（图 8-9）的加工工艺（表 8-5）

表 8-5　冲孔凸模固定板的加工工艺

工序号	工序名称	工序内容	设备	工序简图
1	备料	棒料 ϕ86mm × 16mm，留单面车削余量 3mm	锯床	ϕ86；16
2	车削外圆和孔	1. 车削外圆和端面，至尺寸 ϕ80mm × 10.6mm，两端留单面磨削余量 0.3mm 2. 车削孔 ϕ13mm 和 ϕ8.35mm，保证 ϕ8.35mm 孔与冲孔凸模的配合公差为 M7/h6	卧式车床	ϕ80；ϕ8.35；10.6；ϕ13；3
3	磨削端面	磨削两端面	平面磨床	

（6）推件块（图 8-7）的加工工艺（表 8-6）

表 8-6　推件块的加工工艺

工序号	工序名称	工序内容	设备	工序简图
1	备料	棒料 ϕ50mm × 21mm，径向和轴向都留单面车削余量 3mm	锯床	ϕ50；21
2	车削外圆和内孔	1. 车削一端面和 ϕ43.5mm 外圆 2. 调头夹持 ϕ43.5mm 外圆，车削外圆 ϕ39mm 和另一端面，留端面磨削余量 0.3mm 3. 车削内孔，保证其与冲孔凸模的单边间隙为 0.3 ~ 0.5mm	卧式车床	ϕ43.5；ϕ8.35※；ϕ39；10.8；15.6
3	刨削方形	划出方形 25.93mm × 25.93mm 轮廓线，然后按线刨削加工方形，留单边锉修余量 0.2mm	刨床	25.93；25.93

（续）

工序号	工序名称	工序内容	设备	工序简图
4	压印锉修	用落料凹模对方形块进行压印锉修，保证它们的单面配合间隙为0.3～0.5mm		
5	磨削两端面	磨削两端面至高度尺寸	平面磨床	10.5 15

（7）模柄（图8-8）的加工工艺（表8-7）

表8-7　模柄的加工工艺

工序号	工序名称	工序内容	设备	工序简图
1	备料	棒料 ϕ36mm×66mm，留径向和轴向单面车削余量3mm	锯床	66 ϕ36
2	车削外圆和孔	1. 夹持一端，车削另一端面和外圆 $\phi 30_{-0.1}^{\ 0}$mm 2. 调头夹持，车削退刀槽，车削M16，钻孔 ϕ8.5mm，倒角	车床	60 48 2×1 $\phi 30_{-0.1}^{\ 0}$ ϕ8.5 M16 C2 C2

2. 冲孔-落料复合模（图8-1）的组装

（1）凸凹模部件组装

1）把凸凹模固定板3的上孔口倒角 $C1.5 \sim C2$。

2）将凸凹模4垂直压入凸凹模固定板孔内，使其未淬火上端露出凸凹模固定板上面1～2mm。用锤子敲击凸凹模上端面，使其铆大填满孔口倒角。

3）用平面磨床把凸凹模上端和凸凹模固定板上平面一起磨平，如图8-12所示。

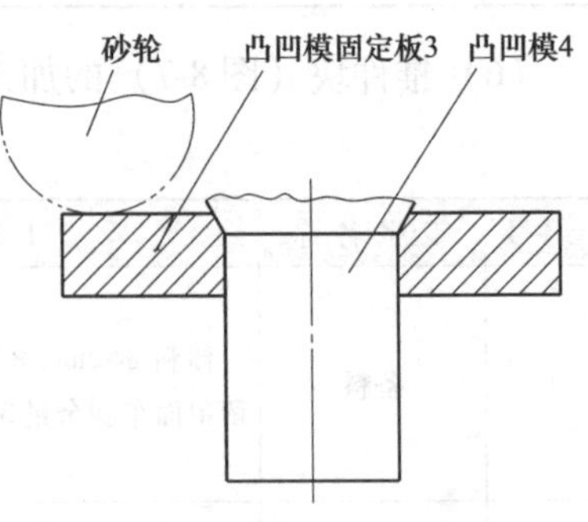

图8-12　把凸凹模铆大上端面和凸凹模固定板上平面一起磨平

（2）冲孔凸模部件组装

1）把冲孔凸模9（图8-1）的工艺夹头切除掉。

2）把冲孔凸模9垂直压入冲孔凸模固定板10的孔内。

3）将凸模上端和凸模固定板上平面一起磨平。

（3）复合模下模装配

1）把凸凹模部件放在下模座1上找正后，用平行夹具将它们一起夹紧。用 ϕ5.2mm 钻头配钻3个螺孔底孔。

2）拆开后，在凸凹模固定板3上攻3×M6螺孔，在下模座上扩3× ϕ6.3mm 螺纹通孔及沉头孔。

3）用螺钉把凸凹模部件与下模座连接紧，在凸凹模固定板和下模座上配钻、铰3×

ϕ6mm 定位销孔；配钻 3×ϕ6.5mm 卸料螺钉通孔；用 ϕ8.3mm 钻头通过凸凹模中心孔在下模座上引钻出锥窝，以备拆开后钻出冲孔废料排泄孔。

4）把卸料板 7 的方孔套在已安装在下模座上的凸凹模上，用平行夹具把卸料板夹紧在凸凹模固定板 3 和下模座 1 上，然后把它们倒放，用 ϕ6.5mm 钻头通过已钻的 ϕ6.5mm 孔，在卸料板上引钻 3 个锥窝，如图 8-13 所示。

5）拆开后，在卸料板锥窝处钻、攻 3×M4 螺孔，在下模座中心锥窝处钻 ϕ9mm 的冲孔废料排出孔，在 3×ϕ6.5mm 孔中扩卸料螺钉沉头孔。

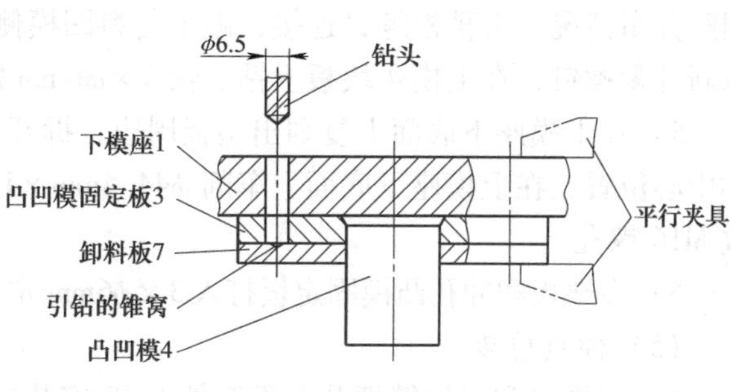

图 8-13　引钻锥窝

（4）复合模上模装配

1）用螺钉和定位销把凸凹模部件安装固定在下模座上，在凸凹模固定板上面放置两个等高垫块，再放置落料凹模 8 和冲孔凸模部件 9、10，使两个凸模分别插入凹模深 3～5mm。然后在上面再放置垫板 11，通过导柱导套导向放上上模座 13，找正后用平行夹具把上模 4 块板夹紧，如图 8-14 所示。

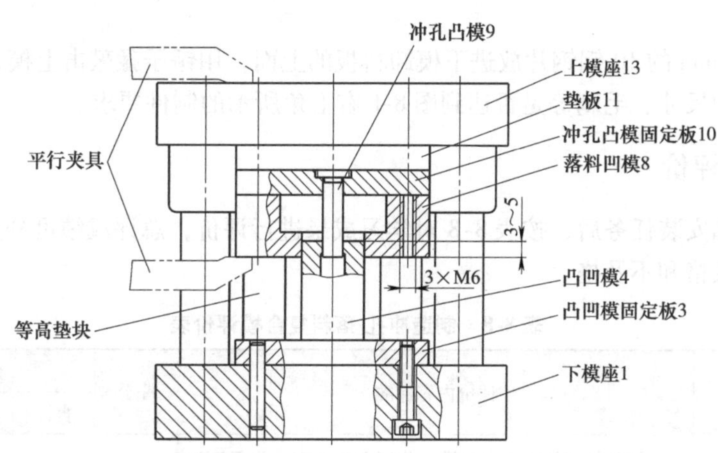

图 8-14　两对凸模分别插入凹模并找正后，用夹具把上模 4 块板夹紧

2）把已夹紧的上模从下模上取出，并将其翻转，通过落料凹模的 3×M6 螺孔，用 ϕ5.2mm 的钻头在上模其余 3 板上引钻螺孔底孔。拆开后，在垫板、冲孔凸模固定板上扩 3×ϕ6.3mm 通孔，在上模座上扩 3×ϕ6.3mm 通孔和沉头孔。

3）在下模的凸凹模固定板上放置等高垫块，并把冲孔凸模插入凸凹模孔深 3～5mm，再放上垫板和上模座，用螺钉和螺母把冲孔凸模固定板和垫板压在上模座上（不要太紧）。如图 8-10 所示，用透光法将冲孔凸模和凸凹模孔的周边间隙调整均匀后，拧紧螺钉、螺母，在 3 板上配钻、铰 2×ϕ6mm 工艺定位销孔，并打入两工艺定位销，冲孔凸模在上模座的位置就固定了。

4）拆开螺钉、螺母连接，保留两工艺定位销。在下模的凸凹模固定板上重新放置等高垫块，把落料凹模套在已安装在下模座上的凸凹模上。然后把由工艺定位销连接的三板通过导柱导向放在落料凹模上，用螺钉把上模 4 块板连接稍紧后，把整个模具翻转，用灯光从旁侧观察落料凸模和凹模的周边间隙，用锤子敲击落料凹模的侧面来初步调整周边间隙使其均匀。接着拧紧螺钉，用纸片做冲压材料，敲击上模进行试冲，通过观察冲裁后的纸片来确定间隙分布情况。再稍松螺钉连接，敲击落料凹模侧面精细调整落料凹模和凸模周边间隙后，重新拧紧螺钉，在上模 4 块板上钻、铰 3 × ϕ6mm 定位销孔。

5）在上模座下底面上复划出垫板周边，拆开上模，根据周边划线在上模座上找到模柄的中心位置，在上模座下底面上车削 ϕ44.5mm × 13mm 打料块 17 活动的孔，在上底面上钻、攻 M16 螺孔。

6）在垫板和冲孔凸模固定板打入 3 × ϕ6mm 定位销钉后，一起配钻 3 × ϕ6.3mm 推杆通孔。

（5）模具总装

1）用螺钉和定位销把凸凹模部件 4、3 安装在下模座 1 上。

2）在凸凹模外套上橡胶 5，在卸料板 7 上打入三个挡料销 6 后，把卸料板孔套在凸凹模外，用卸料螺钉 22 将卸料板安装在下模座上。

3）在落料凹模 8 上中心孔中放入推件块 20，在凹模上面放置冲孔凸模部件 10、9 和垫板 11，在两板三孔插放推杆 18；在上模座上面拧入模柄 14，并安装防转销 16，在下面孔放入打料部件 17、15，把上模座 13 放置在垫板上面后，用螺钉和定位销把上模四块板连接安装。

3. 试模

把厚度为 1mm 的 10 钢钢片放进下模卸料板的上面，用锤子猛敲击上模，使其冲裁出制件，检查制件的尺寸、毛刺等是否达到图 8-1 右上角所示的制件要求。

三、任务评价

完成制造和安装任务后，按表 8-8 对学习成果进行评价，总评成绩可分为 5 个等级，即优、良、中、及格和不及格。

表 8-8　制造冲孔-落料复合模评价表

评价项目	评价内容标准	配分	评价结果		
			自评	组评	教师评价
零件加工和模具装配方案的合理性	制订的机械加工方案和模具装配方案合理，能保证模具质量，并能结合实习车间的设备实际	20			
	制订的工艺方案具有良好的经济效益和可操作性	10			
	制订的工艺方案条理清晰，工序尺寸标注完整、合理	10			
完成制造任务的速度、质量和工作态度	按时、保质完成机械加工和装配任务	30			
	操作机床加工和装配熟练	10			
	能与他人交流加工方法和装配经验，协作精神好	10			
	遵守车间安全操作规程	10			
综合评价	评语（优缺点与改进措施）：	合计			
		总评成绩（等级）			

项目九　制造落料-拉深复合模

任务描述

1. 根据图 9-1 所示的落料-拉深复合模图样的要求，编制出该模具中如图 9-2～图 9-8 所示主要零件的加工工艺方案，并在机加工车间把这些零件加工出来。

2. 按照模具装配图的技术要求，把各零件组装成模具。

学习目标

1. 了解编制车削、磨削加工圆形模具零件的工艺过程，掌握车削、磨削加工模具零件的基本技能。

2. 了解装配拉深模的工艺过程，并掌握装配落料-拉深复合模的基本技能。

一、知识准备

复合模要在同一位置上完成两个或两个以上的冲压工序，为此，要保证达到冲压件在各工序中各冲压面的相对位置精度，就必须采取措施保证各工序中凸模和凹模工作表面的相对位置精度。以图 9-1 所示的落料-拉深复合模为例，必须保证上模（凸凹模 10）中冲裁毛坯的凸模外圆与拉深凹模内孔的同轴度，同时必须保证下模中冲裁毛坯的凹模孔与拉深凸模外圆的同轴度，否则，拉深出来的制件就会产生偏心，甚至会成为废品。下面介绍从两个方面保证同轴度的措施和方法。

1）在统一定位基准下加工同一轴类零件的多个表面，可以保证这几个表面的同轴度，即在一次装夹定位中加工零件的多个表面，这既可避免因定位基准变换而引起定位误差，也可保证各被加工面的相对位置精度，又有利于提高生产率。

如图 9-2 所示的冲裁凹模，可以夹紧它的外圆，同时磨削大小两孔来保证两孔的同轴度；又如图 9-5 所示的凸凹模可以夹紧凸凹模上端外圆（非工作部分），同时磨削落料凸模下端外圆（工作部分）和拉深凹模孔来保证它们的同轴度。

对于没有夹紧定位面的零件，如图 9-4 所示的拉深凸模，可以在车削时留出一个长 10mm 的工艺夹头用于夹紧定位，同时磨削（车削）大、小圆柱面，待将凸模全部加工完成后，再用锤子将夹头敲去并磨平凸模大端面，如图 9-9 所示。

2）对于不同零件的多个面，应在结构设计和装配配合方面采取措施，以保证它们的同轴度。例如，要保证图 9-1 中落料凹模 4 的型孔（小孔）与拉深凸模 6 的小圆柱的同轴度，

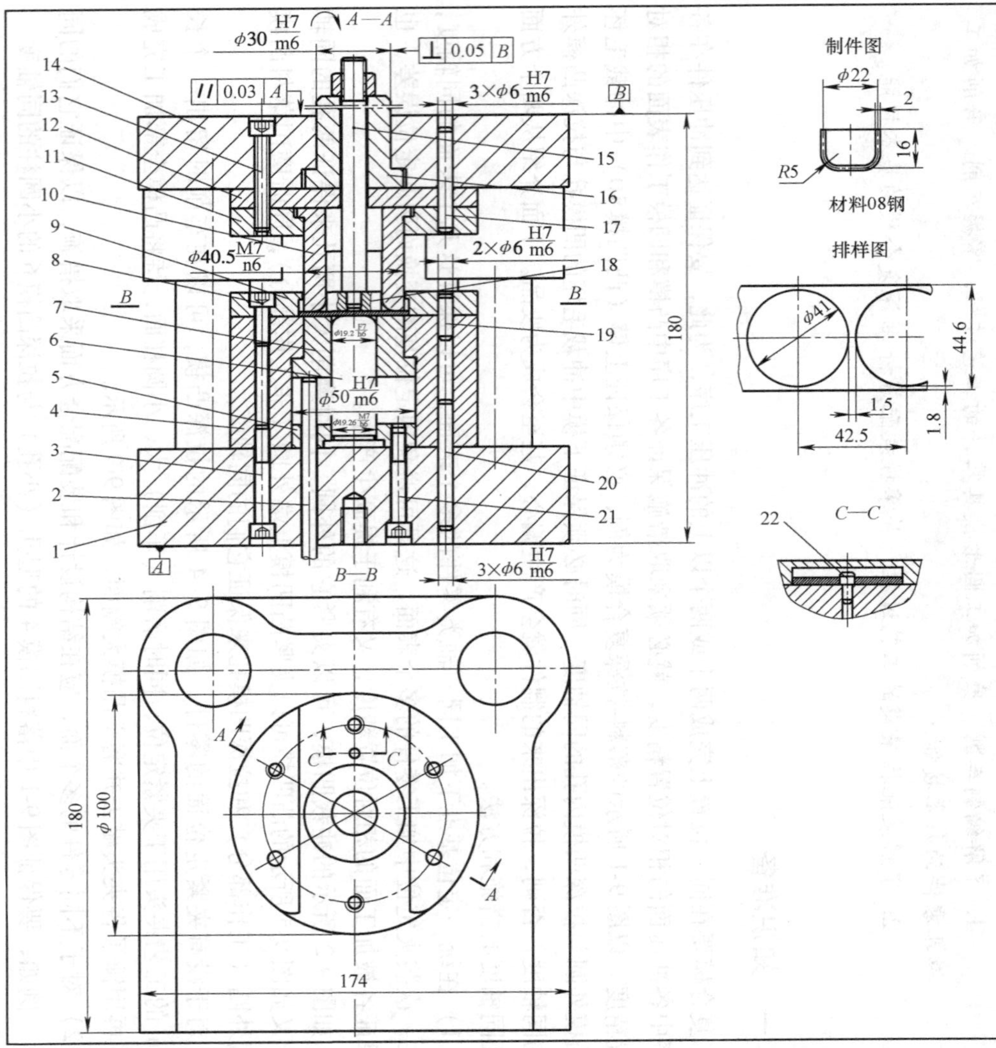

技术条件

1.落料凸模和落料凹模的双面间隙≤0.246(双面)。
2.落料凹模和拉深凸模的同心度误差 <0.05。

序号	名称	数量	材料	标准	备注
22	挡料销	1	45	GB/T 699—1999	A6×4×3
21	螺钉	3	35	GB/T 70.1—2008	M6×40
20	销钉	3	45	GB/T 119.1—2000	A6×55
19	销钉	2	45	GB/T 119.1—2000	A6×20
18	打料块	1	45		
17	销钉	3	45	GB/T 119.1—2000	A6×45
16	模柄	1	Q235	JB/T 7646.1—2008	A30×78
15	打杆	1	45		
14	上模座	1	HT200	GB/T 2855.6—2008	100×100×30
13	螺钉	3	35	GB/T 70.1—2008	M6×40
12	垫板	1	45		43~48HRC
11	凸凹模固定板	1	45		
10	凸凹模	1	CrWMn		58~62HRC
9	卸料板	1	45		
8	螺钉	2	35	GB/T 70.1—2008	M6×16
7	压边圈	1	45		43~48HRC
6	拉深凸模	1	CrWMn		58~62HRC
5	拉深凸模固定板	1	45		
4	落料凹模	1	CrWMn		60~63HRC
3	螺钉	3	35	GB/T 70.1—2008	M6×40
2	顶杆	3	45		43~48HRC
1	下模座	1	HT200	GB/T 2855.2—2008	100×100×40

落料-拉深复合模				比例	1:1.5
				质量	
设计		日期			共 张
审核		日期			第1张
班级		学号			

图9-1 落料–拉深复合模装配图

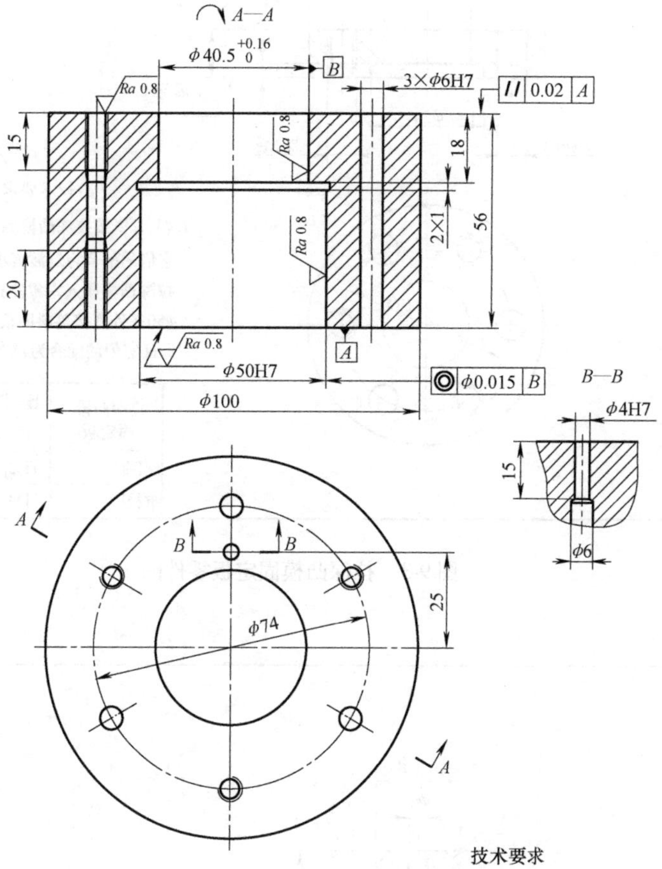

技术要求

1. 热处理硬度60～63HRC。
2. ϕ 50H7孔与拉深凸模固定板外圆的配合为过渡配合或小量过盈配合。

$\sqrt{Ra\ 6.3}$ ($\sqrt{}$)

落料凹模		比例	数量	材料	图号
		1:1	1	CrWMn	4
制图		日期			
审核		日期			

图 9-2　落料凹模零件图

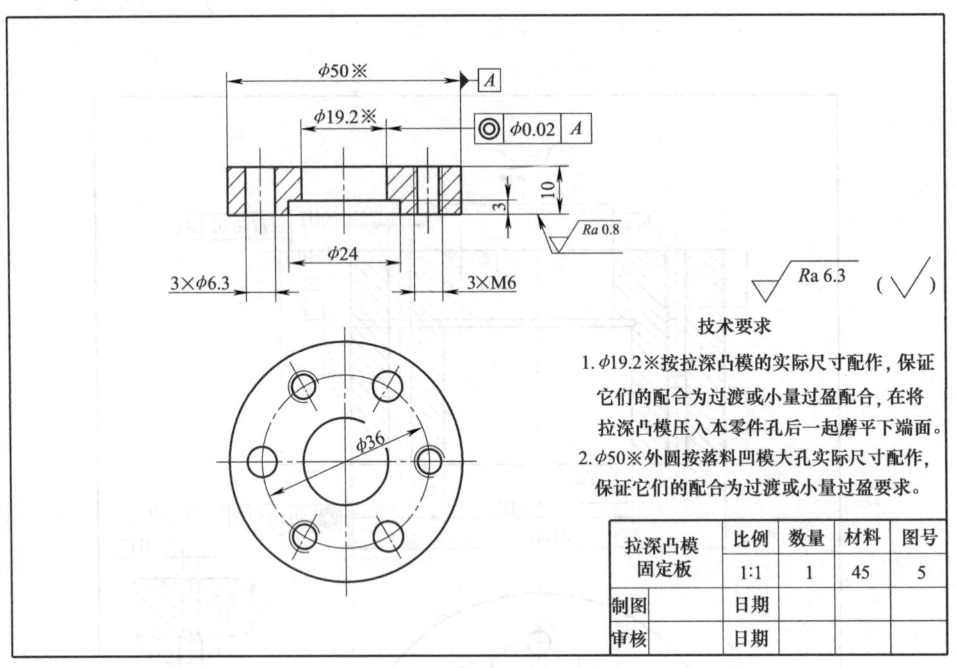

图 9-3　拉深凸模固定板零件图

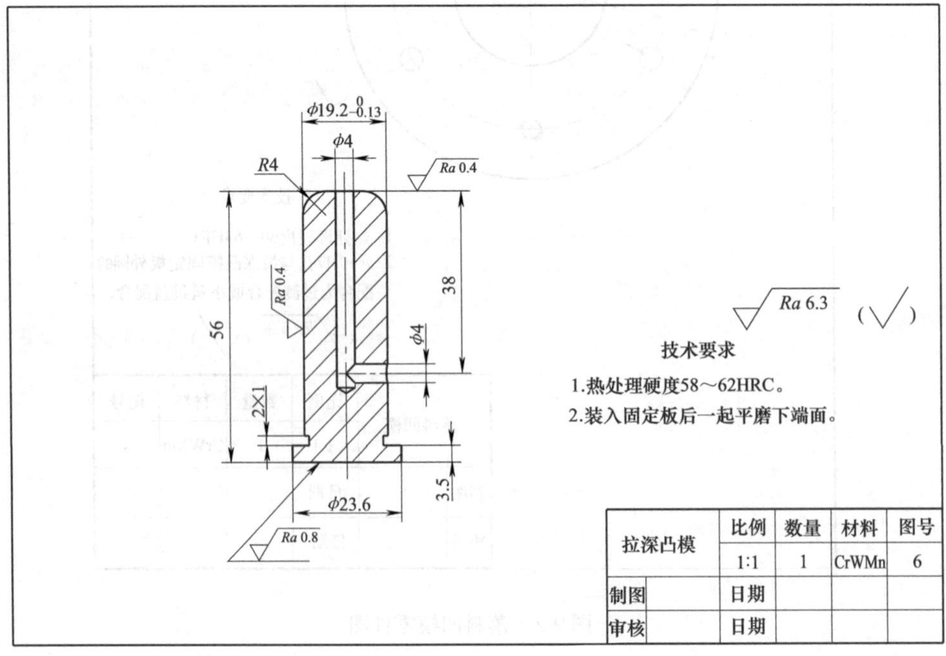

图 9-4　拉深凸模零件图

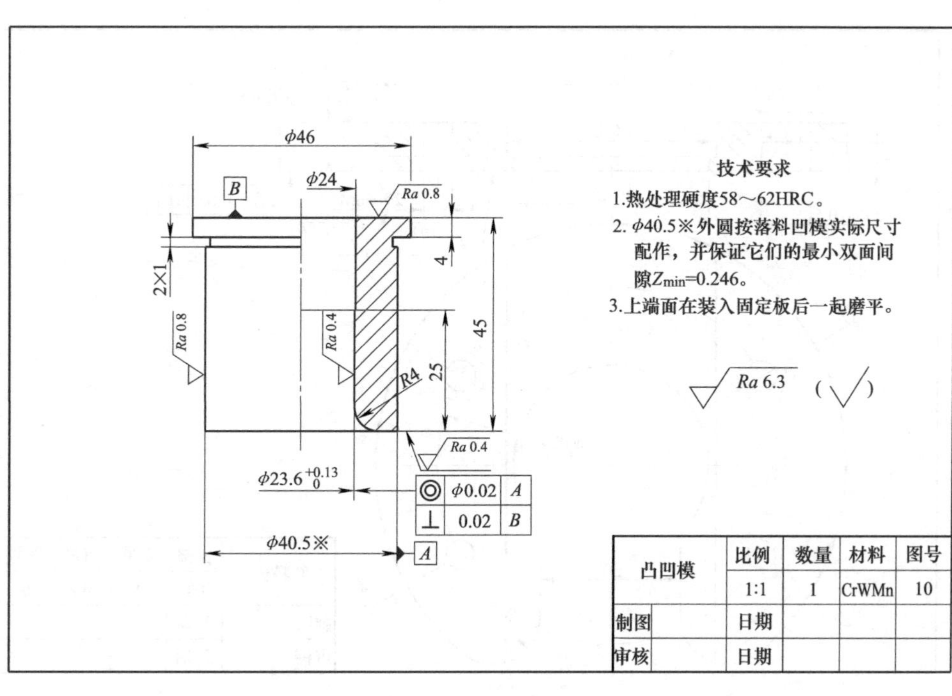

凸凹模	比例	数量	材料	图号
	1:1	1	CrWMn	10
制图	日期			
审核	日期			

图 9-5　凸凹模零件图

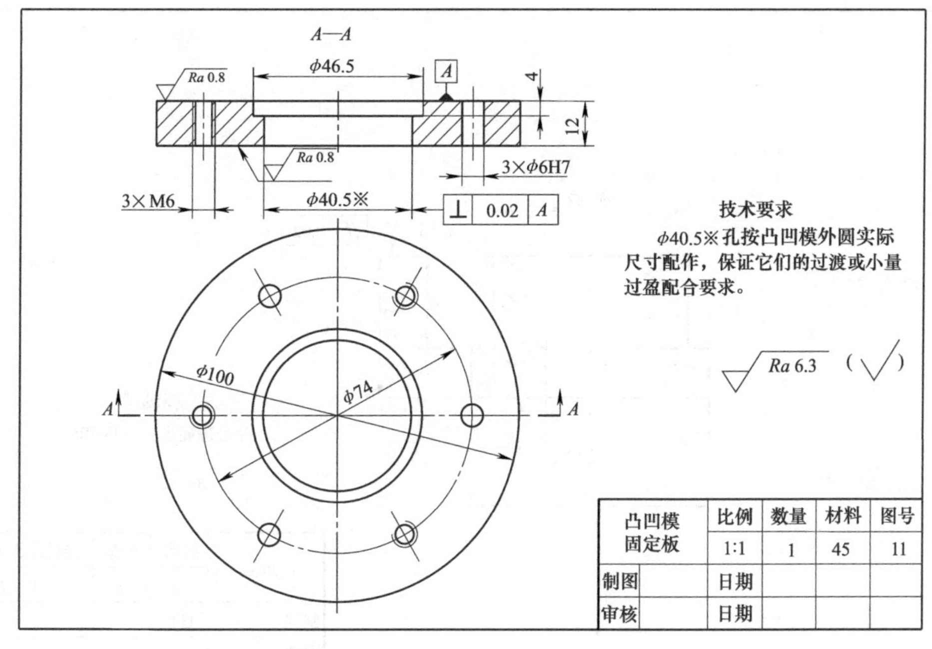

凸凹模固定板	比例	数量	材料	图号
	1:1	1	45	11
制图	日期			
审核	日期			

图 9-6　凸凹模固定板零件图

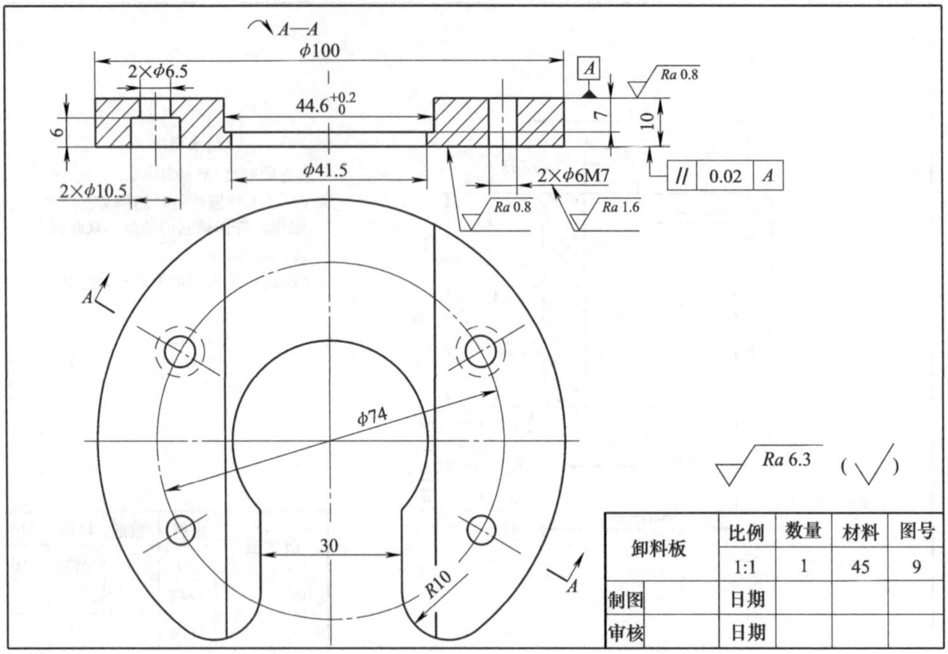

卸料板	比例	数量	材料	图号
	1:1	1	45	9
制图	日期			
审核	日期			

图 9-7　卸料板零件图

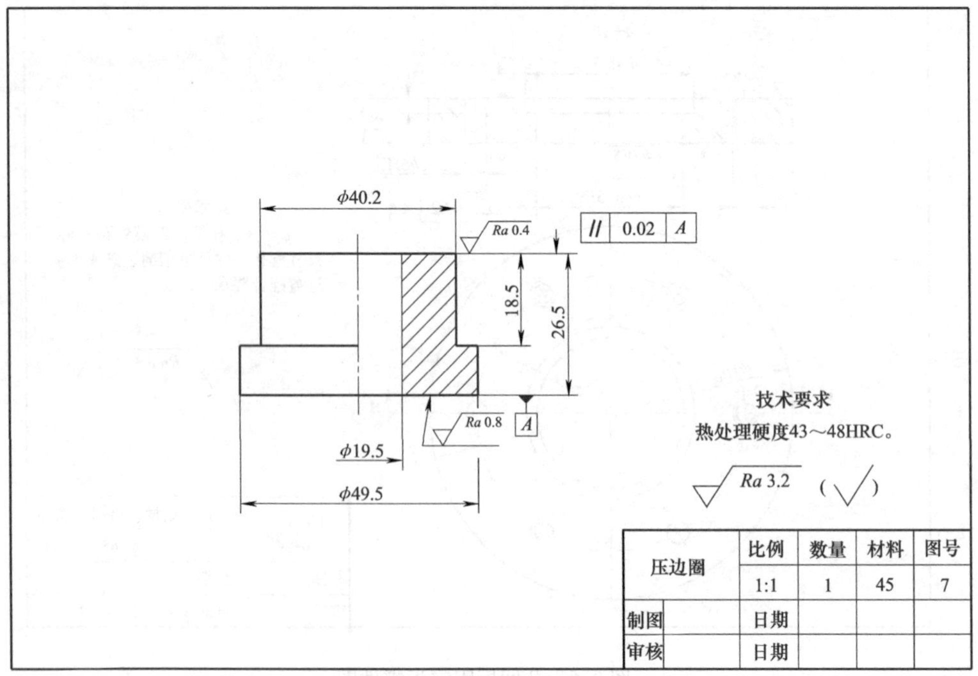

图 9-8　压边圈零件图

就必须采用上述统一基准的方法来加工落料凹模的大小孔、拉深凸模固定板5的外圆与内孔，这样就直接保证了每个零件内、外形的同轴度，然后利用拉深凸模固定板大圆柱与落料凹模大孔的过渡配合和拉深凸模与拉深凸模固定板中心孔的过渡配合来间接保证落料凹模型孔与拉深凸模的同轴度。

图9-9　用自定心卡盘夹紧工艺夹头同时加工大、小圆柱面

二、计划与实施

1）全班分为若干个制造小组，每小组3～5人，由组长负责。

2）教师布置完如图9-1所示模具的制造任务后，各小组分别对该模具的结构特点和其主要零件的功能、装配关系和技术要求进行分析，结合实习车间的设备条件，讨论并制订各零件的加工工艺方案和模具总装工艺方案。

小组议一议

1. 本套模具的凸模和凹模的工作表面是什么面？这些工作面在淬火前后各用什么方法加工？淬火后只能用什么方法加工？

2. 加工中，如何保证凸凹模中落料凸模外圆与拉深凹模孔的同轴度？如何保证落料凹模孔与拉深凸模的同轴度？

3）各小组派代表展示并讲解本小组所编制的该模具主要零件的加工方案和模具装配方案，并对其他小组所编制的制造方案进行评议，最后在教师指导下评出一个最佳方案，作为下一步实际指导制造该模具的工艺方案（只要方案合理，允许各小组采用不同的制造方案进行制造）。

4）每个学生可参考最佳制造方案和下面提供的制造方案，独立编制详细的该模具主要零件的加工方案和模具总装方案，作为评定个人成绩的依据之一。

5）在实习车间教师的指导下，各小组按制订的方案，操纵机床，把模具主要零件加工出来，然后把加工出来的零件和购置的零件装配成合格的模具。

下面是如图9-1所示落料-拉深复合模主要零件的加工方案和装配方案，仅供参考。

1. 加工落料-拉深复合模的主要零件

模具各主要零件的加工工艺见表9-1～表9-7，其中的加工余量见附表13。工序简图中标注“$\sqrt{}$”的面为本工序的加工面。对于其他非主要模具零件，可根据装配图中的明细表所标注的规格去查附表或模具手册，经购买或简单加工而得。

（1）落料凹模（图9-2）的加工工艺（表9-1）

表 9-1　落料凹模的加工工艺

工序号	工序名称	工序内容	设备	工序简图
1	下料	锯削棒料 ϕ106mm × 62mm，两端和直径都留单面车削余量 3mm	锯床	ϕ106　62
2	车削外圆及内孔	1. 装夹一端，车削部分外圆及另一端面 2. 掉头夹持已车削的外圆，车削余下的外圆和另一端面。车削两内孔径向留单面磨削余量 0.2mm，端面留单边磨削余量 0.3mm	卧式车床	ϕ40.1　18.3　2×1　56.6　ϕ49.6　ϕ100
3	将凹模安装在下模座	1. 在凹模上划出三个螺孔和三个销钉的中心线，钻、铰 ϕ4H7 挡料销孔 2. 将凹模放在下模座上找正并夹紧，配钻 3 × ϕ5.2mm 螺钉底孔 3. 拆开后，在凹模上攻 3 × M6 螺孔，在下模座上扩 3 × ϕ6mm 通孔及 3 × ϕ10mm × 6mm 沉头孔 4. 用螺钉将凹模与下模座连接紧，配钻 3 × ϕ5.8mm 销孔底孔，然后配铰 3 × ϕ6mm 销孔	钻床	3×ϕ6H7　ϕ4H7　25　ϕ74　3×M6
4	热处理	淬火、回火，保证硬度 60 ~ 63HRC		
5	磨削内圆	装夹外圆，磨削大、小圆孔达尺寸，保证两孔的同轴度达要求	万能外圆磨床	$\phi40.5^{+0.16}_{0}$　ϕ50H7　Ra 0.8　Ra 0.8　B　◎ 0.015 B

（续）

工序号	工序名称	工序内容	设备	工序简图
6	磨削上、下端面	磨削两端面至尺寸	平面磨床	

（2）拉深凸模（图9-4）的加工工艺（表9-2）

表9-2　拉深凸模的加工工艺

工序号	工序名称	工序内容	设备	工序简图
1	下料	棒料 ϕ29mm×75mm，长度和直径都留单面车削余量2.5mm，夹头留14mm	锯床	
2	车削外圆及钻中心通气孔	1. 车平夹头的端面，车削夹头和凸模凸肩外圆直径至 ϕ23.6mm 2. 掉头夹持夹头，车削外圆至 ϕ19.5mm，留单面磨削余量0.15mm；车削凸模端面，车退刀槽2mm×1mm；钻轴向通气孔 ϕ4mm 3. 在夹头和凸模凸肩间切槽，保留 ϕ5mm×3mm 的连接圆柱及夹头（长为11mm）	卧式车床	
3	钳工钻孔	钻横向通气孔 ϕ4mm	钻床	
4	热处理	淬火、回火，硬度达58～62HRC		
5	磨削外圆及端面	夹持夹头，磨削凸模外圆达 $\phi19.2_{-0.13}^{\ 0}$mm，磨削上端面达长度56.5mm	万能外圆磨床	
6	钳工研磨	研磨圆弧及凸模外圆，表面粗糙度值达 Ra0.4μm		

（3）拉深凸模固定板（图9-3）的加工工艺（表9-3）

表 9-3　拉深凸模固定板的加工工艺

工序号	工序名称	工序内容	设备	工序简图
1	下料	锯削棒料 ϕ55mm×29mm，长度和直径都留单边车削余量 2.5mm，夹头留 14mm	锯床	ϕ55 29
2	车削外圆和孔	1. 车削夹头一端约 ϕ52mm×13mm 2. 掉头夹持已车好的夹头外圆，车削外圆与内孔，ϕ50mm 外圆按落料凹模大孔的实际尺寸配作，ϕ19.2mm 内孔按拉深凸模的实际尺寸配作，保证它们的配合为过渡或小量过盈配合；扩 ϕ24mm×3mm 孔 3. 车断夹头与零件，使零件高 10mm	卧式车床	13 10 ϕ19.2M7 ϕ24 ϕ50m6 3

（4）凸凹模（图9-5）的加工工艺（表9-4）

表 9-4　凸凹模的加工工艺

工序号	工序名称	工序内容	设备	工序简图
1	下料	锯削棒料 ϕ51mm×64mm，长度和径向留单面车削余量 2.5mm，夹头留 14mm	锯床	64 ϕ51
2	车削外圆及内孔	1. 车削夹头和凸肩外圆至尺寸 ϕ46mm 2. 掉头夹持夹头，车削端面，车削外圆至尺寸 ϕ40.9mm，留单面磨削余量 0.2mm；车削内孔至尺寸 ϕ23.3mm，留单面磨削余量 0.15mm 3. 车削凹模圆角 R4mm，车削退刀槽 2mm × 1mm，车削夹头连接槽 ϕ25mm×3mm	卧式车床	4.5 2×1 ϕ46 ϕ25 R4 ϕ23.3 ϕ40.9 45.4 11 3

（续）

工序号	工序名称	工序内容	设备	工序简图
3	热处理	淬火、回火，保证硬度58～62HRC		
4	磨削内、外圆	1. 夹持夹头磨削内、外圆，磨削内孔达尺寸$\phi 23.6^{+0.13}_{0}$ mm，磨削ϕ40.5mm外圆，按落料凹模实际尺寸配作，保证两者的配合间隙为$Z_{min}=0.246$mm 2. 磨削右端面和圆角R4mm	万能外圆磨床	R4 $\phi 23.6^{+0.13}_{0}$ ϕ40.5
5	钳工研磨	研磨拉深凹模型孔、凹模圆角，端面的表面粗糙度值达Ra0.4μm		

（5）凸凹模固定板（图9-6）的加工工艺（表9-5）

表9-5　凸凹模固定板的加工工艺

工序号	工序名称	工序内容	设备	工序简图
1	下料	棒料ϕ105mm×27mm，长度和径向留单面车削余量2.5mm，夹头留10mm	锯床	27 ϕ105
2	车削外圆及内孔	1. 车削外圆和内孔，其中ϕ40.5mm内孔按凸凹模外圆的实际尺寸配作，保证它们的配合为过渡或过盈配合 2. 掉头夹持，切除夹头，车平切口，并使高度为12mm	卧式车床	4 ϕ40.5 ϕ46.5 ϕ100

(6) 卸料板(图9-7)的加工工艺(表9-6)

表9-6 卸料板的加工工艺

工序号	工序名称	工序内容	设备	工序简图
1	下料	锯削棒料 ϕ105mm×25mm,长度和径向留单面车削余量2.5mm,夹头留10mm		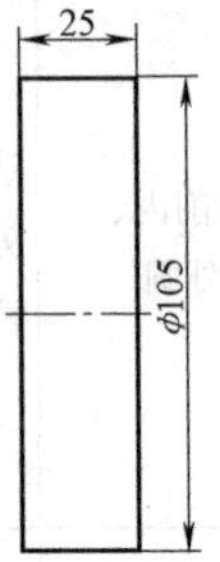
2	车削内、外圆	1. 夹持夹头车削端面,车削内、外圆至 ϕ41.5mm 和 ϕ100mm 2. 掉头夹紧,切除夹头,车削另一端面,使高度为10mm	卧式车床	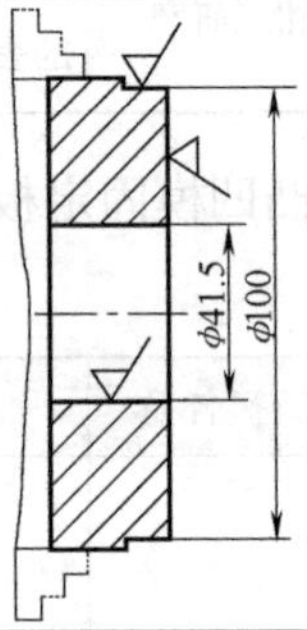
3	铣削导尺槽	铣削导尺槽及圆弧至尺寸 $44.6^{+0.2}_{0}$mm 及 R10mm,然后铣削前通槽30mm	立式铣床	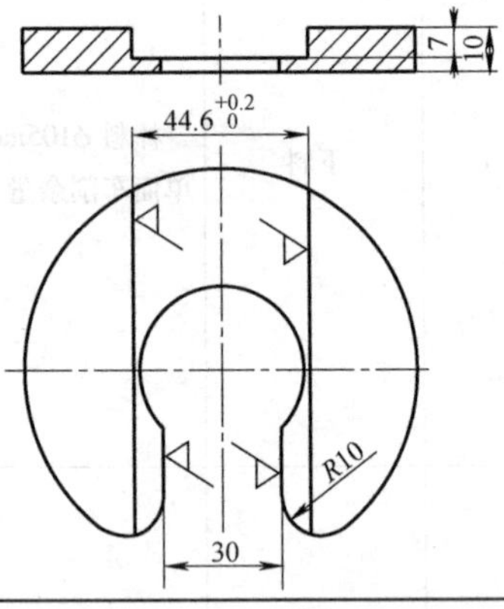

(7) 压边圈(图9-8)的加工工艺(表9-7)

表9-7 压边圈的加工工艺

工序号	工序名称	工序内容	设备	工序简图
1	下料	锯削棒料 ϕ55mm×32mm,长度和径向留单面车削余量2.5mm		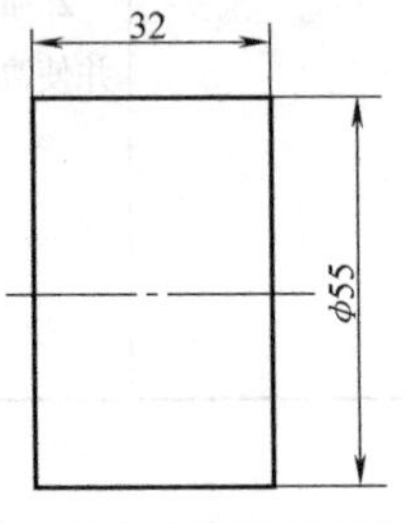

（续）

工序号	工序名称	工序内容	设备	工序简图
2	车削内、外圆	1. 夹持一端，车削外圆至尺寸 ϕ49.5mm，车平另一端面 2. 掉头夹持另一端，车削外圆至尺寸 ϕ40.2mm，车削右端面使总长达 27.1mm，车削凸肩使小外圆长度达 18.8mm，留单面轴向磨削余量 0.3mm，车削内孔达尺寸 ϕ19.5mm	卧式车床	27.1 18.8 ϕ19.5 ϕ40.2 ϕ50
3	热处理	淬火、回火，硬度达 43～48HRC		
4	磨削平面	磨削两端面，使总长达 26.5mm，小外圆长达 18.5mm	平面磨床	18.5 26.5
5	研抛	研抛，上端面表面粗糙度值达 Ra0.4μm，下端面的表面粗糙度值达 Ra0.8μm，内、外圆的表面粗糙度值达 Ra3.2μm		

2. 落料-拉深复合模的装配

（1）组装部件

1）将卸料板 9 安装在凹模 4 上。如图 9-10 所示，将落料凹模倒放在卸料板的下底面，将两者的中心孔对准后夹紧，用 ϕ5.2mm 的钻头通过凹模上的两螺孔在卸料板上引钻出锥窝，用 ϕ6mm 的钻头通过凹模上的两定位销孔在卸料板上引钻出锥窝。拆开后，在螺孔锥窝处钻 ϕ6.5mm 的孔并扩沉孔 ϕ10.5mm×6mm，在定位销孔锥窝处钻 ϕ5.8mm 孔，并铰 ϕ6mm 孔。

2）将凸凹模 10 安装进凸凹模固定板 11 内。把凸凹模的工艺夹头切除掉，然后将凸凹模垂直地压入凸凹模固定板的孔内，如图 9-11 所示，将它们的上面一起磨平。

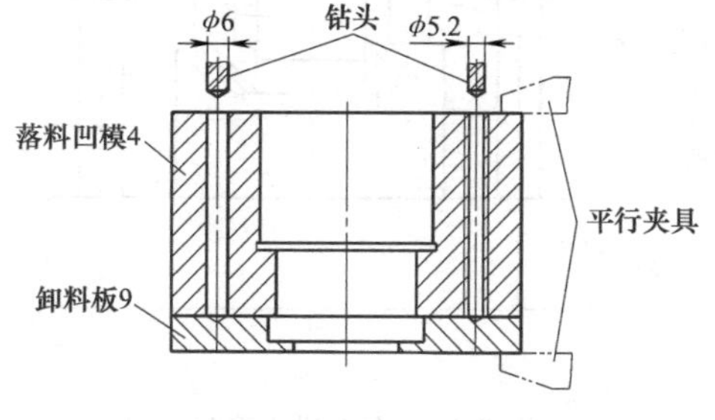

图 9-10　用钻头通过凹模螺孔或定位销孔在卸料板上引钻锥窝

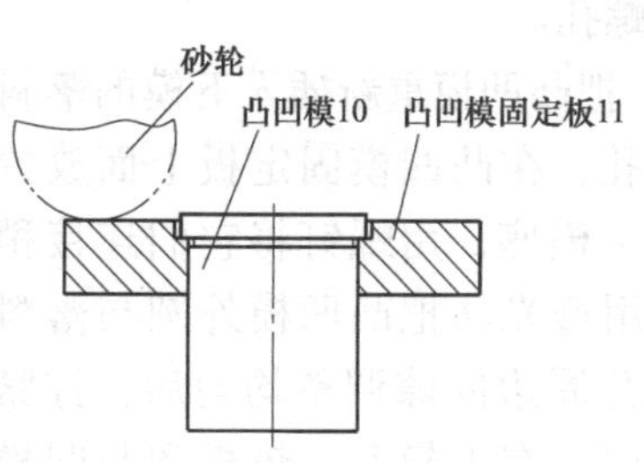

图 9-11　将凸凹模压入凸凹固定板后一起磨平上平面

3）将拉深凸模6装入拉深凸模固定板5内（方法与上述相同）。

（2）装配下模

1）根据落料凹模4在下模座1上的位置，在下模座1的底面找出模具中心位置，并划出三个顶杆孔和三个拉深凸模固定板的固定螺孔中心位置。

2）将已组装好的拉深凸模组件压入落料凹模4的大孔内，用螺钉和定位销将落料凹模安装在下模座上（注：加工凹模时，已加工好螺孔和定位销孔）。通过套筒，用平行夹具将凸模固定板压紧在下模座上，在下模座和凸模固定板上配钻3×ϕ6.3mm的顶杆孔和3×ϕ5.2mm的螺纹孔底孔，如图9-12所示。拆开后，在下底座的中心位置钻、攻弹性顶件装置的安装螺孔，并扩3×ϕ6.3mm的螺纹通孔和3×ϕ10.5mm×7mm沉头孔，在凸模固定板攻3×M6螺孔。

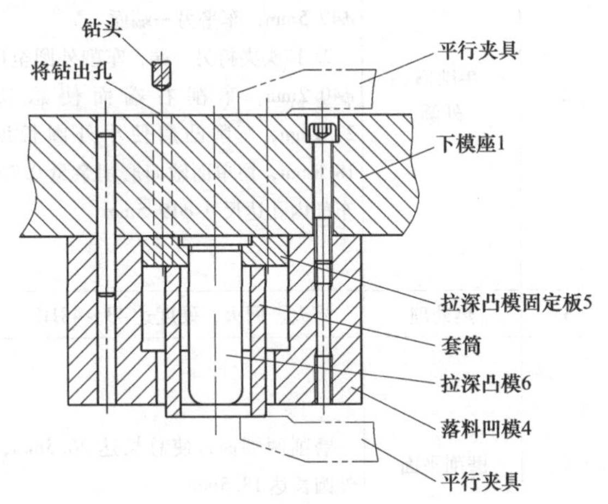

图9-12　在下模座和拉深凸模固定板上配钻三个顶杆孔和三个螺孔底孔

3）把压边圈7放进落料凹模4内，用螺钉和定位销将落料凹模和拉深凸模安装在下模座上，下模即装配完成。

（3）装配上模

1）如图9-13所示，把组装好的凸凹模组件插入下模座上落料凹模4的型孔3～5mm深，在落料凹模4上面和凸凹模固定板11之间放置等高垫块，再在凸凹固定板上面放置垫板12。然后通过导柱导向，将上模座14放置在垫板上，对齐后用平行夹具夹紧。

2）将以上结构放置在平台上，用高度游标划线尺在上模座上平面找出模具中心，然后画出模柄孔、螺孔和定位销孔的中心位置。

3）如图9-13所示，在上模座、垫板和凸凹模固定板上配钻ϕ5.2mm的螺孔底孔。

4）拆开后，在上模座上钻3×ϕ6.3mm孔，并扩沉孔10.5mm×6mm；车削模柄孔，将模柄装入后一起磨平下底面。在垫板上扩3×ϕ6.5mm通孔，在凸凹模固定板上攻3×M6螺孔。

5）把凸凹模重新插入下模的落料凹模型孔，在凸凹模固定板上面放置垫板和上模座，用螺钉将它们连接稍紧。利用透光法把凸凹模外圆与落料凹模型孔周边间隙调整均匀后，拧紧连接螺钉，在上模座、垫板和凸凹模固定板上配钻、铰3×ϕ6mm的定位销

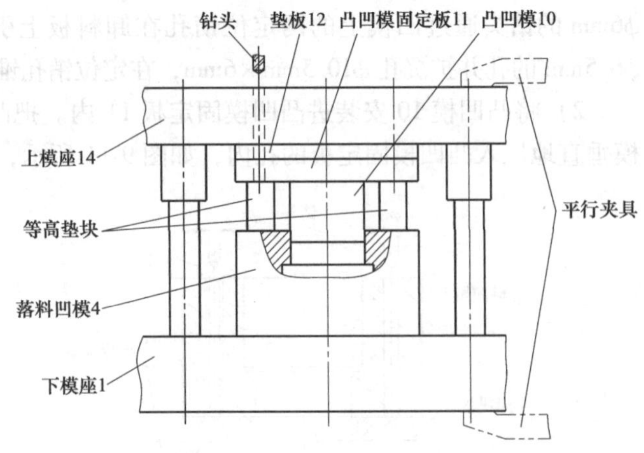

图9-13　在上模上配钻螺孔

孔，在上模打入定位销。

6）用螺钉、定位销将卸料板安装在下模的落料凹模上，把挡料销压入凹模。在下模座底部插入顶杆2后，安装弹性顶件装置，模具总装完成。

3. 试模

将总装的模具调整好并安装在压力机上，在卸料板下送进08钢条料，开动压力机试冲出筒形件，对照如图9-1所示的第一次拉深制件图，检查是否达到要求。

三、任务评价

完成制造任务后，按表9-8对学习成果进行评价，总评成绩可分为5个等级，即优、良、中、合格和不合格。

表9-8 制造落料-拉深复合模评价表

评价项目	评价内容和标准	配分	评价结果		
			自评	互评	教师评价
模具制造工艺方案的合理性	制订的机械加工方案合理且结合车间实际	20			
	制订的装配工艺方案合理	10			
	能与他人共同编制制造方案，所编制方案有特色、有创意，按时完成编制任务	15			
零件的机械加工质量	按时、保质完成零件的机械加工任务，操作机床熟练	10			
	遵守安全操作规程，能与他人交流加工方法和操作经验	15			
完成模具装配任务的质量	试冲压出的制件达到质量要求	10			
	装配的模具连接定位牢固可靠，垂直度和平行度达到图样要求	10			
	能按时、保质完成装配任务，能与他人协商解决装配过程中遇到的难题	10			
综合评价	评语（优缺点与改进意见）：	合计			
		总评成绩			

附　　录

附表1　外圆表面加工方案

序号	加 工 方 案	公差等级	表面粗糙度值 Ra/μm	适 用 范 围
1	粗车	>IT11	12.5~50	适用于淬火钢以外的各种金属
2	粗车→半精车	IT9~IT10	3.2~6.3	
3	粗车→半精车→精车	IT9~IT10	0.8~1.6	
4	粗车→半精车→精车→滚压（或抛光）	IT8~IT10	0.025~0.2	
5	粗车→半精车→磨削	IT7~IT8	0.4~0.8	主要用于淬火钢，也可以用于未淬火钢，但不宜加工非铁金属
6	粗车→半精车→粗磨→精磨	IT6~IT7	0.1~0.8	
7	粗车→半精车→粗磨→精磨→超精加工（或轮式超精磨）	IT5	<0.1	
8	粗车→半精车→精车→金刚石车	IT6~IT7	0.025~0.4	主要用于非铁金属的加工
9	粗车→半精车→粗磨→精磨→超精磨或镜面磨	<IT5	<0.025	极高精度的外圆表面加工

附表2　孔加工方案

序号	加 工 方 案	公差等级	表面粗糙度值 Ra/μm	适 用 范 围
1	钻削	IT11~IT12	12.5	加工未淬火钢及铸铁，也可以加工非铁金属
2	钻削→铰削	IT9	1.6~3.2	
3	钻削→铰削→精铰	IT7~IT8	0.8~1.6	
4	钻削→扩孔	IT10~IT11	6.3~12.5	同上，孔径为15~20mm
5	钻削→扩孔→铰削	IT8~IT9	1.6~3.2	
6	钻削→扩孔→粗铰→精铰	IT7	0.8~1.6	
7	钻削→扩孔→机铰→手铰	IT6~IT7	0.1~0.4	
8	钻削→扩孔→拉削	IT7~IT9	0.1~1.6	大批大量生产（精度由拉刀的精度而定）

（续）

序号	加工方案	公差等级	表面粗糙度值 Ra/μm	适用范围
9	粗镗（或扩孔）	IT11 ~ IT12	6.3 ~ 12.5	除淬火钢以外的各种材料，毛坯有铸出孔或锻出孔
10	粗镗（粗扩）→半精镗（精扩）	IT8 ~ IT9	1.6 ~ 3.2	
11	粗镗（扩孔）→半精镗（精扩）→精镗（铰）	IT7 ~ IT8	0.8 ~ 1.6	
12	粗镗（扩孔）→半精镗（精扩）→精镗→浮动镗刀精镗	IT6 ~ IT7	0.4 ~ 0.8	
13	粗镗（扩孔）→半精镗磨孔	IT7 ~ IT8	0.2 ~ 0.8	主要用于淬火钢，也可用于未淬火钢，但不宜用于非铁金属
14	粗镗（扩孔）→半精镗→精镗→金刚镗	IT6 ~ IT7	0.1 ~ 0.2	
15	粗镗→半精镗→精镗→金刚镗	IT6 ~ IT7	0.05 ~ 0.4	主要用于精度高的非铁金属，以及精度要求很高的孔
16	钻削→（扩孔）→粗铰→精铰→珩磨钻→扩孔→拉削→珩磨粗镗→半精镗→精镗→珩磨	IT6 ~ IT7	0.025 ~ 0.2	
17	以研磨代替上述方案中的珩磨	< IT6	0.025 ~ 0.2	

附表3　平面加工方案

序号	加工方案	公差等级	表面粗糙度值 Ra/μm	适用范围
1	粗车→半精车	IT9	3.2 ~ 6.3	主要用于加工端面
2	粗车→半精车→精车	IT7 ~ IT8	0.8 ~ 1.6	
3	粗车→半精车→磨削	IT8 ~ IT9	0.2 ~ 0.8	
4	粗刨（或粗铣）→精刨（或精铣）	IT9	1.6 ~ 6.3	一般用于不淬火硬平面
5	粗刨（或粗铣）→精刨（或精铣）→刮研	IT6 ~ IT7	0.1 ~ 0.8	精度要求较高的不淬火硬平面，批量较大时宜采用宽刃精刨
6	以宽刃刨削代替上述方案中的刮研	IT7	0.2 ~ 0.8	
7	粗刨（或粗铣）→精刨（或精铣）→磨削	IT7	0.2 ~ 0.8	精度要求高的淬火硬平面或未淬火硬平面
8	粗刨（或粗铣）→精刨（或精铣）→粗磨→精磨	IT6 ~ IT7	0.02 ~ 0.4	
9	粗铣→拉削	IT7 ~ IT9	0.2 ~ 0.8	大量生产，较小的平面（精度由拉刀精度而定）
10	粗铣→精铣→磨削→研磨	< IT6	< 0.1	高精度平面

附录

附表4 中等尺寸模具零件加工工序余量

<table>
<tr><th colspan="2">本工序→
下工序</th><th>本工序表面粗糙度值 Ra/μm</th><th colspan="4">本工序单面余量/mm</th><th>说明</th></tr>
<tr><td rowspan="3">锯削</td><td>锻造</td><td rowspan="3"></td><td colspan="4">型材尺寸<250时取2~4，>250时取3~6</td><td rowspan="2">锯床下料，端面上的余量</td></tr>
<tr><td rowspan="2">车削</td><td colspan="4">加工中心孔时，长度上的余量为3~5</td></tr>
<tr><td colspan="4">夹头长度>70时取8~10，<70时取6~8</td><td>工艺夹头量</td></tr>
<tr><td>钳工</td><td>插削、铣削</td><td></td><td colspan="4">排孔与线边距0.3~0.5，孔距0.1~0.3</td><td>主要用于排孔挖料</td></tr>
<tr><td>铣削</td><td>插削</td><td></td><td colspan="4">5~10</td><td>主要用于型孔、窄槽的清角加工</td></tr>
<tr><td>刨削</td><td>铣削</td><td>6.3</td><td colspan="4">0.5~1</td><td>加工面的垂直度、平行度误差取本工序余量的1/3</td></tr>
<tr><td>铣削、插削</td><td>精铣
仿刨</td><td>6.3</td><td colspan="4">0.5~1</td><td>加工面的垂直度、平行度误差取本工序余量的1/3</td></tr>
<tr><td rowspan="2">钻</td><td>镗孔</td><td>6.3</td><td colspan="4">1~2</td><td>孔径大于30mm时，余量稍增加</td></tr>
<tr><td>铰孔</td><td>3.2</td><td colspan="4">0.05~0.1</td><td>小于14mm的孔</td></tr>
<tr><td rowspan="10">车削</td><td rowspan="5">磨外圆</td><td rowspan="5">3.2</td><td rowspan="2">工件直径</td><td colspan="3">工件长度</td><td rowspan="10">加工表面的垂直度和平行度误差允许取本工序余量的1/3</td></tr>
<tr><td>~30</td><td>>30~60</td><td>>60~120</td></tr>
<tr><td>3~30</td><td>0.1~0.12</td><td>0.12~0.17</td><td>0.17~0.22</td></tr>
<tr><td>30~60</td><td>0.12~0.17</td><td>0.17~0.22</td><td>0.22~0.28</td></tr>
<tr><td>60~120</td><td>0.17~0.22</td><td>0.22~0.28</td><td>0.28~0.33</td></tr>
<tr><td rowspan="5">磨孔</td><td rowspan="5">1.6</td><td rowspan="2">工件孔深</td><td colspan="3">工件孔径</td></tr>
<tr><td>~4</td><td>4~10</td><td>10~50</td></tr>
<tr><td>3~15</td><td>0.02~0.05</td><td>0.05~0.08</td><td>0.08~0.13</td></tr>
<tr><td>15~30</td><td>0.05~0.08</td><td>0.08~0.12</td><td>0.12~0.18</td></tr>
<tr><td></td><td></td><td></td><td></td></tr>
<tr><td>刨铣</td><td>磨削</td><td>3.2</td><td colspan="4">平面尺寸<250时取0.3~0.5，>250时取0.4~0.6；外形取0.2~0.3，内形取0.1~0.2</td><td>加工表面的垂直度和平行度误差允许取本工序余量的1/3</td></tr>
<tr><td>刨削、插削</td><td></td><td></td><td colspan="4">0.15~0.25
0.1~0.2</td><td rowspan="2">加工表面的垂直度和平行度误差应符合要求</td></tr>
<tr><td>精铣、插削</td><td rowspan="3">钳工锉修打光</td><td>1.6
3.2</td><td colspan="4">0.1~0.15
0.1~0.2</td></tr>
<tr><td>刨削</td><td>3.2</td><td colspan="4">0.015~0.025</td><td>要求上、下锥度误差<0.03mm</td></tr>
<tr><td>仿形铣</td><td>3.2</td><td colspan="4">0.05~0.15</td><td>仿形刀痕与理论型面的最小余量</td></tr>
</table>

APPENDIX

（续）

本工序→下工序		本工序表面粗糙度值 $Ra/\mu m$	本工序单面余量/mm	说　明
精铣、钳修	研抛	1.6 1.6	<0.05 0.01～0.02	加工表面要求保持工件的形状精度、尺寸精度和表面粗糙度
车削、镗削、磨削	研抛	0.8	0.005～0.01	
电火花加工	研抛	3.2～1.6	0.01～0.03	用于型腔表面等的加工
线切割	研抛	3.2～1.6	<0.01	凹模、凸模、导向卸料板、固定板
		0.4	0.02～0.03	型腔、型芯、镶块等
平面磨削	研抛	0.4	0.15～0.25	可用于准备电火花线切割、成形磨削和铣削等的划线坯料

附表5　内六角圆柱头螺钉

（单位：mm）

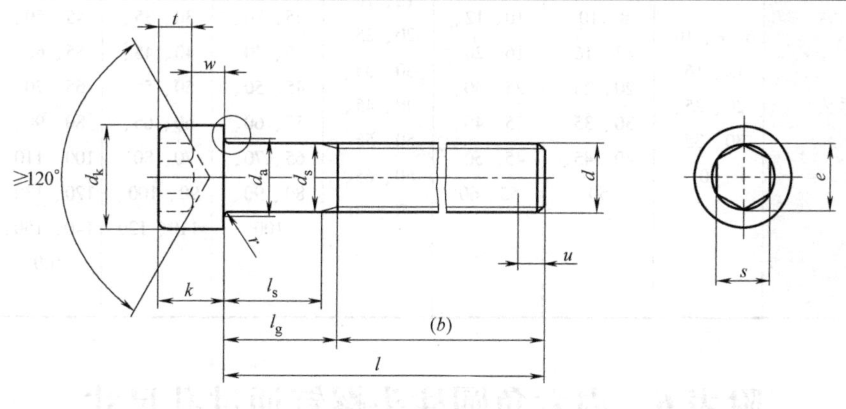

标记示例：

螺纹规格 d = M5、公称长度 l = 20mm，性能等级为8.8级，表面氧化的A级内六角圆柱头螺钉

螺钉　GB/T 70.1　M5×20

螺纹		M4	M5	M6	M8	M10	M12	M16	M20
螺距 P		0.7	0.8	1	1.25	1.5	1.75	2	2.5
b 参考		20	22	24	28	32	36	44	52
d_k	max	7.00	8.50	10.00	13.00	16.00	18.00	24.00	30.00
	min	6.78	8.28	9.78	12.73	15.73	17.73	23.67	29.67

附录

（续）

螺纹		M4	M5	M6	M8	M10	M12	M16	M20
d_a	max	4.7	5.7	6.8	9.2	11.2	13.7	17.7	22.4
d_s	max	4.00	5.00	6.00	8.00	10.00	12.00	16.00	20.00
	min	3.82	4.82	5.82	7.78	9.78	11.73	15.73	19.67
e	min	3.443	4.583	5.723	6.683	9.149	11.429	15.996	19.437
k	max	4.00	5.00	6.0	8.00	10.00	12.00	16.00	20.00
	min	3.82	4.82	5.7	7.64	9.64	11.57	15.57	19.48
r	min	0.2	0.2	0.25	0.4	0.4	0.6	0.6	0.8
s	公称尺寸	3	4	5	6	8	10	14	17
	max	3.08	4.095	5.14	6.14	8.175	10.175	14.212	17.23
	min	3.02	4.02	5.02	6.02	8.025	10.025	14.032	17.05
t	min	2	2.5	3	4	5	6	8	10
u	max	0.4	0.5	0.6	0.8	1	1.2	1.6	2
w	min	1.4	1.9	2.3	3.3	4	4.8	6.8	8.6
l（长度系数）		6、8、10、12、16、20、25、30、35、40	8、10、12、16、20、25、30、35、40、45、50	10、12、16、20、25、30、35、40、45、50、55、60	12、16、20、25、30、35、40、45、50、55、60、65、70、80	16、20、25、30、35、40、45、50、55、60、65、70、80、90、100	20、25、30、35、40、45、50、55、60、65、70、80、90、100、110、120	25、30、35、40、45、50、55、60、65、70、80、90、100、110、120、130、140、150、160	25、30、35、40、45、50、55、60、65、70、80、90、100、110、120、130、140、150、160、180、200

附表6　内六角圆柱头螺钉通过孔尺寸

（单位：mm）

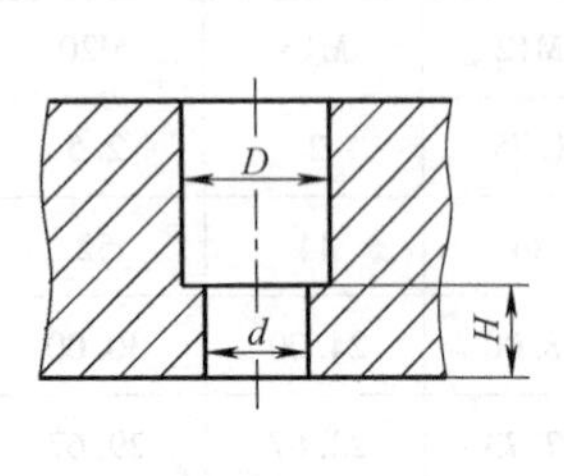

通过孔尺寸	螺钉 M6	M8	M10	M12	M16	M20	M24
d	7	9	11.5	13.5	17.5	21.5	25.5
D	11	13.5	16.5	19.5	25.5	31.5	37.5
H_{min}	3	4	5	6	8	10	12
H_{max}	25	35	45	55	75	85	95

附表7　卸料螺钉孔的尺寸

（单位：mm）

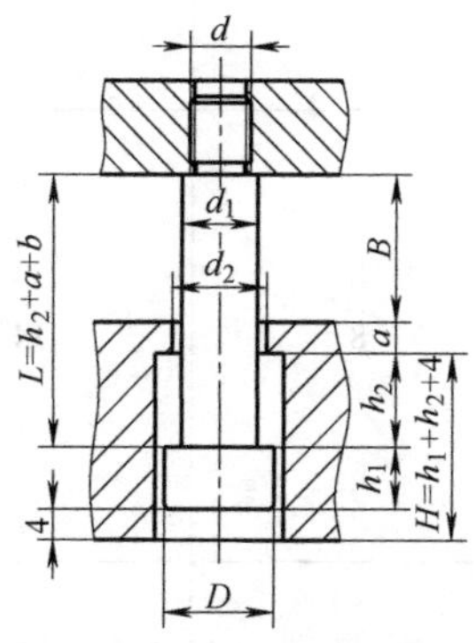

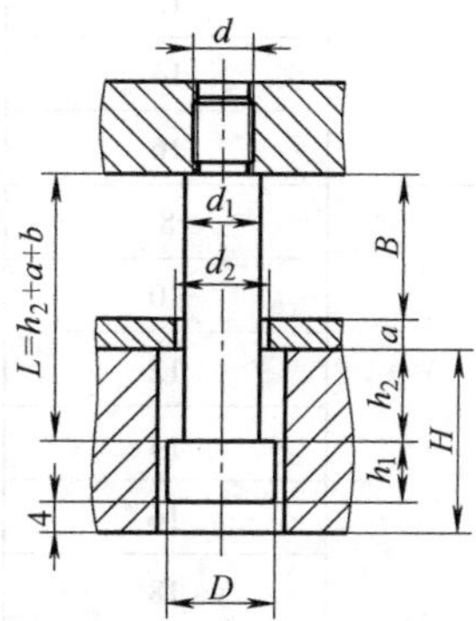

d	d_1	d_2	D	h_1	
				圆柱头螺钉	内六角圆柱头螺钉
M4	6	6.5	9	3.5	4
M6	8	8.5	12	5	6
M8	10	10.5	14.5	6	8
M10	12	13	17	7	10
M12	14	15	20	8	12

注：1. 图中 $a_{\min}=\frac{1}{2}d_1$，用垫板时，a 值等于垫板厚度。

2. 在扩孔情况下，$H=h_1+h_2+4$；使用垫板时可全部打通。

3. h_2——卸料板行程；B——弹簧（橡胶）压缩后的高度。

附表8　活动挡料销

（单位：mm）

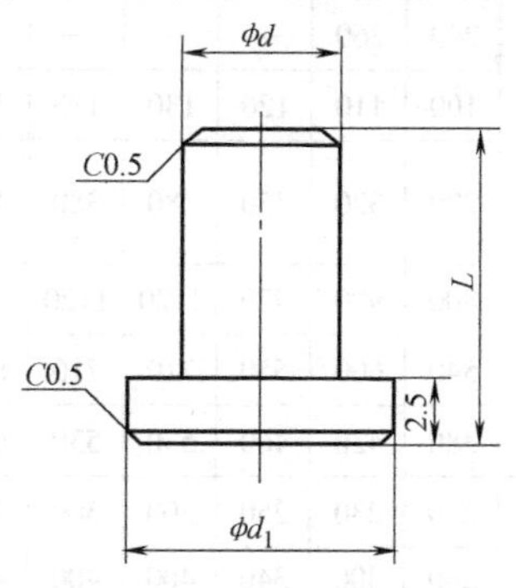

标记示例：

直径 $d=6$mm、长度 $L=14$mm 的活动挡料销

活动挡料销 6×14　JB/T 7649.9—2008

附录

（续）

d d9	d_1	L	d d9	d_1	L
3	6	8	6	10	14
		10			16
		12			18
		14			20
		16	8	14	10
4	8	8			16
		10			18
		12			20
		14			22
		16			24
		18	10	16	16
6	10	8			20
		12			

注：1. 材料由制造者选定，建议使用45钢。

2. 热处理硬度为43～48HRC。

3. 技术条件按JB/T 7653—2008的规定。

附表9　开式压力机技术参数

名　称			单位	量　值														
公称压力			kN	40	63	100	160	250	400	630	800	1 000	1 250	1 600	2 000	2 500	3 150	4 000
滑块距下止点距离			mm	3	3.5	4	5	6	7	8	9	10	10	12	12	13	13	15
滑块行程			mm	40	50	60	70	80	100	120	130	140	140	160	160	200	200	250
行程次数			次/min	200	160	135	115	100	80	70	60	60	50	40	40	30	30	25
最大闭合高度	固定式和可倾式		mm	160	170	180	220	250	300	360	380	400	430	450	450	500	500	550
	活动台位置	最低	mm	—	—	—	300	360	400	460	480	500	—	—	—	—	—	—
		最高	mm	—	—	—	160	180	200	220	240	260	—	—	—	—	—	—
闭合高度调节量			mm	35	40	50	60	70	80	90	100	110	120	130	130	150	150	170
滑块中心到机身距离（喉深）			mm	100	110	130	160	190	220	260	290	320	350	380	380	425	425	480
工作台尺寸	左右		mm	280	315	360	450	560	630	710	800	900	970	1120	1120	1250	1250	1400
	前后		mm	180	200	240	300	360	420	480	540	600	650	710	710	800	800	900
工作台孔尺寸	左右		mm	130	150	180	220	260	300	340	380	420	460	530	530	650	650	700
	前后		mm	60	70	90	110	130	150	180	210	230	250	300	300	350	350	400
	直径		mm	100	110	130	160	180	200	230	260	300	340	400	400	460	460	530

（续）

名　称	单位	量　值														
立柱间距离	mm	130	150	180	220	260	300	340	380	420	460	530	530	650	650	700
活动台压力机滑块中心到机身紧固工作台的平面距离	mm	—	—	—	150	180	210	250	270	300	—	—	—	—	—	—
模柄孔尺寸（直径×孔深）	mm	$\phi30\times50$				$\phi50\times70$			$\phi60\times75$			$\phi70\times80$		T 形槽		
工作台板厚度	mm	35	40	50	60	70	80	90	100	110	120	130	130	150	150	170
垫板厚度	mm	30	30	35	40	50	65	80	100	100	100	—	—	—	—	—
倾斜角（可倾式工作压力机）	（°）	30°	30°	30°	30°	30°	30°	30°	30°	25°	25°	25°	—	—	—	—

附表 10　压入式模柄

（单位：mm）

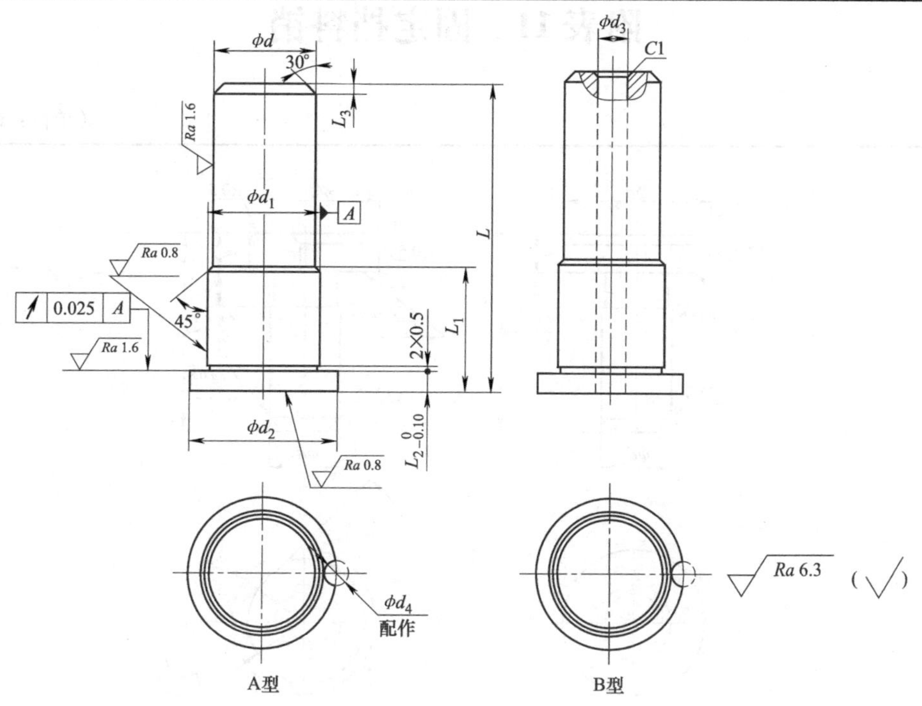

标记示例：

直径 $d=30$mm、模柄长度 $L=73$mm 的 A 型压入式模柄

压入式模柄 A　30×73　JB/T 7646.1—2008

附录

（续）

d（d11）		d_1（m6）		d_2	L	L_1	L_2	L_3	a	d_4（H7）		d_3
公称尺寸	极限偏差	公称尺寸	极限偏差							公称尺寸	极限偏差	
20	−0.065 −0.195	22	+0.021 +0.008	29	68	20	4	2	0.5	6	+0.012 0	7
					73	25						
					78	30						
25		26		33	68	20						
					73	25						
					78	30						
					83	35						
*30		32	+0.025 +0.009	39	73	25	5					11
					78	30						
					83	35						
					88	40						
32	−0.080 −0.240	34		42	73	25		1	1			
					78	30						
					83	35						
					88	40						

注：1. 表中带 * 为优先选用尺寸。

2. 由于生产实际中未普遍采用新标准，故本表中所列数值为旧标准。

附表 11　固定挡料销

（单位：mm）

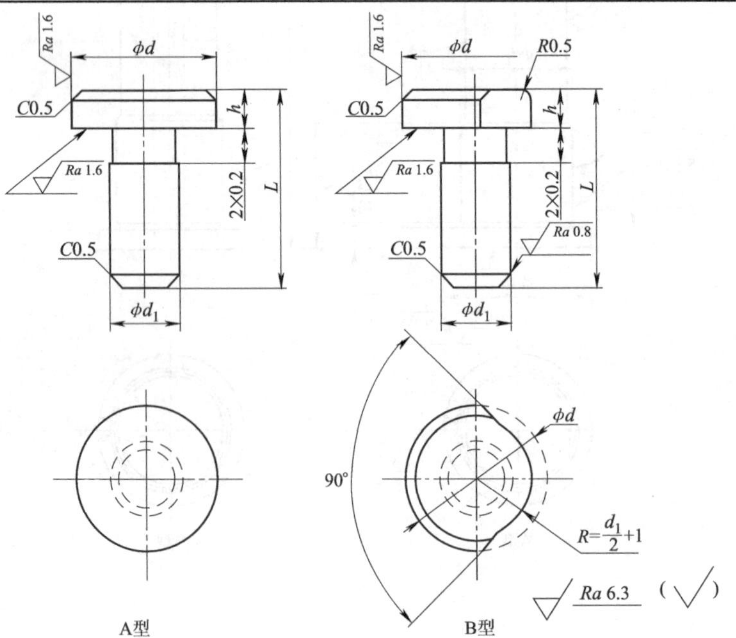

A型　　B型

标记示例：

$d=8$mm 的 A 型固定挡料销

固定挡料销　A　10　JB/T 7649.10—2008

（续）

d h11	d_1 m6	h	L
6	3	3	8
8	4	2	10
10		3	13
16	8	3	13
20	10	4	16
25	12		20

注：1. 材料由制造者选定，推荐使用45钢。
2. 热处理硬度为43～48HRC。
3. 技术条件按JB/T 7653—2008的规定。

附表12　后侧导柱模架（摘自GB/T 2851—2008）

（单位：mm）

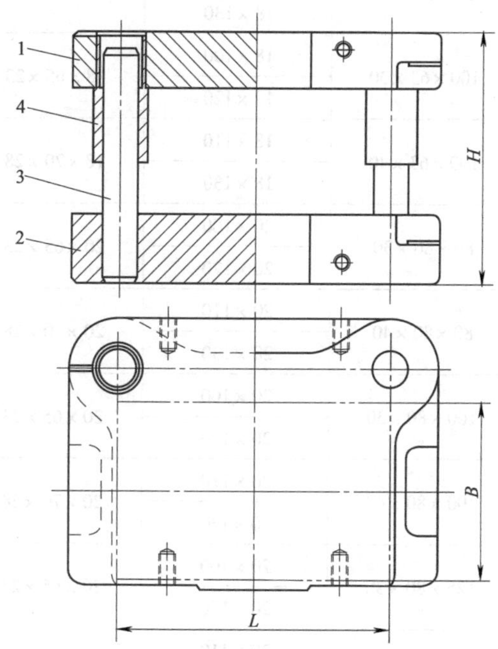

标记示例：

凹模周界尺寸L=200mm、B=125mm、模架闭合高度H=170～205mm、材料为HT200、Ⅰ级精度的后侧导柱模架

滑动导向模架 200×125×170～205　GB/T 2851—2008

（续）

凹模周界		闭合高度（参考）*H*		零件件号、名称及标准编号			
				1	2	3	4
				上模座 GB/T 2855.1	下模座 GB/T 2855.2	导柱 GB/T 2861.1	导套 GB/T 2861.3
				数量			
L	*B*	最小	最大	1	1	2	2
				规格			
63	50	100	115	63×50×20	63×50×25	16×90	16×60×18
		110	125			16×100	
		110	130	63×50×25	63×50×30	16×100	16×65×23
		120	140			16×110	
63	63	100	115	63×63×20	63×63×25	16×90	16×60×18
		110	125			16×100	
		110	130	63×63×25	63×63×30	16×100	16×65×23
		120	140			16×110	
80		110	130	80×63×25	80×63×30	18×100	18×65×23
		130	150			18×120	
		120	145	80×63×30	80×63×40	18×110	18×70×28
		140	165			18×130	
100		110	130	100×63×25	100×63×30	18×100	18×65×23
		130	150			18×120	
		120	145	100×63×30	100×63×40	18×110	18×70×28
		140	165			18×130	
80	80	110	130	80×80×25	80×80×30	20×100	20×65×23
		130	150			20×120	
		120	145	80×80×30	80×80×40	20×110	20×70×28
		140	165			20×130	
100		110	130	100×80×25	100×80×30	20×100	20×65×23
		130	150			20×120	
		120	145	100×80×30	100×80×40	20×110	20×70×28
		140	165			20×130	
125		110	130	125×80×25	125×80×30	20×100	20×65×23
		130	150			20×120	
		120	145	125×80×30	125×80×40	20×110	20×70×28
		140	165			20×130	

（续）

凹模周界		闭合高度（参考）H		零件件号、名称及标准编号			
				1	2	3	4
				上模座 GB/T 2855.1	下模座 GB/T 2855.2	导柱 GB/T 2861.1	导套 GB/T 2861.3
				数量			
L	B	最小	最大	1	1	2	2
				规格			
100	100	110	130	100×100×25	100×100×30	20×100	20×65×23
		130	160			20×120	
		120	145	100×100×30	100×100×40	20×110	20×70×28
		140	165			20×130	
125		120	150	125×100×30	125×100×35	22×110	20×80×28
		140	165			22×130	
		140	170	125×100×35	125×100×45	22×130	20×80×33
		160	190			22×150	
160		140	170	160×100×35	160×100×40	25×130	25×85×33
		160	190			25×150	
		160	195	160×100×40	160×100×50	25×150	25×90×38
		190	225			25×180	
200		140	170	200×100×35	200×100×40	25×130	25×85×33
		160	190			25×160	
		160	195	200×100×40	200×100×50	25×150	25×90×38
		190	225			25×180	
125	125	130	150	125×125×30	125×125×35	22×110	22×80×28
		140	165			22×130	
		140	170	125×125×35	125×125×45	22×130	22×85×33
		160	190			22×160	
160		140	170	160×125×35	160×125×40	25×130	25×85×33
		160	190			25×150	
		170	205	160×125×40	160×125×50	25×160	25×95×38
		190	225			25×180	
200		140	170	200×125×35	200×125×40	25×130	25×85×33
		160	190			25×150	
		170	205	200×125×40	200×125×50	25×160	25×95×38
		190	225			25×180	

附表 13　滑动导向后侧导柱模架下模座

（单位：mm）

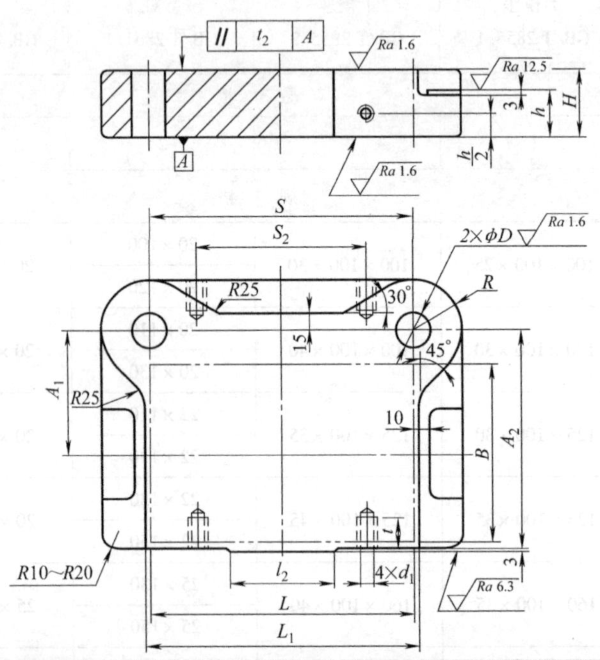

标记示例：

凹模周界尺寸 $L = 250$mm、$B = 200$mm、厚度 $H = 50$mm 的后侧导柱模架下模座

滑动导向下模座　后侧导柱　250 × 200 × 50　GB/T 2855.2—2008

凹模周界		H	h	L_1	S	A_1	A_2	R	L_2	D R7	d_2	t	S_2
L	B												
63	50	25	20	70	70	45	75	25	40	16	—	—	—
		30											
63	63	25		70	70	50	58						
		30											
80		30		90	94			28	60	18			
		40											
100		30		110	116								
		40											
80	80	30		90	94	60	110	32		20			
		40											
100		30		110	116								
		40											
125		30	25	130	130								
		40											
100	100	30		110	116	75	130						
		40											
125		35		130	130			35		22			
		40											
160		40	30	170	170			38	80	25			
		50											
200		40		210	210								
		50											

附表 14　滑动导向后侧导柱模架上模座

（单位：mm）

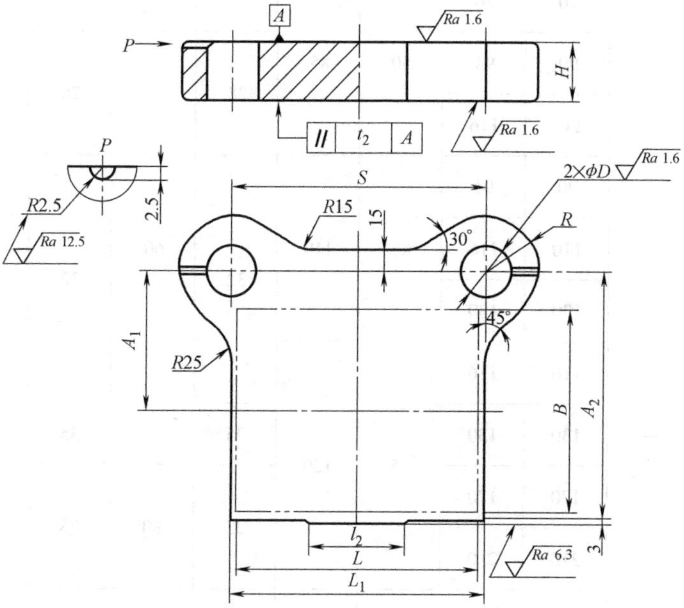

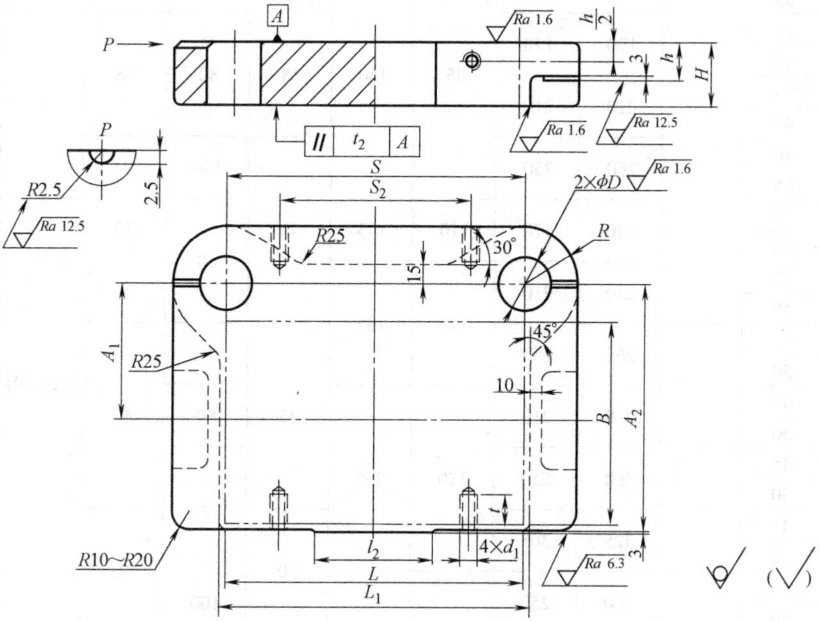

标记示例：

凹模周界尺寸 $L=200$mm、$B=160$mm、厚度 $H=45$mm 的后侧导柱模架上模座

滑动导向上模座　后侧导柱　200×160×45　GB/T 2855.1—2008

（续）

凹模周界		H	h	L_1	S	A_1	A_2	R	l_2	D H7	d_1	t	S_2
L	B												
63	50	20	—	70	70	45	75	25	40	25	—	—	—
		25											
63	63	20		70	70	50	85						
		25											
80		25		90	94			28	60	28			
		30											
100		25		110	116								
		30											
80	80	25		90	94	65	110	32		32			
		30											
100		25		110	116								
		30											
125		25		130	130								
		30											
100	100	25		110	116	75	130						
		30											
135		30		130	130			35		35			
		35											
160		35		170	170			33	80	38			
		40											
200		35		210	210								
		40											
125	125	30		130	130	85	150	36	60	35			
		35											
160		35		170	170			38	80	38			
		40											
200		35		210	210								
		40											
250		40		260	250			42	100	42			
		45											
160	160	40		170	170	110	195		80		M14-6H	28	
		45											
200		40		210	210	110	195						
		45											
250		45	30	260	250			45	100	45			150
		50											
200	200	45		210	210	130	235		80				120
		50											
250		45		260	250				100				150
		50											
315		45		325	305			50		50			200
		50											
250	250	45	35	260	250	160	290				M16-6H	32	140
		50											
315		50		325	305			55		55			200
		55											
400		50		410	390								280
		55											

注：压板台的形状尺寸由制造者确定。

参考文献

[1] 杨立平．模具技术基础［M］．北京：化学工业出版社，2005.

[2] 张景黎．模具加工与装配［M］．北京：化学工业出版社，2007.

[3] 付宏生，刘国良．塑料成型工艺与设备［M］．北京：机械工业出版社，2009.

[4] 柳燕君，秦涵．型腔模具设计与制造［M］．北京：高等教育出版社，2007.

[5] 付宏生，张小亮．塑料成型模具设计［M］．北京：化学工业出版社，2009.

[6] 王嘉．冷冲模设计与制造实例［M］．北京：机械工业出版社，2009.

[7] 李云程．模具制造工艺学［M］．北京：机械工业出版社，1998.

[8] 柳燕君．模具制造技术［M］．2 版．北京：机械工业出版社，2010.

[9] 赵孟栋．冷冲模设计［M］．北京：机械工业出版社，1991.

[10] 姜大源．职业教育学研究新论［M］．北京：教育科学出版社，2007.